电力生产人员公用类培训教材

应用热工基础

王修彦　张晓东　编

中国电力出版社
CHINA ELECTRIC POWER PRESS

内 容 提 要

在提倡建设节约型社会的今天，人们都在追求能量的合理高效利用，学习应用热工基础课是非常有必要的。

本书内容包括基本概念、热力学基本定律、理想气体的性质和热力过程、水蒸气和湿空气、气体和蒸汽的流动、动力装置循环、制冷与热泵循环、传热与换热器、导热、对流换热、热辐射和辐射换热。

本书特别适合能源与动力工程、热工自动化、测控仪表、安全工程等专业学生学习使用，对现场工程技术人员也有一定的指导作用。

图书在版编目（CIP）数据

应用热工基础 / 王修彦，张晓东编 .—北京：中国电力出版社，2018.11
电力生产人员公用类培训教材
ISBN 978-7-5198-2669-7

Ⅰ. ①应… Ⅱ. ①王… ②张… Ⅲ. ①火电厂－热工仪表－技术培训－教材 Ⅳ. ① TM621

中国版本图书馆 CIP 数据核字（2018）第 273075 号

出版发行：中国电力出版社
地　　址：北京市东城区北京站西街 19 号（邮政编码 100005）
网　　址：http://www.cepp.sgcc.com.cn
责任编辑：徐　超（010—63412386）
责任校对：黄　蓓　郝军燕
装帧设计：赵姗姗
责任印制：吴　迪

印　　刷：北京雁林吉兆印刷有限公司
版　　次：2018 年 12 月第一版
印　　次：2018 年 12 月北京第一次印刷
开　　本：880 毫米 ×1230 毫米　32 开本
印　　张：10.375
字　　数：273 千字
印　　数：0001—1500 册
定　　价：39.80 元

前言

热现象是自然界的最普遍的物理现象，热科学已经深入到除能源动力之外的机械、电子、冶金、航空航天及生物医学工程等领域。在提倡建设节约型社会的今天，我国政府提出在保证经济适度增长的同时降低单位产值的能耗，学习应用热工基础课是非常有必要的。

全书包括工程热力学和传热学两部分内容。工程热力学以热力学第一定律和热力学第二定律为基础，在学习了工质（主要是理想气体和水蒸气）的热力性质后，主要讲述热功转换的基本规律，探求能量的高效利用途径。传热学部分在研究三种基本传热方式的基础上，讲述了换热器的计算问题，这部分内容对学生掌握强化传热技术是很有作用的。

在长期的教学过程中，编者积累了较丰富的教学经验。在多次给来自现场的工程技术人员做培训的过程中，从他们身上也学到了一些实际知识。因此，本书的特点之一就是理论联系实际的内容较多，特别是一些来自电厂的实际问题。本书的另一个特点是例题、习题的量比较大，体现了精讲多练的原则，有的习题有一定的难度，便于学有余力的同学钻研。

本书由华北电力大学王修彦副教授、张晓东副教授合编。王修彦编写前 7 章，张晓东编写后 4 章。

由于编者水平有限，难免有疏漏与不妥之处，敬请广大读者批评指正。

编　者

2018 年 8 月

目 录

第一章

基本概念

第一节 工质和热力系统

实现能量转化的媒介物质称为工质。热能和机械能的相互转化是通过工质的一系列状态变化来实现的。例如，在燃煤火力发电厂蒸汽动力装置中，把热能转变为机械能的媒介物质水和水蒸气就是工质，在燃气-蒸汽联合循环发电厂中的工质是燃气和水蒸气，又例如，在制冷装置中，氨从冷库吸热，通过压缩机压缩升压升温后，在冷凝器中向环境放热，这里氨就是工质，在制冷工程中它又专门称为制冷剂。

对工质的要求是：①膨胀性；②流动性；③热容量；④稳定性、安全性；⑤对环境友善；⑥价廉，易大量获取。不同的工质实现能量转换的特性是不同的，有的相差甚远。

当人们研究各种不同形式能量相互转化与传递时，为了分析方便，往往把有相互联系的部分或全体分隔开来作为研究的对象。这种被人为地分隔开来作为热力学研究的对象称为热力系统，简称热力系或系统。系统以外的部分称为外界。系统与外界之间的分界面称为边界，热力系统通过边界与外界间发生各种能量与物质的相互作用。

系统的选取是人为的，主要取决于研究者关心的具体对象。以火力发电厂蒸汽动力装置为例，假如为了研究锅炉中能量的转化或传递关系，如图 1-1（a）所示，就可以把锅炉作为研究对象，把它从周围物体分隔开来，锅炉就是一个热力系统。如果感兴趣的是汽轮机中做功量和输入蒸汽的关系，如图 1-1（b）所示，就可以选取汽轮机作为热力系统。假如为了研究加入锅炉的燃料量和汽轮机输出功的关系，如图 1-1（c）所示，就可以把整个蒸汽动力装置划作一个热力系统。

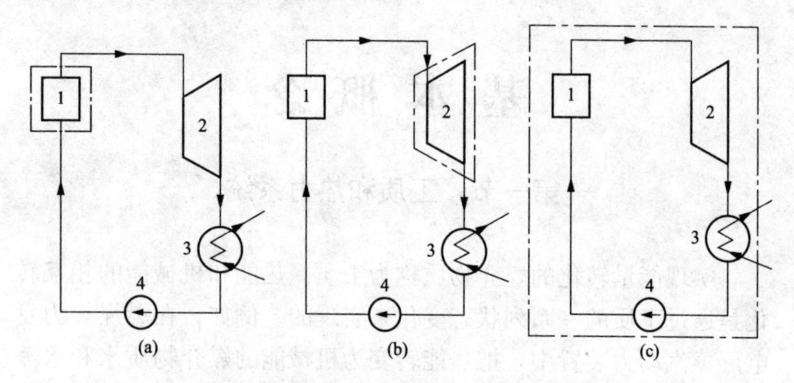

图 1-1　蒸汽动力系统

（a）以锅炉为热力系统；（b）以汽轮机为热力系统；

（c）以整个蒸汽动力装置为热力系统

1—锅炉；2—汽轮机；3—凝汽器；4—给水泵

热力系统分类如下。

一、按照系统与外界有无物质交换来分

1. 闭口系统

与外界无物质交换的热力系统称为闭口系统，又称为封闭系统。由于闭口系统内工质的质量固定不变，因此又称为控制质量系统。如图 1-2 所示，封闭汽缸中的定质量气体就属于此例。

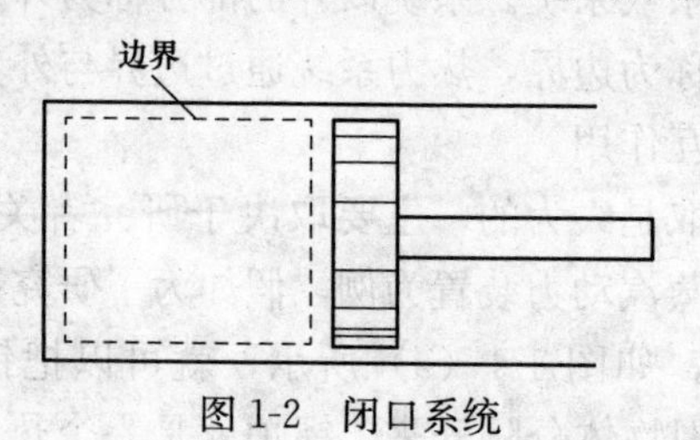

图 1-2　闭口系统

2. 开口系统

与外界有物质交换的热力系统称为开口系统，通常开口系统

总有一个相对固定的空间，故又称为控制容积系统。这类热力系统的主要特点是在所分析的系统内工质是流动的，如图 1-3 所示。工程上绝大多数设备和装置都是开口系统。

不论是闭口系统还是开口系统，两者之间都不是绝对的，是随着研究中心的改变而改变的。如图 1-4 所示，看起来与图 1-3 是一样的，但此刻，关注的是某一小气团所组成的热力系，假想它的外面有一看不见的膜将它包裹着，这一气团边流动边膨胀，包围这团气体的边界也边运动边扩大。此时，这个热力系统内气体工质与外界并没有物质交换，因此这个热力系统就是一个闭口系统。

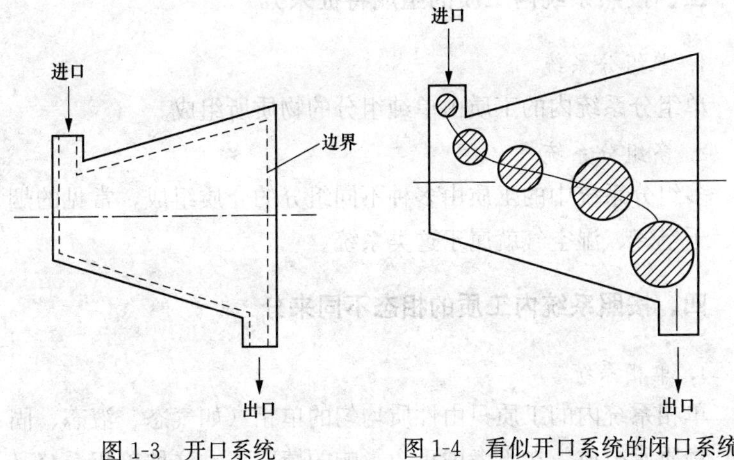

图 1-3　开口系统　　　　图 1-4　看似开口系统的闭口系统

可见，热力系统的选取完全是人为的，主要取决于分析问题的需要与方便。另外，通过上面的内容可以看出，热力系统的边界可以是固定的、真实的（如图 1-2 和图 1-3 所示），也可以是假想的、流动的（如图 1-4 所示）。

二、按照系统与外界在边界上是否存在能量交换来分

1. 非孤立系统

非孤立系统的特点是在分界面上，系统与外界存在物质或能量交换。

2. 孤立系统

孤立系统在分界面上与外界既不存在能量交换，也不存在物质交换。

3. 绝热系统

绝热系统在分界面上与外界不存在热量交换，但可以有功和物质交换。例如，在分析火力发电厂时可以把汽轮机看成是绝热系统，因为汽轮机外面有保温层，同时蒸汽在汽轮机内流动速度非常快，其散热可以忽略。

三、按照系统内工质的组成特征来分

1. 单组分系统

单组分系统内的工质由单纯组分的物质所组成。

2. 多组分系统

多组分系统中的工质由多种不同组分的介质组成，常见的烟气、干空气、湿空气就属于这类系统。

四、按照系统内工质的相态不同来分

1. 单相系统

单相系统内的工质只由性质均匀的单相（如气态、液态、固态）物质所组成。在不考虑重力影响的情况下，这种单相系统又称为均匀系统。

2. 多相系统

多相系统内的工质相态不尽相同，可以是两相（如锅炉水冷壁中的水以气态和液态共存）或三相共存。

热力系统是宏观的、有限的，所谓宏观就是指它是从事物的宏观方面来研究问题，注重的是工质的宏观性质，因此，它可以把大量的分子群视为热力系统，而不能把几个分子看成一个热力系统；所谓有限，就是指不能把无限大的宇宙当成热力系统，否则就只有系统而无外界了。

第二节 状 态 参 数

热力系统在某一瞬间所呈现的宏观物理状态称为系统的状态。用来描述系统所处状态的一些宏观物理量则称为状态参数。工程热力学上常采用的状态参数有温度（T）、压力（p）、比体积（v）、比热力学能（u）、比焓（h）和比熵（s）等。这些参数各自从不同的角度说明了系统所处状态的特征。其中压力、温度和比体积3个参数最为常见，它们可以借助于仪表直接或间接测量，因此常称之为基本状态参数。

一、状态参数的特征

状态参数单值地取决于状态，也就是说，体系的热力状态一定，描述状态的参数也就一定；若状态发生变化，则至少有一种参数随之变化。这是状态参数的基本特征。

当系统由初态1变化到终态2时，任一状态参数Z的变化等于初态、终态下该参数的差值，而与其中经历的路径无关，即

$$\Delta Z=\int_1^2 \mathrm{d}Z=\int_{1\to a\to 2}\mathrm{d}Z=\int_{1\to b\to 2}\mathrm{d}Z=Z_2-Z_1 \tag{1-1}$$

当系统经历一系列状态变化而又回复到起始终态时，其状态参数变化为零，即它的循环积分为零，则

$$\oint \mathrm{d}Z=0 \tag{1-2}$$

二、基本状态参数

1. 温度

简单地说，温度就是物体冷热程度的表征，人们感觉越热，就说温度越高；感觉越冷，就说温度越低。但是这样以人的主观感觉来表征温度是不科学的。温度的科学定义是建立在热力学第零定律的基础上的。

若将冷热程度不同的两个系统相互接触，它们之间会发生热量传递。在不受外界影响的条件下，经过足够长的时间，它们将达到共同的冷热程度，而不再进行热量交换，这种情况称为热平衡。

如图 1-5 所示，与系统 B 同时处于热平衡的系统 A 和 C，它们也彼此处于热平衡。这个定律称为热平衡定律，又称为热力学第零定律。这个原理指出，温度最基本的性质是一切互为热平衡的物体具有相同的温度。这句话可以作为温度的定性的定义。温度是一个具有统计意义的物理量，也就是说，温度是大量分子热运动的集体表现，说某一个分子具有多高的温度是没有意义的。

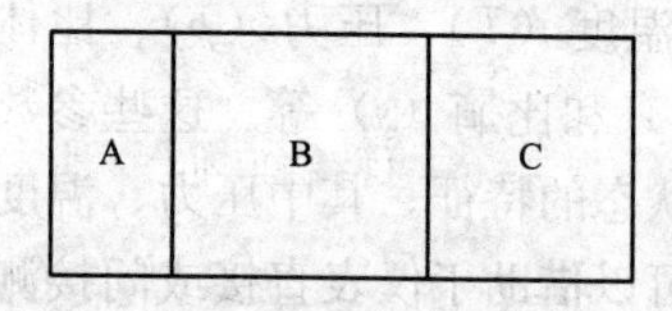

图 1-5　热力学第零定律

根据热力学第零定律，要比较物体 A 和 C 的温度无须让它们彼此接触，只要用另一物体 B 分别与它们接触就行了。这就是使用温度计测量温度的原理。如图 1-6 所示，用温度计测量液体的温度，把温度计放入液体中足够长时间，水银柱稳定住了，这时就可以读出液体温度，其中温度计玻璃壁相当于物体 B，被测液体相当于物体 A，水银柱相当于物体 C。

为了进行温度测量，需要有温度的数值表示方法，即需要建立温度的标尺或温标。任何一种温度计都是根据某一温标制成的。在日常生活中说体温是 38℃，气温是 25℃，使用的就是摄氏温标，它是瑞典天文学家摄尔修斯（A. Celsius，1701—1744 年）提出来的。

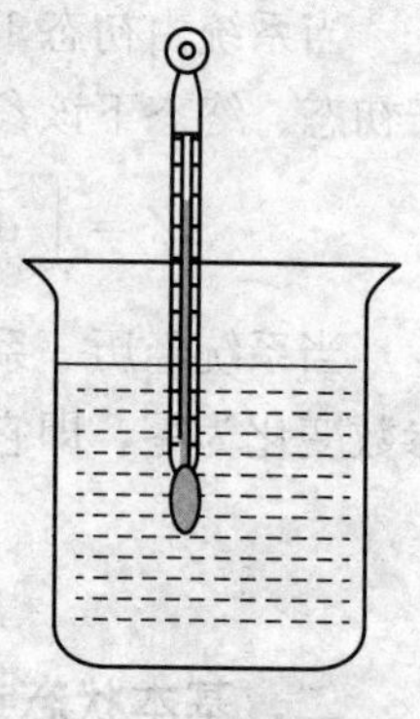
图 1-6　用温度计测量液体温度

建立在热力学第二定律基础上的热力学绝对温标则是一种与测温物质的性质无关的温标。用这种温标确定的温度称为热力学温度，以符号 T 表示，计量单位为开尔文，以符号 K 表示。1954 年以后，国际上规定选用纯水的三相点作为标准温度点，并规定这个状态下温度的数值为 273.16K。1960 年国际计量大会通过决议，规定摄氏温度由热力学温度移动零点来获得，即

$$t = T - 273.15 \tag{1-3}$$

英、美等国在日常生活和工程技术上还经常使用华氏温标，华氏温度和摄氏温度之间的关系为

$$t_F = 32 + \frac{9}{5}t \tag{1-4}$$

为了对上述几种温标有个综合的了解，下面特将它们的基本情况列作表 1-1，以便于大家比较。

表 1-1　　三种温标基本情况比较表

项目	单位	符号	固定点的温度				使用情况
			绝对零度	冰点	三相点	沸点	
热力学温度	K	T	0	273.15	273.16	373.15	国际单位
摄氏温度	℃	t	−273.15	0.00	0.01	100.00	国际单位
华氏温度	°F	t_F	−459.69	32.00	32.02	212.00	英制单位

【例 1-1】 测得某容器内气体工质的温度为 200℃，求该气体工质的热力学温度。

解： 该气体工质的热力学温度为

$$T = t + 271.15 = 200 + 273.15 = 473.15(\text{K})$$

【例 1-2】 张三用华氏温度计测得某天最高温度为 82°F，求该温度对应多少摄氏度？

解： 根据式（1-4），则

$$82 = 32 + \frac{9}{5}t$$

解之得

$$t = 27.8℃$$

2. 压力

压力是指沿垂直方向上作用在单位面积上的作用力，在物理学中又叫压强。对于容器内的气体工质来说，压力是大量气体分子作不规则运动时对器壁频繁碰击的宏观统计结果。

工程上所采用的压力表都是在特定的环境中测量的。如常见的U形管压力计（如图1-7所示）或弹簧式压力表等（如图1-8所示）等，所测出的压力值都以环境中的大气压力 p_b 为基础的相对值，并不是系统内气体的绝对压力。这里分两种情况：

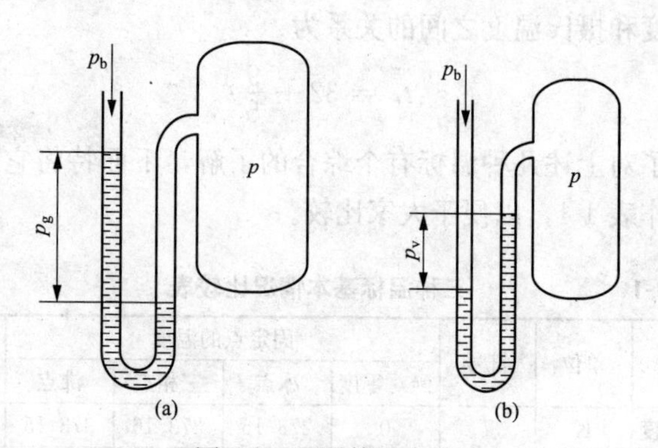

图1-7 U形管压力计

（a）正压系统；（b）负压系统

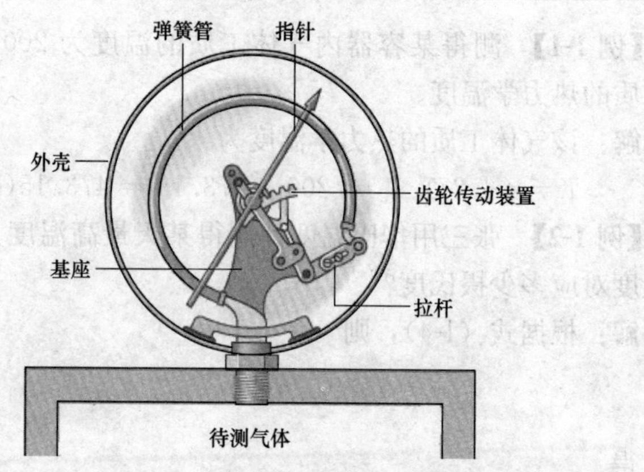

图1-8 弹簧式压力表

第一种情况，如图1-7（a）所示，此时绝对压力高于大气压力（$p>p_b$），压力计指示的数值称为表压力，用 p_g 表示。显然容器内的绝对压力为

$$p = p_b + p_g \tag{1-5}$$

第二种情况，如图1-7（b）所示，此时绝对压力低于大气压力（$p<p_b$），压力计指示的读数称为真空度，用 p_v 表示，显然容器内的绝对压力为

$$p = p_b - p_v \tag{1-6}$$

在火力发电厂中，有许多设备处于正压状态，如锅炉汽包、给水管道、水冷壁管道、油系统、高压加热器等，也有一些设备处于负压下工作，如锅炉炉膛、凝汽器、凝结水管道、煤粉系统等。

不论表压力 p_g 或真空度 p_v，其值除与系统内的绝对压力 p 相关外，还与测量时外界环境压力 p_b 有关。在某一既定的状态下，这时气体的绝对压力虽然保持不变，但由于外界环境条件的改变，使得测出的表压力 p_g 或真空度 p_v 也将发生变化。只有绝对压力才是平衡状态系统的状态参数，进行热力计算时一定要用到绝对压力。

在法定计量单位中，压力单位的名称是帕斯卡，简称帕，符号是Pa，它的定义是 $1m^2$ 面积上垂直作用1N的力产生的压力为1Pa，即

$$1Pa = 1N/m^2 \tag{1-7}$$

帕这个单位太小，工程上常用千帕（kPa）和兆帕（MPa）作压力单位。有时也有用液柱高度，如毫米水柱（mmH_2O）或毫米汞柱（mmHg）来表示压力，其为惯用的非法定单位。标准大气压（atm）是纬度45°海平面上的常年平均大气压。在旧的单位体制中，还有用巴（bar）和工程大气压（at）的，它们在我国的法定计量单位中已废除。这些单位与Pa的关系为

$$1kPa = 10^3 Pa$$

$$1MPa = 10^6 Pa = 10^3 kPa$$

$$1mmH_2O = 9.81Pa$$

$$1mmHg = 133.3Pa$$

$$1atm = 760mmHg = 1.01325 \times 10^5 Pa$$

$$1bar = 10^5 Pa$$

$$1at = 1kgf/cm^2 = 0.981 \times 10^5 Pa$$

与物质的质量多少有关的状态量称为广延量，与物质的质量多少无关的状态量称为强度量。上面讲的温度和压力均为强度量，但它们的变化特性有区别，压力的变化速度快，以音速传播；温度的变化慢，随着热量的传递而改变。在一个热力系统中，当温度和压力都改变时，温度的改变具有滞后性。这个特性对于指导火力发电厂现场运行是有帮助的，在调节锅炉出口蒸汽参数时，温度的变化要滞后于压力的变化，另外，还会引起锅炉“虚假水位”的问题。

【例 1-3】 凝汽器真空

火力发电厂汽轮机的排汽（有时称为乏汽）送到凝汽器中放热。已知某凝汽器真空表的读数为 96kPa，当地大气压力 $p_b=1.01\times10^5$ Pa。试问凝汽器内的绝对压力为多少 Pa?

解：凝汽器内的绝对压力为

$$p=p_b-p_v=1.01\times10^5\text{Pa}-96\times10^3\text{Pa}=5000\text{Pa}=5\text{kPa}$$

3. 比体积

比体积（以前又称为比容）是指单位质量工质所占有的体积，用符号 v 表示，在法定计量单位制中单位是 m^3/kg。它是描述分子聚集疏密程度的比参数。如果 m kg 工质占有 $V(m^3)$ 体积，则比体积的数值为

$$v=\frac{V}{m} \tag{1-8}$$

很明显，比体积 v 与密度 ρ 互为倒数，即

$$v\rho=1 \quad 或 \quad v=\frac{1}{\rho} \quad 或 \quad \rho=\frac{1}{v} \tag{1-9}$$

第三节 平 衡 状 态

一、热力系统的平衡状态

经验表明，一个与外界不发生物质和能量交换的热力系统，如果刚开始各部分宏观性质不均匀，经过足够长的时间后，系统

会逐步趋于均匀一致，最后保持一个宏观性质不再发生变化的状态，称系统达到热力学平衡状态。平衡状态是指在不受外界影响的条件下，系统的宏观性质不随时间改变而变化。

在不考虑化学变化及原子核变化的情况下，为表征热力系统已达到平衡状态，系统必须满足三个平衡条件：

（1）热平衡条件。

（2）力平衡条件。

（3）相平衡条件。

平衡状态的概念不同于稳定状态。例如两端分别与冷热程度不同的恒温热源接触的金属棒，经过一段时间后，棒上各点将有不随时间变化的确定的冷热状态，此即稳定状态，但此时，金属棒内存在温度差，处于不平衡状态，因此稳定未必平衡。如果系统处于平衡状态，则由于系统内无任何势差，系统必定处于稳定状态。

平衡与均匀也是两个不同的概念，平衡是相对时间不变而言的，而均匀是相对空间不变而言的。平衡不一定均匀。

二、坐标图

两个独立的状态参数能确定一个状态，原则上可以利用两个独立的状态参数建立笛卡尔坐标图，在该坐标图上任意一点即表示某一状态。热力学中用得最多的是 p-v 图和 T-s 图，如图 1-9

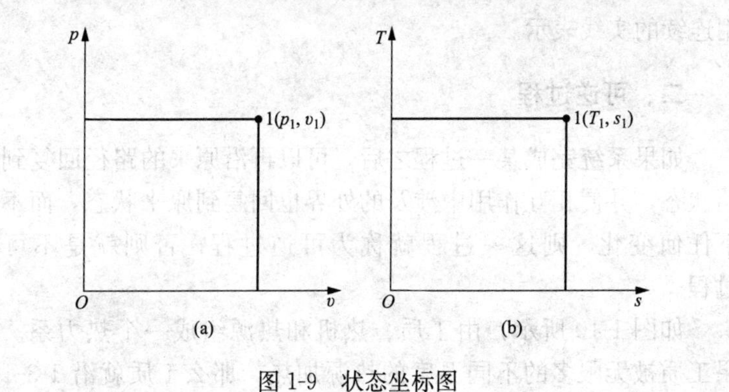

图 1-9 状态坐标图

（a）p-v 图；（b）T-s 图

所示，图上的状态点 1 的坐标为（p_1，v_1）和（T_1，s_1），分别说明该点的压力为 p_1，比体积为 v_1，温度为 T_1，比熵为 s_1。显然，只有平衡状态才能用图上的一点来表示，不平衡状态没有确定的状态参数，在坐标图上无法表示。

第四节　热　力　过　程

当热力系统与外界环境发生能量和质量交换时，工质的状态将发生变化。工质从某一初始平衡态经过一系列中间状态，变化到另一平衡状态，称工质经历了一个热力过程。

一、准平衡过程

过程总是意味着平衡被打破，但是被打破的程度有很大差别。

为了便于对实际过程进行分析和研究，假设过程中系统所经历的每一个状态都无限地接近平衡状态，这个热力过程称为准平衡过程（或称为准静态过程）。

实现准平衡过程的条件是推动过程进行的不平衡势差（压力差、温度差等）无限小，而且系统有足够的时间恢复平衡。

准平衡过程中系统有确定的状态参数，因此可以在坐标图上用连续的实线表示。

二、可逆过程

如果系统完成某一过程之后，可以再沿原来的路径回复到起始状态，并使相互作用中涉及的外界也回复到原来状态，而不留下任何变化，则这一过程就称为可逆过程；否则就是不可逆过程。

如图 1-10 所示，由工质、热机和热源组成一个热力系。如果工质被无限多的不同温度的热源加热，那么工质就沿 1-3-4-5-6-7-2 经历一系列无限缓慢的吸热膨胀过程，在此过程中，热力系统和外界随时保持热和力的无限小势差，是一个准平衡过程。如果机器没有任何摩擦阻力，则所获机械功全部以动能形式储存于飞轮中。撤去热源，飞轮中储存的动能通过曲柄连杆缓慢地还回活塞，使它反向移动，无限缓慢地沿 2-7-6-5-4-3-1 压缩工质，压缩过程消耗的功与工质膨胀产生的功相同。与此同时，工质在被压缩的过程中以无限小的温差向无限多的热源放热，所放出的热量与工质膨胀时所吸收的热量也恰好相等。结果系统及所涉及的外界都回复到原来状态，未留下任何变化。工质经历的 1-3-4-5-6-7-2 过程就是一个可逆过程。

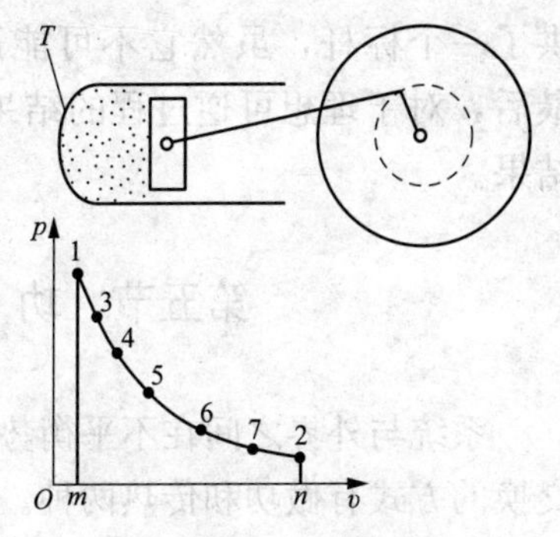

图 1-10　可逆过程

可见，可逆过程首先必须是准平衡过程，同时在过程中不应有任何通过摩擦、黏性扰动、温差传热、电阻、磁阻等耗功或潜在做功能力损失的耗散效应。因此，可逆过程就是无耗散效应的准平衡过程。需要指出，可逆过程中的“可逆”只是指可能性，并不是指必须要回到初态。

准平衡过程和可逆过程都是无限缓慢进行的、由无限接近平衡态所组成的过程。因此，可逆过程与准平衡过程一样在坐标图上都可用连续的实线描绘。它们的区别在于，准平衡过程只着眼于工质的内部平衡，有无摩擦等耗散效应与工质内部的平衡并无关系。而可逆过程则是分析工质与外界作用所产生的总效果，不仅要求工质内部是平衡的，而且要求工质与外界的作用可以无条件地逆复，过程进行时不存在任何能量的耗散。因此，可逆过程必然是准平衡过程，而准平衡过程不一定是可逆过程。

实际热力设备中进行的一切热力过程都是不可逆过程。但是“可逆过程”这个概念在热力学中占有重要的地位，首先是它使问题简化，便于抓住问题的主要矛盾；其次，可逆过程提供了一个标杆，虽然它不可能达到，但是它是一个奋斗目标；最后，对于理想可逆过程的结果进行修正，即得到实际过程的结果。

第五节 功 和 热 量

系统与外界之间在不平衡势差作用下会发生能量交换。能量交换的方式有做功和传热两种。

一、功

功是系统与外界交换能量的一种方式。力学中把物体间通过力的作用而传递的能量称为功，并定义功等于力 F 和物体在力所作用方向上位移 x 的乘积，即

$$W = Fx \tag{1-10}$$

按此定义，气缸中气体膨胀推动活塞及重物升起时气体就做功，涡轮机中气体推动叶轮旋转时气体也做功。这类功都属于机械功。但除此以外，还可以有许多形式的功，它们并不直接地表现为力和位移，但能够通过转换全部变为机械功，因而它们和机械功是等价的。例如，电池对外输出电能，即可认为电池输出电功。于是根据能量转换的观点，热力学对功作如下定义：功是热力系统通过边界而传递的能量，且其全部效果可表现为举起重物。功的这个热力学定义并非意味着真举得起重物，而是说产生的效果相当于重物的举起。这个定义突出了做功和传热的区别。任何形式的功其全部效果可以统一地用举起重物来概括。而传热的全部效果，无论通过什么途径，都不可能与举起重物的效果相当。

热力系统做功的方式是多种多样的，本书重点讨论与容积变化有关的功（膨胀功和压缩功）的表达式。下面用如图 1-11 所示的活塞气缸装置来推导准静态过程容积变化功的计算公式。首先确定气缸中质量为 m（kg）的气体为热力系统，活塞

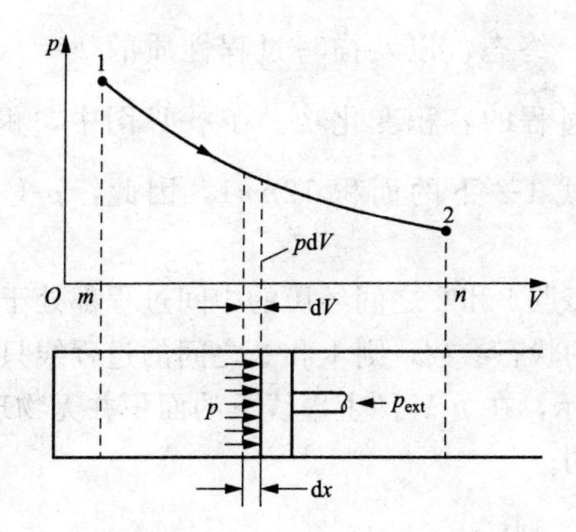

图 1-11　气体可逆膨胀做功过程

面积为 A，初始状态气缸中气体的压力为 p，活塞上的外部阻力为 p_{ext}，由于讨论的是准静态过程，所以 p 和 p_{ext} 应该随时相差无限小。至于外界阻力来源于何处无关紧要，可以是外界负荷的作用，也可以包括活塞与气缸壁面间的摩擦。这样，当活塞移动一微小距离 dx 时，则系统在微元过程中对外所做的功为

$$dW = pA\,dx = p\,dV \tag{1-11}$$

式中　dV——活塞移动 dx 时工质的容积变化量。

若活塞从位置 1 移到位置 2，系统在整个过程中所做的功为

$$W = \int_1^2 p\,dV \tag{1-12}$$

对于单位质量气体，准静态过程中的容积变化功可以表示为

$$\delta w = \frac{1}{m} p\,dV = p\,dv \tag{1-13}$$

$$w = \int_1^2 p\,dv \tag{1-14}$$

这就是任意准静态过程容积变化功的表达式，这种在准静态过程中完成的功称为准静态功。由式（1-12）可见，只要已

知过程的初、终态，以及描写过程性质的 $p=f(v)$，就可以确定准静态过程的容积变化功。在 p-V 图中，积分 $\int_1^2 p\mathrm{d}V$ 相当于过程曲线 1-2 下的面积 $12nm1$，因此，p-V 图又称为示功图。

如果状态点 1 和 2 之间经历的中间过程都处于非平衡状态，即没有确定的状态参数，则 1 和 2 之间的过程线只能画成虚线，如图 1-12 所示，在 p-V 图上虚线下的面积并无物理意义，不等于容积变化功。

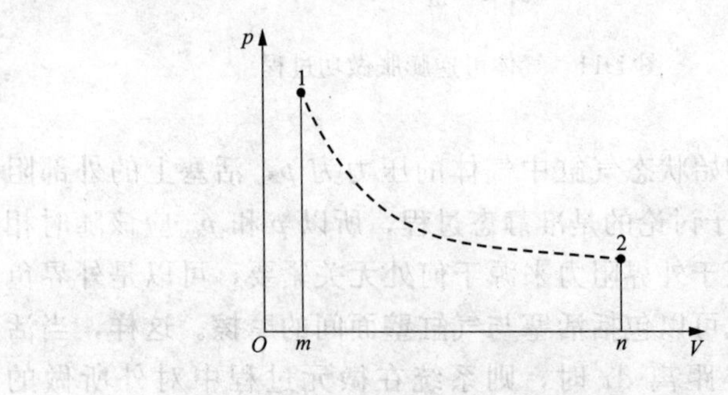

图 1-12 不可逆膨胀过程

显然，从同一初态变化到同一终态，如果经历的过程不同，则容积变化功也就不同，可见容积变化功是与过程特性有关的过程量，而不是系统的状态参数，因此容积变化功的微元形式不能用 $\mathrm{d}W$ 表示，而只能用 δW 表示。此外，如果气体膨胀，$\mathrm{d}V>0$，则 $\delta W>0$，功量为正，表示气体对外做功；反之，如果，气体被压缩，$\mathrm{d}V<0$，则 $\delta W<0$，功量为负，表示外界对气体做功。

容积变化功只涉及气体容积变化量，而与此容积的空间几何形状无关。因此，不管气体的容积变化是发生于气缸等规则容器中抑或发生在不规则流道的流动过程中，其准静态功都可以用式（1-12）计算。

【例 1-4】 气体膨胀做功

1kg 某种气态工质，在可逆膨胀过程中分别遵循：

(1) $p=av$。

(2) $p=\frac{b}{v}$。(a、b 为常数)

从初态 1 到达终态 2。分别求这两过程中做功各为多少?

解: 因为 $w=\int_1^2 p\mathrm{d}v$

所以

(1) $w=\int_1^2 p\mathrm{d}v=\int_1^2 av\mathrm{d}v=\frac{a}{2}(v_2^2-v_1^2)$

(2) $w=\int_1^2 p\mathrm{d}v=\int_1^2 \frac{b}{v}\mathrm{d}v=b\ln v|_1^2=b\ln\frac{v_2}{v_1}$

二、热量

热量是热力系统与外界之间由于温度不同而通过边界传递的能量,它和功一样是一种能量的传递方式。热量也是过程量而不是状态参数,说某状态下工质含有多少热量是无意义的。一个物体温度高,不能说该物体有很多热量,只有当物体与另一温度不同的物体进行热交换时,才说传递了多少热量。

热量用符号 Q 表示,法定单位为 J 或 kJ。单位质量工质与外界交换的热量用符号 q 表示,单位为 J/kg 或 kJ/kg。热力学中规定:系统吸热 Q 取正值,放热时 Q 取负值。因为热量也是过程量而不是状态参数,所以一个微元过程的热量用 δQ 表示,而不用 $\mathrm{d}Q$ 表示。

工程上曾用 kcal(千卡或大卡)作热量单位,指 1kg 纯水的温度从 14.5℃升至 15.5℃所需吸收的热量。

在这里,顺便引出一个与热量有密切关系的热力学状态参数——熵,用符号 S 表示。熵是由热力学第二定律引出的状态参数,其定义式为

$$\mathrm{d}S=\frac{\delta Q}{T} \tag{1-15}$$

式中 $\mathrm{d}S$——此微元过程中系统熵的变化量;

δQ——系统在微元可逆过程中与外界交换的热量；

T——传热时系统的热力学温度。

这个定义式只适合于可逆过程。

每千克工质的熵称为比熵，用 s 表示，比熵的定义式为

$$ds = \frac{dS}{m} = \frac{\delta q}{T} \tag{1-16}$$

与 p-v 图类似，可以用热力学温度 T 作为纵坐标，熵 S 作为横坐标构成 T-S 图，称为温熵图。因为

$$\delta Q = TdS$$

所以

$$Q_{1-2} = \int_1^2 \delta Q = \int_1^2 TdS$$

因此，在 T-S 图上任意可逆过程曲线与横坐标所包围的面积即为在此热力过程中热力系统与外界交换的热量，如图 1-13 所示，因此，T-S 图又称为示热图。

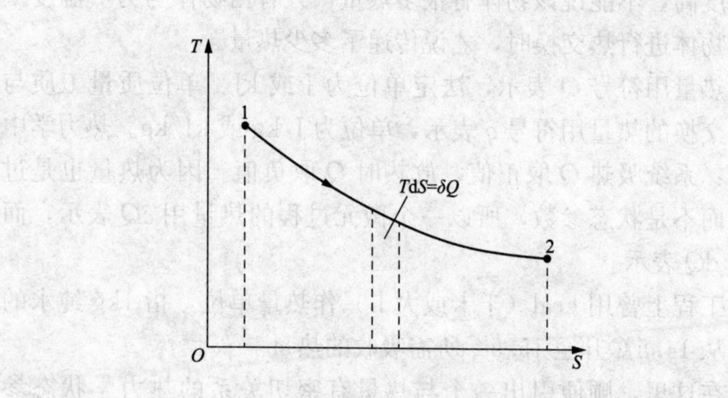

图 1-13 T-S 图及可逆过程热量的表示

根据 $\delta Q = TdS$，且热力学温度 $T>0$，所以，T-S 图不仅可以表示可逆过程热量的大小，而且能表示热量的方向。如果可逆过程在 T-S 图上是沿熵增加的方向进行的，则该过程线下的面积

所代表的热量为正值，即系统从外界吸热；反之，如果可逆过程在 T-S 图上是沿熵减小的方向进行的，则该过程线下的面积所代表的热量为负值，即系统对外界放热。这里说明了一个道理，一个可逆热力过程究竟是吸热还是放热，不是决定于温度的变化，而是决定于熵的变化。温度升高，可能是一个放热过程；温度降低，可能是一个吸热过程。

第六节　热　力　循　环

一、概述

工质从某一初始状态出发，经过一系列中间过程又回到初始状态，称工质经历了一个热力循环。全部由可逆过程组成的循环就是可逆循环；如果循环中有部分过程或全部过程是不可逆的，则该循环称为不可逆循环。在 p-v 图和 T-s 图上可逆循环用闭合实线表示，不可逆循环中的不可逆过程用虚线表示。

在蒸汽动力厂中，水在锅炉中吸热，生成高温高压蒸汽，经主蒸汽管道输入汽轮机中膨胀做功，做完功的蒸汽（通常称为乏汽）排入凝汽器，被冷却为凝结水，凝结水经过水泵升压后，经过回热器加热后再一次进入锅炉吸热，工质完成一个循环。火力发电厂通过工质连续不断地循环，连续不断地将燃料的化学能转变为机械能，进而转变成电能。

在制冷循环装置中，消耗功而使热量从低温物体传输至高温外界，使冷库保持低温。它是一种消耗功的循环，相对于对外做功的动力循环（即正向循环），这种循环叫逆向循环。

热力循环是封闭的热力过程，在 p-v 图和 T-s 图上，热力循环表示为封闭的曲线。

普遍接受的循环的经济性指标的原则定义为

$$经济性指标=\frac{循环得到的收益}{循环付出的代价}$$

二、正向循环

正向循环也叫热动力循环，它是将热能转化为机械能的循环，其性能系数称为热效率，在 p-v 图和 T-s 图上都是沿顺时针方向变化的。

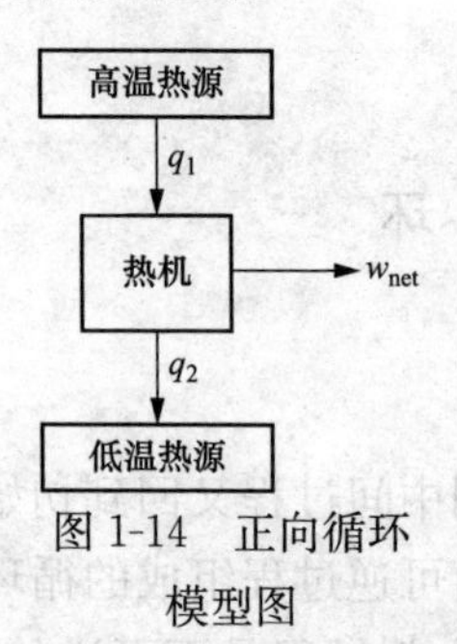

图 1-14　正向循环模型图

正向循环的模型如图 1-14 所示，对于单位质量的工质来说，正向循环的总效果是从高温热源吸收 q_1 的热量（付出的代价），对外做出 w_{net} 的循环净功（得到的收益），同时向低温热源排放 q_2 的热量。

正向循环的热效率用 η_t 表示，即

$$\eta_t = \frac{w_{net}}{q_1} = \frac{q_1 - q_2}{q_1} = 1 - \frac{q_2}{q_1} \tag{1-17}$$

η_t 越大，表示吸入同样 q_1 时得到的循环功 w_{net} 越多；或者说得到的相同的循环功 w_{net}，付出的热量 q_1 越小，它表明循环的经济性越好。

【例 1-5】　火力发电厂煤耗与热效率

某发电厂平均生产 1kW·h 电需消耗 320g 标准煤，已知标准煤的热值为 29308kJ/kg，试求这个发电厂的平均热效率 η_t 是多少？

解：收益为

$$1\text{kW}\cdot\text{h} = 1\text{kJ/s} \times 3600\text{s} = 3600\text{kJ}$$

320g 标准煤发热为

$Q = 0.32\text{kg} \times 29308\text{kJ/kg} = 9378.56\text{kJ}$

平均发电效率为

$$\eta_t = \frac{3600}{9378.56} = 38.39\%$$

三、逆向循环

逆向循环主要用于制冷装置或热泵装置，它是将机械能转化为热能的循环，在 p-v 图和 T-s 图上都是沿逆时针方向变化的。

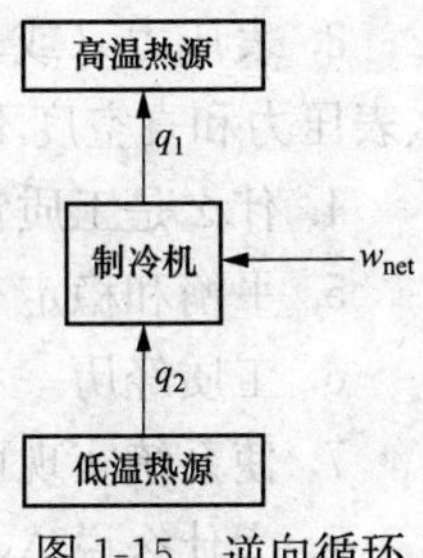

图 1-15 逆向循环模型图

逆向循环的模型如图 1-15 所示，如果逆向循环是作为热泵来使用，则图 1-15 中的制冷机应改名为热泵。对于单位质量的工质来说，逆向循环的总效果是消耗 w_{net} 的循环净功，从低温热源吸收 q_2 的热量，同时向高温热源排放 q_1 的热量。根据能量守恒，有 $w_{net}=q_1-q_2$。

逆向循环不管用作制冷循环还是热泵循环，循环付出的代价都是消耗 w_{net}，但循环得到的收益不同，像冰箱和空调这样的设备，其循环目的是将低温热源的热量排向环境，形成一个比环境温度低的空间，便于保存食物或在夏天给人们提供一个更舒适的工作和生活环境，因此它的收益是从低温热源吸收的热量 q_2；而热泵循环主要是在冬天从环境（低温热源）吸取热量，向房间（高温热源）供热，热泵的收益是向高温热源排放的热量 q_1。根据能量守恒原理，不管是制冷还是热泵循环，均有 $w_{net}=q_1-q_2$。

制冷循环和热泵循环的经济指标分别用制冷系数 ε 和热泵系数（有时也称为供暖系数或供热系数）ε′表示，则有

$$\varepsilon=\frac{q_2}{w_{net}}=\frac{q_2}{q_1-q_2} \tag{1-18}$$

$$\varepsilon'=\frac{q_1}{w_{net}}=\frac{q_1}{q_1-q_2}>1 \tag{1-19}$$

很明显，和热效率 η_t 一样，制冷系数 ε 和热泵系数 ε′越高，表明循环的经济性越好。而且热泵系数 ε′恒大于 1，可以说热泵是一种很好的节能设备。

复 习 题

一、简答题

1. 什么是热力系统？闭口系统和开口系统的区别在什么地方？

2. 什么是绝对压力？什么是表压力？什么是真空度？

3. 表压力（或真空度）与绝对压力有何区别与联系？为什么表压力和真空度不能作为状态参数？

4. 什么是工质？对它有什么要求？

5. 平衡和稳定有什么关系？平衡和均匀有什么关系？

6. 工质经历一不可逆过程后，能否回复至初始状态？

7. 使系统实现可逆过程的条件是什么？

8. 为什么说 Δs 的正负可以表示可逆过程中工质是吸热还是放热？温度的变化能否看出吸热还是放热？

9. 气体膨胀一定对外做功吗？为什么？

10. 经过一个不可逆循环后，工质又回复到起始状态，那么，它的不可逆性表现在什么地方？

11. 当工质热力状态保持不变时，试问用压力表测定其压力时压力表的读数能否发生变化？为什么？

二、填空题

1. 热力学的三个基本状态参数是______、______、______。

2. 状态参数熵的定义式为______，它适用于______过程。

3. 按照系统与外界有无物质交换来分，可分为______系统和______系统。

4. 与外界既不存在能量交换，也不存在物质交换的系统称为______系统。

5. 根据表达的物理意义，p-V 图又称为______图，T-s 图又称为______图。

6. 已知某工质的密度为 25kg/m^3，则该工质的比体积为______ m^3/kg。

7. 某气体的温度 $t=30$℃，则该气体的热力学温度为 $T=$ ______ K。

8. 某地大气压力为 0.0985MPa，测得某容器内的表压力为 360mmH_2O，则该容器内的绝对压力为______ Pa，相当于______ mmHg。

9. 某逆向循环，外界输入 100kJ 的功，向高温热源放出

300kJ 的热量，如果它是制冷循环，则制冷系数为________，如果它是热泵循环，则热泵系数为________。

三、判断题（正确填√，错误填×）

1. 平衡必定稳定，稳定不一定平衡。（　　）

2. 工质吸热温度升高，放热温度降低。（　　）

3. 工质吸热熵增加，放热熵减小。（　　）

4. 热泵系数恒大于 1。（　　）

5. 工质的绝对压力不变，压力表的读数仍可能变化。（　　）

6. 热量和功一样都是过程量，而不是状态量。（　　）

7. 质量相同的同一种工质，温度越高，含有的热量越多。（　　）

8. 气体膨胀不一定做功。（　　）

四、计算题

1. 为了环保，燃煤电站锅炉通常采用负压运行方式。现采用如图 1-16 所示的斜管式微压计来测量炉膛内烟气的真空度，已知斜管倾角 $\alpha=30°$，微压计中使用密度 $\rho=1000\text{kg/m}^3$ 的水，斜管中液柱高出微压计水平面的长度 $l=200\text{mm}$，若当地大气压 $p_b=99.65\text{kPa}$，则烟气的绝对压力为多少？

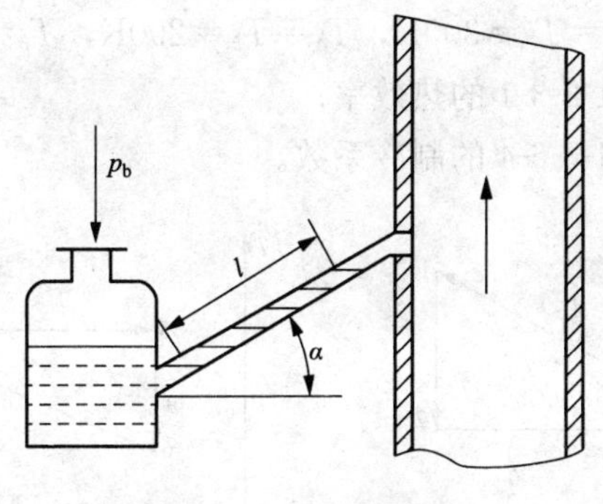

图 1-16　斜管式微压计

2. 利用水银压力计测量容器中气体的压力时，为了避免水银蒸发，有时需在水银柱上加一段水，如图 1-17 所示。现测得水银

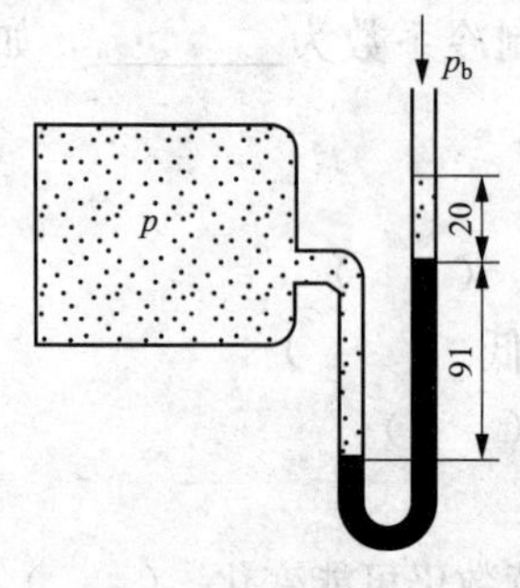

图 1-17　U形管压力计

柱高 91mm，水柱高 20mm，已知当地大气压 p_b=0.1MPa。求容器内的绝对压力为多少？

3. 安全阀放在一压力容器上方的放气孔上，当容器内的表压力达到 200kPa 时，放气孔上的安全阀被顶起放出部分蒸汽，保证容器不超压，已知放气孔截面积为 $10mm^2$，求安全阀的质量。当地重力加速度 $g=9.81m/s^2$。

4. 凝汽器的真空度为 710mmHg，气压计的读数为 750mmHg，求凝汽器内的绝对压力为多少 kPa？若凝汽器内的绝对压力不变，大气压力变为 760mmHg，此时真空表的读数有变化吗？若有，变为多少？

5. 有些国家和地区的人们习惯于用华氏温度°F 表示气温和体温。某人测得自己的体温为 100°F，那么该人的体温为多少℃？

6. 气体初始状态为 $p_1=0.4MPa$，$V_1=1.5m^3$，气体经过可逆定压过程膨胀到 $V_2=5m^3$，求气体膨胀所做的功。

7. 两个直角三角形可逆循环的 *T-S* 如图 1-18 所示，其中 $T_1=600K$，$T_2=T_3=300K$，$T_4=T_5=290K$，$T_6=250K$。求：

（1）循环 1-2-3-1 的热效率；

（2）循环 4-5-6-4 的制冷系数。

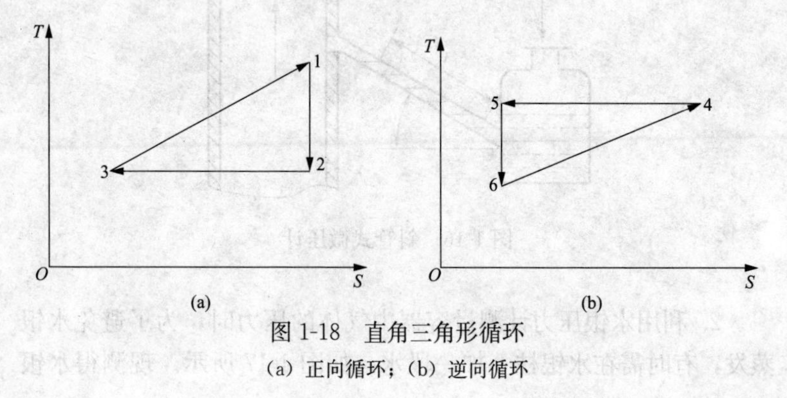

图 1-18　直角三角形循环

（a）正向循环；（b）逆向循环

第二章

热力学基本定律

第一节　热力学第一定律的实质

“自然界中一切物质都具有能量。能量既不可能被创造，也不可能被消灭，而只能从一种形式转换为另一种形式，在转换过程中，能的总量保持不变。”这就是能量守恒与转换定律，它是自然界的一个基本规律。

热力学第一定律的实质是能量守恒与转换定律在热力学中的应用。它确定了热能与其他形式的能量相互转换时在数量上的关系。热力学第一定律可以表述为“当热能在与其他形式能量相互转换时，能的总量保持不变。”

根据热力学第一定律，为了得到机械能必须花费热能或者其他能量。历史上，有些人曾幻想制造不花费能量而产生动力的机器，称为第一类永动机，结果从来没有人成功。因此，热力学第一定律也可表述为“第一类永动机是不可能制成的。”

在热力学的发展史上，热功当量实验是热力学第一定律的主要实验基础。19 世纪中叶，焦耳（J. P. Joule）用他的实验证明在机械能转变为热能时，一定量的功与一定量的热相当，即

$$1\text{cal}=4.1868\text{J} \tag{2-1}$$

由此人们认识到：能量是守恒的，它既不能消失，又不能被创造，只能从一种形式转变为另一种形式。

例如，电力的产生不可能无中生有，而是符合热力学第一定律。在燃煤火力发电厂中，煤在锅炉内燃烧，将化学能转变为蒸汽的热能，在汽轮机中蒸汽的热能转变为机械能，发电机又将机械能转变为电能。风力发电是将空气流动的动能转变为电能，水

力发电是将水的势能转变为电能。

热力学第一定律被恩格斯称为大自然的绝对定律。科学发展至今日，包括牛顿定律在内的许多规律都做了修正，但热力学第一定律仍无须修正。

第二节 热 力 学 能

一个表面上静止不动的物体，其内部微粒是在一刻不停地运动着的。系统内分子不规则运动的动能、分子势能和化学能的总和与原子核内部的原子能，以及电磁场作用下的电磁能等一起构成热力学能（以前也叫内能），热力学能用 U 表示。在没有化学反应及原子核反应的过程中，热力学能的变化只包括内动能和内位能的变化。

气体的热力学能包括分子的内动能（移动动能、转动动能、振动动能）和分子间的内位能，内动能是温度的函数，内位能是比体积和温度的函数。

热力学能是状态参数，在一定的热力状态下，有一定的热力学能，而与达到这一热力学状态的路径无关。

热力学能 U 的国际单位为焦耳（J）或千焦耳（kJ）。1kg 工质的热力学能称为比热力学能，用 u 表示，其国际单位为 J/kg 或 kJ/kg。

当热力系统处于宏观运动状态时，热力系统所储存的能量除了热力学能外，还包括宏观动能 E_k 和宏观势能 E_p，热力系统所储存的总能量为

$$E = U + E_k + E_p = U + \frac{1}{2}mc^2 + mgz \tag{2-2}$$

式中 m——工质的质量；

c——工质的流速；

g——重力加速度；

z——高度。

单位质量工质的总能量为

$$e = u + e_p + e_k = u + \frac{1}{2}c^2 + gz \tag{2-3}$$

经过一个热力过程后，系统总能量的变化量可写成

$$\Delta E = \Delta U + \Delta E_k + \Delta E_p \tag{2-4}$$

或

$$dE = dU + dE_k + dE_p \tag{2-5}$$

第三节　闭口系统能量方程

热力学第一定律的能量方程式是热力学中最基本的方程式之一，一切热力过程能量平衡关系均可表述为

输入热力系统的能量－热力系统输出的能量＝热力系统储存能量的变化

以一个气缸活塞装置为例，如图 2-1 所示。以气缸壁和活塞为边界，以气缸活塞包围的气体为热力系统，此系统与外界无物质交换，属于闭口系统。这个热力系统经过一个热力过程，外界输入系统的净热量为 Q，系统对外做的总功为 W，系统工质的动能和势能变化可以忽略，系统储存能量的变化即为热力学能变化 $\Delta U = U_2 - U_1$。因此能量方程可写为

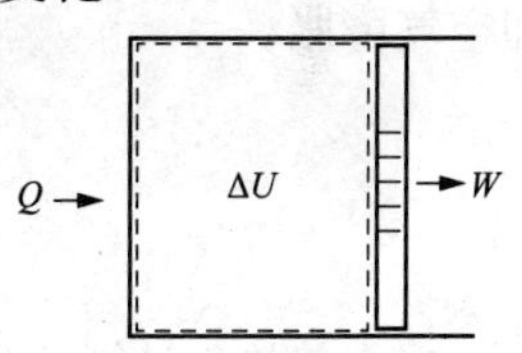

图 2-1　闭口系统热力过程

$$Q = U_2 - U_1 + W = \Delta U + W \tag{2-6}$$

对于单位质量工质的闭口系统，能量方程可写成

$$q = u_2 - u_1 + w = \Delta u + w \tag{2-7}$$

对于一个微小的变化过程，闭口系统能量方程可写成

$$\delta Q = dU + \delta W \tag{2-8}$$

或

$$\delta q = du + \delta w \tag{2-9}$$

如果热力系统经历的是可逆过程，则以上两式可写成

$$\delta Q = dU + p dV \tag{2-10}$$

$$\delta q = du + p dv \tag{2-11}$$

在推导式（2-6）和式（2-7）时，没有对过程进行的条件和

工质种类作任何规定，故这两个公式适合于任何工质、任何热力过程。

【例 2-1】 空气的简单热力过程

定量空气在状态变化过程中对外吸热 80kJ，热力学能减少 100kJ，问空气是膨胀还是被压缩？功量是多少？

解： 虽然不知道过程发生的具体细节，但是，肯定不会违背能量守恒。

根据

$$Q=\Delta U+W$$

则

$$W=Q-\Delta U=80-(-100)=180\text{kJ}$$

根据计算结果，膨胀功大于 0，说明定量空气对外界做功，即空气膨胀。

第四节　焓

在有关热工计算的公式中，时常有 $U+pV$ 组合出现，为了简化公式和简化计算，把这个组合定义为焓，用 H 表示，定义为

$$H=U+pV \tag{2-12}$$

单位质量工质的焓称为比焓，用 h 表示，即

$$h=u+pv \tag{2-13}$$

焓的国际单位是 J 或 kJ，比焓的国际单位是 J/kg 或 kJ/kg。在任一平衡状态下，系统的 u、p 和 v 都有一定的值，因而 h 也有一定的值，焓是一个状态参数。

工程上，往往关心的是在热力过程中工质焓的变化量，而不是工质在某状态下焓的绝对值。因此，与热力学能一样，焓的起点可以人为规定，但如果已经预先规定了热力学能的起点，则焓的数值必须根据其定义式来确定。

在热力过程中焓是一个非常重要且常用的状态参数。对于非流动工质，焓仅仅是一个状态参数，并没有什么物理意义，对流动工质而言，焓表示工质流动时携带的取决于热力状态的那部分

能量。在热力设备中，工质总是不断地从一处流到另一处，因而在热力工程计算中，焓比热力学能有更广泛的应用。

第五节　稳定流动能量方程及其应用

一、稳定流动能量方程

工程上，一般热力设备除了启动、停止或增减负荷外，常处在稳定工作的情况下，工质在这些设备中的流动处于稳定流动。所谓稳定流动是指热力系统在流动空间上任何一点的参数都不随时间而变化的流动。其特点是：

（1）流入和流出热力系统的质量流量相等，且不随时间而变化。

（2）进、出口处工质的状态不随时间而变化。

（3）系统和外界交换的热量和功不随时间而改变。

图 2-2 是一开口系统示意图，工质在开口系统中稳定流动，假设流进、流出系统的工质为 1kg。

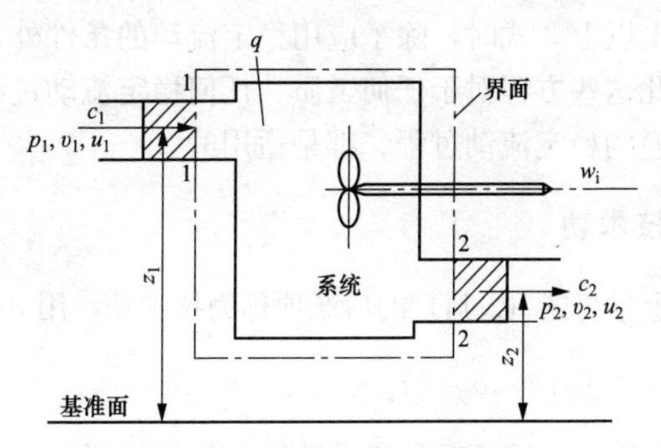

图 2-2　开口稳定流动系统

工质进入系统带进的能量为

$$e_1 = h_1 + \frac{1}{2}c_1^2 + gz_1$$

工质流出系统带出的能量为

$$e_2 = h_2 + \frac{1}{2}c_2^2 + gz_2$$

设 1kg 工质流经系统时从外界吸取的热量为 q，对机器设备做功为 w_i，w_i 表示工质在机器内部对机器所做的功，称作内部功，以区别于机器的轴对外输出的轴功 w_s。两者的差额是机器轴承部分摩擦引起的机械损失，如果忽略这部分摩擦损失，则 $w_i = w_s$。对于这样的稳定流动，可以列出如下的能量平衡方程式，即

$$h_1 + \frac{1}{2}c_1^2 + gz_1 + q = h_2 + \frac{1}{2}c_2^2 + gz_2 + w_i$$

移项整理可得

$$q = \Delta h + \frac{1}{2}\Delta c^2 + g\Delta z + w_i \tag{2-14}$$

其微分形式为

$$\delta q = \mathrm{d}h + c\mathrm{d}c + g\mathrm{d}z + \delta w_i \tag{2-15}$$

当流过 m(kg) 工质时，稳定流动能量方程式为

$$Q = \Delta H + \frac{1}{2}m\Delta c^2 + mg\Delta z + W_i \tag{2-16}$$

在导出以上 3 式时，除了应用稳定流动的条件外，别无其他限制，因此这些方程对于任何工质、任何稳定流动过程，包括可逆和不可逆的稳定流动过程，都是适用的。

二、技术功

工程上常将式（2-14）的后 3 项称为技术功，用 w_t 表示，即

$$w_t = w_i + \frac{1}{2}\Delta c^2 + g\Delta z \tag{2-17}$$

式（2-17）中后两项是工质动能和势能的增加，动能和势能都是机械能，都可以直接用来对外做功。根据组成，技术功 w_t 也可以理解为在工程技术上可资利用的功。

对于可逆过程，技术功可以写成

$$w_t = -\int_1^2 v\mathrm{d}p \tag{2-18}$$

因此，对于微元可逆过程，式（2-15）可变形为

$$\delta q = \mathrm{d}h - v\mathrm{d}p$$

由式（2-18）可知，可逆过程 1-2 的技术功可以在 p-v 图上表示成过程线与纵轴所夹的面积，如图 2-3 所示。

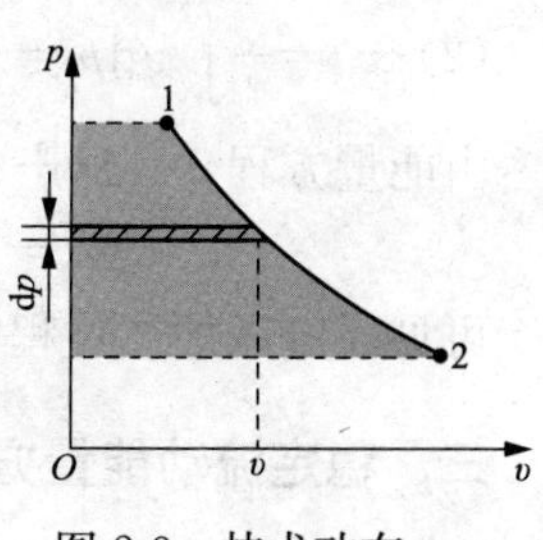

图 2-3　技术功在 p-v 图上的表示

由式（2-18）可知，若 $\mathrm{d}p<0$，即过程中工质的压力是降低的，则技术功为正，此时，工质对机器做功；反之，若 $\mathrm{d}p>0$，即过程中工质的压力是升高的，则技术功为负，此时，机器对工质做功。汽轮机和燃气轮机属前一种情况，压气机属后一种情况。

下面讲述引进技术功这个概念的意义。若不计轴承摩擦阻力，则在稳定流动的开口系统中，内部功是实实在在传递到外部而能被利用的功（对于压缩过程，则是由外界输入到系统内部的功）。从式（2-17）可以看出，技术功和内部功是有差别的，大部分情况下，工质进、出系统的动能和势能的变化量相对于其他量的变化而言是很小的，可以略去不计。这样，就可以用技术功来替代内部功，使问题简化，产生的误差也在工程允许的范围内。本书绝大多数例题和习题均未给出进、出口处的速度和位置高度，直接用技术功表示输入或输出的功。

【例 2-2】　饱和水定压加热汽化

1kg 温度为 100℃ 的饱和水在 $p=0.1013\mathrm{MPa}$ 下定压加热汽化变为 100℃ 的饱和蒸汽，已知 $v_1=0.00104\mathrm{m^3/kg}$，$v_2=1.6736\mathrm{m^3/kg}$，加热量 $q=2275.71\mathrm{kJ/kg}$。求工质比热力学能的变化 Δu 和比焓的变化 Δh。

解：（1）$w=\int_1^2 p\mathrm{d}v = p(v_2 - v_1)$

$$=0.1013\times10^6\times(1.6736-0.00104)$$

$$=169430(\mathrm{J/kg})=169.43\mathrm{kJ/kg}$$

由能量方程 $q=\Delta u+w$，得

$$\Delta u = q - w = 2275.71 - 169.43 = 2106.28(\text{kJ/kg})$$

(2) $w_t = -\int_1^2 v\mathrm{d}p = 0$

由能量方程 $q=\Delta h+w_t$，得

$$\Delta h = q = 2275.71\text{kJ/kg}$$

可见，定压加热过程中加入的热量等于工质焓值的变化。

三、稳定流动能量方程的应用

稳定流动的能量方程反映了工质在稳定流动过程中能量转化的一般规律。这个方程在工程中应用很广泛。在研究具体问题时，需要与实际装置和实际热力过程的具体特点结合起来，对于某些次要因素可以略去不计，使能量方程更加简洁明晰。下面以几个典型的热力设备为例，说明稳定流动能量方程的具体应用。

1. 锅炉及各种换热器

锅炉和各种换热器的工作特点是没有功的输入、输出，只有热量交换，且工质进、出口速度相差不大，高度也相差不大，故可以忽略动能和势能的变化。如图 2-4 所示，以虚线画出所选取的换热器的热力系统，以 1kg 工质考虑。根据过程特征，结合稳定流动能量方程式（2-14）得出

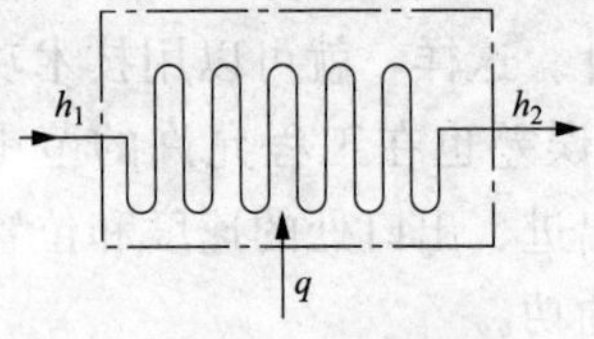

图 2-4　换热器示意图

$$q = h_2 - h_1 \tag{2-19}$$

可见，工质在锅炉和各种换热器中的吸热量等于工质的焓升。如果计算出 q 为负，则表示工质在换热器中对外界放热。

2. 汽轮机和燃气轮机

汽轮机转子如图 2-5 所示。汽轮机和燃气轮机是热力原动机，其主要特点是输出轴功，可以视为纯做功设备，为了减少能量损失和现场运行安全，它们的外侧都裹有保温层，可视为 $q=0$，同时，进、出口处的动能和势能虽有变化，但同输出功相比小得

多，故可以不计动能和势能的变化。于是，稳定流动能量方程应用于汽轮机或燃气轮机时，就简化为

$$w_i = w_t = h_1 - h_2 \tag{2-20}$$

图 2-5　汽轮机转子

可见，不计动能和势能的变化，不管过程是否可逆，工质在汽轮机或燃气轮机中所做的功都等于工质焓值的降低（简称焓降）。

【例 2-3】 汽轮机做功

一台一股进汽、多股抽汽的汽轮机，如图 2-6 所示，1kg 状态为 1 的蒸汽进入汽轮机内膨胀做功，分别抽出 α_1（kg）状态为 2 和 α_2（kg）状态为 3 的蒸汽，最后 $1-\alpha_1-\alpha_2$（kg）蒸汽以状态 4 排出汽轮机，求蒸汽在汽轮机内做的功。

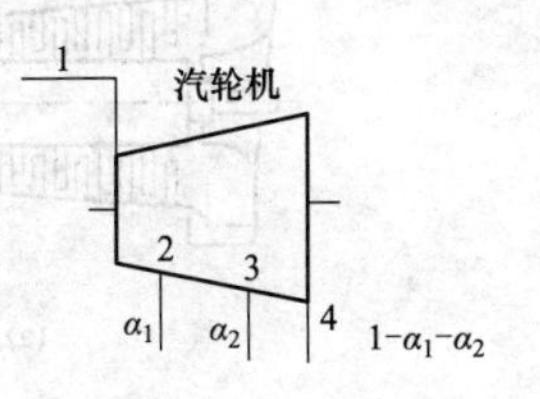

图 2-6　一股进汽、多股抽汽的汽轮机

解法 1：把汽轮机分成 3 段，将每一段做的功加起来就是 1kg 蒸汽在整个汽轮机内做的功，即

$$w_i = w_t = h_1 - h_2 + (1-\alpha_1)(h_2 - h_3) + (1-\alpha_1-\alpha_2)(h_3 - h_4)$$

解法 2：把蒸汽流分成 3 股，将它们的功加起来就是 1kg 蒸汽在整个汽轮机内做的功，即

$$w_i = w_t = \alpha_1(h_1 - h_2) + \alpha_2(h_1 - h_3) + (1-\alpha_1-\alpha_2)(h_1 - h_4)$$

可以验算，两种方法最后得出的结果是一样的。

【例 2-4】 汽轮机功率

已知蒸汽进入汽轮机时的比焓 $h_1=3450\text{kJ/kg}$，流出时的比焓 $h_2=1980\text{kJ/kg}$，蒸汽的流量为 150t/h，求该汽轮机的功率。

解： 每千克工质在汽轮机内做的功为

$$w_t = h_1 - h_2 = 3450\text{kJ/kg} - 1980\text{kJ/kg} = 1470\text{kJ/kg}$$

该汽轮机的功率为

$$P = \frac{W_t}{t} = \frac{mw_t}{t} = \frac{150 \times 10^3\text{kg} \times 1470\text{kJ/kg}}{3600\text{s}} = 61250\text{kW}$$

3. 压缩机械

当工质流经泵、风机、压气机等压缩机械时，压力增加，外界对工质做功，故 $w_i<0$，习惯上把压缩机械消耗的功用 w_c 表示，且令 $w_c=-w_i$。一般情况下，压缩机械进、出口工质的动能和势能差均可忽略，所选用的热力系统如图 2-7 所示。此时稳定流动能量方程可写成

$$w_c = -w_i = -w_t = (h_2 - h_1) - q \tag{2-21}$$

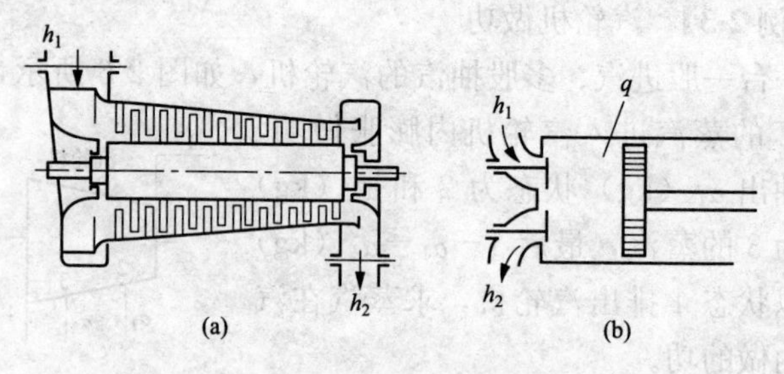

图 2-7 压缩机械

(a) 轴流式压气机；(b) 活塞式压缩机

对于轴流式压缩设备，$q=0$；对于活塞式压缩设备，一般 q 不等于 0。

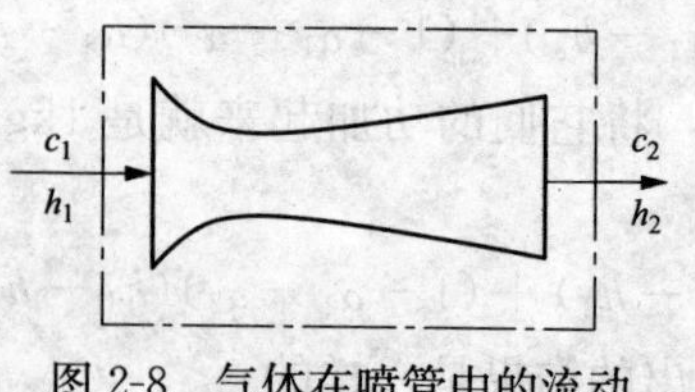

图 2-8 气体在喷管中的流动

4. 喷管

如图 2-8 所示，喷管是一种特殊管道，工质流经喷管后，压力下降，速度增加。通常工

质在喷管中动能变化很大，势能的变化可以忽略，且工质在管内流动，不对外做功，$w_i=0$，又因为在喷管中工质流速一般很高，故可按绝热过程处理。根据这些特点，工质在喷管中的稳定流动的能量方程可写为

$$h_1+\frac{1}{2}c_1^2=h_2+\frac{1}{2}c_2^2 \tag{2-22}$$

【例 2-5】 喷管出口流速

已知蒸汽进入喷管时比焓 $h_1=2150\text{kJ/kg}$，流速 $c_1=100\text{m/s}$，流出时的比焓 $h_2=1970\text{kJ/kg}$，求蒸汽流出喷管时的流速 c_2。

解：根据式（2-22），且注意将 kJ/kg 转变为 J/kg，有

$$c_2=\sqrt{2(h_1-h_2)+c_1^2}=\sqrt{2\times(2150-1970)\times10^3+100^2}$$
$$=608.3(\text{m/s})$$

5. 绝热节流

工质流过阀门或孔板（如图 2-9 所示）时，流体截面突然收缩，压力下降，这种现象称为节流。设流动是绝热的，前后两截面间的动能差和势能差是可以忽略的，又不对外界做功，应用稳定流动能量方程，可得

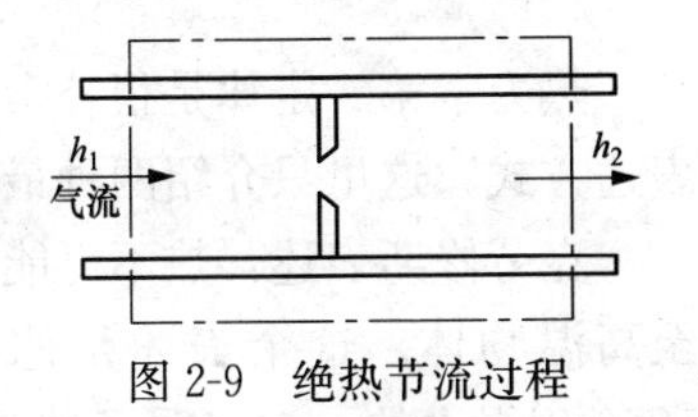

图 2-9 绝热节流过程

$$h_1=h_2 \tag{2-23}$$

虽然绝热节流前后焓不变，但由于存在摩擦和涡流，流动是不可逆的，因此不能说绝热节流是等焓过程，在坐标图上绝热节流过程要画成虚线。

第六节 热力学第二定律

一、自发过程的方向性

热力学第一定律阐明了热能和机械能以及其他形式的能量在传递和转换过程中数量上的守恒关系。但经验告诉我们，不

是所有满足热力学第一定律的热力过程都能实现。从暖瓶中倒出一杯热水后，热量会由热水传递到周围空气中，最后这杯水会与周围空气处于相同的温度，这是一个不需要人为干涉就可以进行的自发过程。那么能不能将散失到空气中的热量自发地聚集起来，使这杯水重新变热呢？答案是否定的，虽然这并不违反热力学第一定律。再例如，行驶中的汽车刹车时，汽车的动能通过摩擦全部变成热能，造成地面和轮胎升温，最后散失于环境中，如果将同等数量的热加给轮胎和地面，却不能使汽车行驶。

实践证明，不仅热量传递、热能与机械能的相互转化具有方向性，自然界的一切自发过程都具有方向性。这些问题依靠热力学第一定律是无法解决的，说明自然界中一定存在另一条定律。

二、热力学第二定律的表述

热力学第二定律是很朴素的自然界基本规律，有多种形式的表述方式，这里只介绍两种最基本、最具代表性的表述。

克劳修斯表述：热不可能自发地、不付代价地从低温物体传至高温物体。这个表述是德国数学家、物理学家克劳修斯于1850年提出的。它表明了热量只能自发地从高温物体传向低温物体，反之的非自发过程并非不能实现，而是必须花费一定的代价。

开尔文—普朗克表述：不可能制造出从单一热源吸热、使之全部转化为功而不留下其他任何变化的热力发动机。这个表述是英国物理学家开尔文于1851年提出的，1897年普朗克也发表了内容相同的表述，后来，称之为开尔文—普朗克表述。

在人类历史上，有人曾设想制造一台机器，它从单一热源取热并使之完全变为功，称为第二类永动机。显然，在转变过程中能量是守恒的，因此它并不违反热力学第一定律，但是，有史以来，从来没有人成功制造出这一种机器。如果这种机器可以制造成功，就可以以环境大气或海洋等作为单一热源，将其中无穷无尽的热能完全转变为机械能，机械能又可变为热，循环使用，取之不尽，用之不竭。很显然，第二类永动机违反了热力学第二定律的开尔文—普朗克表述。因此，热力学第二定律开尔文—普朗克表述等同于“第二类永动机是不可能制造成功的”。

对于纯凝汽式燃煤火力发电厂，目前发电效率只有40％多，大部分能量通过凝汽器散到环境中，因此有人提出凝汽器，这当然是不对的，如果去掉了凝汽器，电厂就只剩下锅炉这个单一热源了，不但不能提高效率，反而发不出电，因为它违反了热力学第二定律的开尔文—普朗克表述。

热力学第二定律的以上两种表述，各自从不同的角度反映了热力过程的方向性，实质上是统一的、等效的。可以证明，如果违反了其中一种表述，也必然违反另一种表述。

热力学第一定律和第二定律是互相独立的基本定律，都是正确的，都是人类长期生产、生活实践经验的总结，都没法用数学严密推导出来，一切实际过程必须同时遵守这两条基本定律，违反其中任何一条定律的过程都是不可能实现的。热力学第一定律揭示在能量转换和传递过程中能量在数量上必定守恒。热力学第二定律揭示了热力过程进行的方向、条件和限度，一个热力过程能不能发生，由热力学第二定律决定，热力过程发生之后，能量的量必定是守恒的。

第七节　卡诺循环与卡诺定理

法国工程师卡诺（S. Carnot，1796—1832年）在1824年提出了最理想的热机工作方案，这就是著名的卡诺循环，并在此基础上发表了卡诺定理。但受“热质说”的影响，他的证明方法有错误。1850年和1851年克劳修斯和开尔文先后在热力学第二定律的基础上，重新证明了卡诺定理。

一、卡诺循环

卡诺循环是由两个可逆定温过程和两个可逆绝热过程组成的正向循环。工质为理想气体的卡诺循环如图 2-10 所示，其中 *a-b* 为工质从高温热源 T_1 定温吸热的过程，*c-d* 为工质向低温热源 T_2 定温放热的过程，*d-a* 为绝热压缩过程，*b-c* 为绝热膨胀过程。

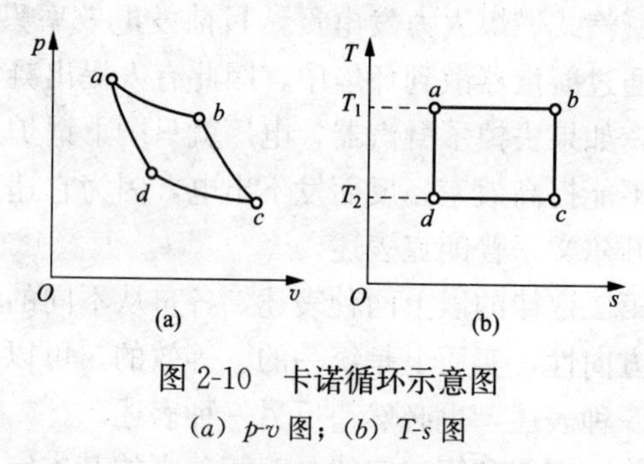

图 2-10　卡诺循环示意图

（*a*）*p-v* 图；（*b*）*T-s* 图

根据式（1-17），卡诺循环的热效率为

$$\eta_C = 1 - \frac{T_2}{T_1} \tag{2-24}$$

式中　T_1 和 T_2——高温热源和低温热源的热力学温度，K。

分析式（2-24）可以得出以下结论：

（1）卡诺循环的热效率与工质种类无关，只决定于高温热源的温度 T_1 和低温热源的温度 T_2，提高高温热源的温度、降低低温热源的温度都可以提高热效率。

（2）因为 $T_1=\infty$ 或 $T_2=0$K 都不可能实现，故卡诺循环的热效率只能小于 1，不可能等于 1，更不可能大于 1。这就是说，在循环发动机中即使在最理想的情况下，也不可能将热能全部转化为机械能。这是因为热能是分子杂乱无章的热运动的表现，是无序能；而机械能是宏观物体朝一个固定的方向运动所具有的能量，是有序能。两种能量是不同品位的能量。

（3）当 $T_1=T_2$ 时，卡诺循环的热效率等于零。这说明没有温差是不可能连续不断地将热能转变为机械能的，即只有单一热源的第二类永动机是不可能制造成的。

虽然卡诺循环是一个实际不可能存在的理想循环，但是卡诺循环及其热效率公式具有重大意义，它为提高各种热力发动机的热效率指明了方向：尽可能提高高温热源的温度和尽可能降低低温热源的温度。现代火力发电厂正是在这种思想指导下不断提高蒸汽参数从而容量不断增加、效率不断提高的。

值得说明的是，虽然降低低温热源的温度可以提高正向卡诺循环的热效率，但是有个极限条件，即不可以人为地将热机低温热源的温度降至环境温度以下，否则将得不偿失。

【例 2-6】 卡诺循环热效率

某卡诺循环，高温热源温度 $t_1=600℃$，低温热源温度 $t_2=27℃$，工质每分钟从高温热源吸热量为 15000kJ，求热效率及产生的功率是多少？

解： 计算卡诺循环热效率时，要用热力学绝对温度，即

$$T_1=600+273.15=873.15\text{K}\quad T_2=27+273.15=300.15\text{K}$$

$$\eta_c=1-\frac{T_2}{T_1}=1-\frac{300.15}{873.15}=65.62\%$$

每分钟产生的循环功为

$$W_{net}=\eta_c Q_1=0.6562\times15000=9843(\text{kJ})$$

循环产生的功率为

$$P=\frac{W_{net}}{t}=\frac{9843}{60}=164.05(\text{kW})$$

二、逆向卡诺循环

逆向卡诺循环与卡诺循环构成相同，但工质的状态变化是沿逆时针方向进行的，总的效果是消耗外界的功，将热量由低温物体传向高温物体。根据作用不同，逆向卡诺循环可分为逆向卡诺制冷循环［见图 2-11（a)］和逆向卡诺热泵循环［见图 2-11（b)］，如图 2-11 所示，图中 T_0 为环境温度。

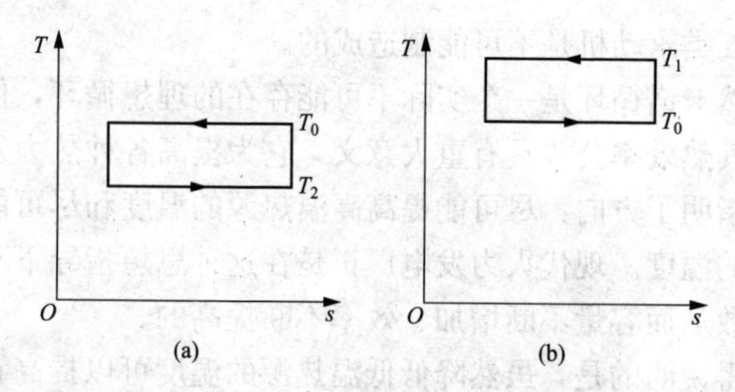

图 2-11　卡诺制冷循环和卡诺热泵循环的 T-s 图

（a）卡诺制冷循环；（b）卡诺热泵循环

很容易得到逆向卡诺制冷循环的制冷系数 ε_C 和逆向卡诺热泵循环的热泵系数（供热系数）ε_C'，则

$$\varepsilon_C = \frac{q_2}{w_{net}} = \frac{q_2}{q_1 - q_2} = \frac{T_2}{T_0 - T_2} \tag{2-25}$$

式中 q_2——单位质量工质的制冷量；

w_{net}——单位质量工质消耗的循环净功；

T_2——低温热源的开氏温度；

T_0——高温热源（环境）的开氏温度。

$$\varepsilon_C' = \frac{q_1}{w_{net}} = \frac{q_1}{q_1 - q_2} = \frac{T_1}{T_1 - T_0} \tag{2-26}$$

式中 q_1——单位质量工质的供热量；

w_{net}——单位质量工质消耗的循环净功；

T_1——高温热源的开氏温度；

T_0——低温热源（环境）的开氏温度。

由（2-25）可知，在 T_0 一定的条件下，T_2 越低，制冷系数 ε_C 也越低，因此，在保证冰箱内食物不变质的前提下，没有必要将冰箱冷冻室的温度调得过低。

【例 2-7】 热泵供热

冬天利用热泵给房间供暖，每小时需供热 10^5 kJ，已知环境温度 $t_0 = -10$℃，房间的温度 $t_1 = 20$℃，如果采用在这两个温度之间最为理想的逆向卡诺循环，求：

（1）热泵系数及消耗的电功率 P_1。

（2）如果直接采用加热效率为100%的电加热器加热，求消耗的电功率 P_2。

（3）如果环境温度降为−30℃，求此时的热泵系数。

解：（1）环境温度 $T_0=263.15\text{K}$，$T_1=293.15\text{K}$，代入式（2-26），可得

$$\varepsilon_C'=\frac{T_1}{T_1-T_0}=\frac{293.15}{293.15-263.15}=9.77=977\%$$

由式（2-26）可知，逆向卡诺热泵每小时耗功为

$$W_{net}=\frac{Q_1}{\varepsilon_c'}=\frac{10^5}{9.77}=1.024\times10^4(\text{kJ})$$

热泵消耗的功率为

$$P_1=\frac{W_{net}}{3600}=\frac{1.024\times10^4}{3600}=2.84(\text{kW})$$

（2）如果直接采用电加热器，则所有加热量全部由电能转化而来，消耗的功率为

$$P_2=\frac{10^5}{3600}=27.78(\text{kW})$$

（3）环境温度降为−30℃，$T_0=243.15\text{K}$，则

$$\varepsilon_C'=\frac{T_1}{T_1-T_0}=\frac{293.15}{293.15-243.15}=5.86=586\%$$

通过上面的计算可知，相对于直接用电炉给房间供热，热泵要节省很多能量，因此热泵是一个很好的节能设备。但是，热泵也有弱点，当环境温度 T_0 降低，房间正是需要多供热的时候，热泵系数（供热系数）ε_C' 却下降了。因此，在特别严寒的地区，热泵的作用受到了限制。另外，热泵的投资比简单的电加热器要大很多，需要综合考虑。

三、卡诺定理

1824年卡诺在他的热机理论中首先阐明了可逆热机的概念，并陈述了有重要意义的卡诺定理。

定理一：在相同的高温热源和低温热源之间工作的一切可逆热机具有相同的热效率，与工质的性质无关。

定理二：在相同的高温热源和相同的低温热源之间工作的任何不可逆热机的热效率都小于可逆热机的热效率。

卡诺循环和卡诺定理在热力学的研究中具有重要的理论和实际意义。它解决了热机循环热效率的极限值问题，从原则上提出了提高热效率的途径。在给定的高温热源与低温热源之间，卡诺循环的热效率最高，一切其他实际循环的热效率均低于卡诺循环。因此要想制造出高于卡诺循环热效率的热机是不可能的。同样的道理，在给定的高温热源与低温热源之间，逆向卡诺循环的制冷系数和热泵系数也是最高的。

卡诺循环研究的是热机效率，对于化学电池反应输出功的装置，例如燃料电池，其能量转换效率并不遵守卡诺定理。

第八节　熵与熵增原理

一、熵参数的定义

熵（entropy）参数是 1865 年由德国数学家、物理学家克劳修斯（R. Clausius）根据卡诺循环和卡诺定理分析可逆循环时提出来的。其定义式为

$$ds = \left(\frac{\delta q}{T}\right)_{rev} \tag{2-27}$$

式中，s 是相对于单位质量工质而言的比熵，下角标 rev 表示可逆过程。由熵的定义可以得到熵的物理意义之一，即熵的变化表征了可逆变化过程中热交换的方向与大小，系统可逆地从外界吸热，系统的熵增加；系统可逆地向外界放热，系统的熵减小，对于可逆绝热过程，系统的熵不变。

对于质量为 m kg 的系统而言总熵则为

$$S = ms \tag{2-28}$$

二、克劳修斯不等式

$$\oint \frac{\delta q}{T} \leqslant 0 \tag{2-29}$$

$$\mathrm{d}s \geqslant \frac{\delta q}{T} \tag{2-30}$$

式（2-29）、式（2-30）中，等号适用于可逆过程，不等号适用于不可逆过程。

式（2-29）、式（2-30）都是热力学第二定律的数学表达式，都可以用来判断循环（或过程）是否能进行、是否可逆。

微元不可逆过程熵的变化也可以写成如下等式，即

$$\mathrm{d}s = \mathrm{d}s_\mathrm{f} + \mathrm{d}s_\mathrm{g} \tag{2-31}$$

其中 $\mathrm{d}s_\mathrm{f}$ 称为熵流，$\mathrm{d}s_\mathrm{f}=\frac{\delta q}{T}$是由于工质与热源之间的热交换所引起的熵变，根据工质是吸热、放热还是绝热，$\mathrm{d}s_\mathrm{f}$ 可以大于0、小于0和等于0；$\mathrm{d}s_\mathrm{g}$ 称为熵产，是由不可逆因素造成的，不可能为负值，不可逆性越大，熵产 $\mathrm{d}s_\mathrm{g}$ 越大，可逆时 $\mathrm{d}s_\mathrm{g}=0$。因此，熵产是不可逆性大小的度量。

对于任一宏观热力过程，有

$$\Delta s = \Delta s_\mathrm{f} + \Delta s_\mathrm{g} \tag{2-32}$$

式（2-31）和式（2-32）称为闭口系统熵方程，普遍适用于闭口系统的各种过程分析。

关于状态参数熵，特指出以下几点：

（1）熵是描述系统平衡态的状态参数，当系统的平衡态确定后，熵就完全确定。因此，当系统由平衡态1变化到平衡态2时，不论变化过程的具体形式如何，也不论过程是否可逆，系统熵的变化量 $\Delta S=S_2-S_1$ 是一个完全确定的值。

（2）系统总熵 S 是一个广延量，具有可加性，系统的熵等于系统内各个部分熵的总和。

（3）熵 S 不同于热温比的积分 $\int\frac{\delta Q}{T}$，S 是状态参数，而 $\int\frac{\delta Q}{T}$

则是一个可逆过程中系统熵变化量 ΔS 的量度；熵变化量 ΔS 也不同于热温比的积分 $\int \frac{\delta Q}{T}$，两者只有在可逆过程中才有数值相等的关系。

三、固体和液体熵变化量的计算

固体和液体的特点是可压缩性非常小，定容比热容与定压比热容相等。即 $c=c_p=c_V$，$\delta Q_{\rm rev}={\rm d}U=mc{\rm d}T$，因此有

$$
{\rm d}S=\frac{\delta Q_{\rm rev}}{T}=mc\,\frac{{\rm d}T}{T} \tag{2-33}
$$

经过一个热力过程后熵的变化 $\Delta S_{12}=\int_1^2 mc\,\frac{{\rm d}T}{T}$，在温度变化范围不大的情况下，比热容可视为定值，此时有

$$
\Delta S=mc\ln\frac{T_2}{T_1} \tag{2-34}
$$

四、多热源可逆循环及平均吸（放）热温度

如图 2-12 所示，*e-h-g-l-e* 为一个可逆循环。要想可逆，则工质和热源之间应无温差，而且热源的特点是无论吸收或者放出多少热量，其温度都保持不变。因此，要实现可逆吸热过程 *e-h-g* 和可逆放热过程 *g-l-e*，必须要有无穷多个热源。

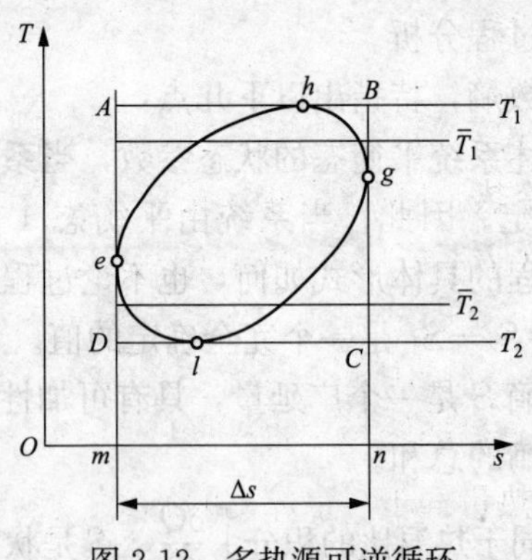

图 2-12　多热源可逆循环

为了便于分析比较任意可逆循环的热效率，热力学中引入平均吸热温度 $\bar{T}_1$ 和平均放热温度 $\bar{T}_2$ 的概念，定义为

$$\bar{T}_1 = \frac{q_1}{\Delta s} \tag{2-35}$$

$$\bar{T}_2 = \frac{q_2}{\Delta s} \tag{2-36}$$

其中，Δs 为吸热过程和放热过程的熵变化的绝对值。因此任一可逆循环的热效率为

$$\eta_t = 1 - \frac{q_2}{q_1} = 1 - \frac{\bar{T}_2 \Delta s}{\bar{T}_1 \Delta s} = 1 - \frac{\bar{T}_2}{\bar{T}_1} \tag{2-37}$$

五、熵增原理与做功能力损失

1. 孤立系统熵增原理

与外界没有任何物质和能量交换的热力系统称为孤立系统，其熵流 $ds_f = 0$，由式（2-31）可得孤立系统的熵为

$$ds_{iso} = ds_g \geqslant 0 \tag{2-38}$$

或

$$\Delta s_{iso} \geqslant 0 \tag{2-39}$$

式（2-38）和式（2-39）表明：孤立系统的熵只能增加（不可逆过程）或保持不变（可逆过程），而绝不可能减少。任何实际过程都是不可逆过程，只能沿着孤立系统熵增加的方向进行，任何使孤立系统熵减少的过程都是不可能发生的，这就是孤立系统熵增原理。式（2-38）和式（2-39）可视为热力学第二定律的又一种数学表达式。

【例 2-8】 冷热工质混合

将 10kg、0℃冰和 20kg、70℃的热水在一绝热容器中混合。求系统最后达到平衡时的温度以及系统熵的变化量。已知冰融化热为 334.7kJ/kg，水的质量比热容为 4.1868kJ/(kg·K)。

解： 设系统最后的平衡温度为 t℃。根据能量守恒，在绝热系统中冰吸收的热量等于热水放出的热量，即

$$10 \times 334.7 + 10 \times 4.1868 \times (t - 0) = 20 \times 4.1868 \times (70 - t)$$

解之得

$$t=20(℃)$$

20kg、70℃的热水变为20℃后熵的变化为

$$\Delta S_1 = mc\ln\frac{T_2}{T_1} = 20\times 4.1868\times \ln\frac{20+273.15}{70+273.15} = -13.19(\text{kJ/K})$$

10kg、0℃的冰变为20℃的水后熵的变化为

$$\Delta S_2 = 10\times\left(\frac{334.7}{273.15}+4.1868\ln\frac{293.15}{273.15}\right) = 15.21(\text{kJ/K})$$

冰块和热水构成孤立系统，整个系统熵的变化量为

$$\Delta S_{iso} = \Delta S_1 + \Delta S_2 = -13.19 + 15.21 = 2.02(\text{kJ/K})$$

可见，孤立系统熵变大于0，这是一个典型的不可逆自发过程。

2. 做功能力损失

所谓系统的做功能力，是指在给定的环境条件下，系统达到与环境处于热力平衡时可能做出的最大有用功。因此，通常将环境温度 T_0 作为衡量做功能力的基准温度。

任何实际过程都存在不可逆因素，都是不可逆过程，不可逆过程将会造成做功能力损失。那么，做功能力损失与哪些因素有关系呢？下面通过一个例子来推导。

如图2-13所示，图2-13（a）中进行的是在热源温度 T 和环境温度 T_0 之间的可逆循环，整个系统没有熵增，对外做功为 W_0；图2-13（b）中有一个热量传递过程，Q_1 从热源 T 传递给热源 T'，这是一个有温差的不可逆传热过程。从热力学第一定律的角度看，能量是守恒的，没有能量损失。但是在 T' 和 T_0 之间进行的可逆循环做功为 W'_0，$W'_0<W_0$，存在做功能力损失，这个做功能力损失用 I 表示，则

$$I = W_0 - W'_0 = T_0\Delta S_{iso} = T_0\Delta S_g \tag{2-40}$$

式（2-40）称为Gouy-Stodola公式。它表明，环境温度一定时，孤立系统做功能力损失与熵产成正比。虽然它由一个特例导出，但却是一个普适公式，适用于计算任何不可逆因素引起的做功能力损失。

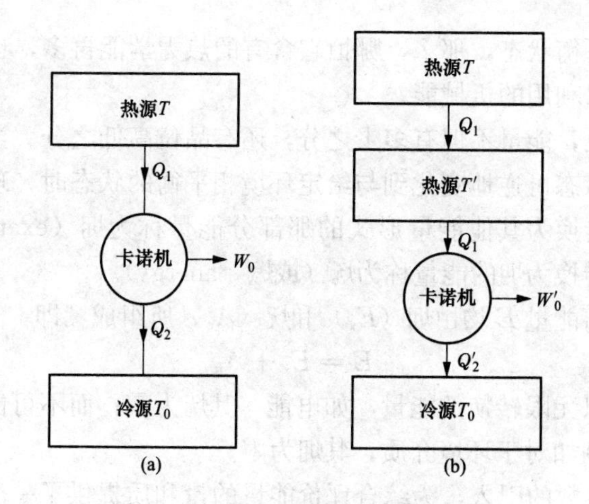

图 2-13　做功能力损失

(a) 可逆循环；(b) 存在不可逆因素的循环

第九节　㶲分析方法简介

一、能与㶲

热力学第一定律建立的历史悠久，能量守恒的思想已深入人心。因此，人们习惯于从能量的数量来度量能量的价值，却不管消耗的是什么品位的能量。实际上，各种不同形式的能量，其动力利用价值并不相同。以能量的转换程度作为一种尺度，可以划分为三种不同质的能量。

(1) 可无限转换的能量。如电能、机械能、水能等，从理论上它们可以百分之百地转换为其他任何形式的能量，因为它们是有序能，是高级能量。

(2) 可有限转换的能量。如热能、焓、化学能等，受热力学第二定律的限制，即使在极限情况下，它们也只能有一部分可以转换为机械能，它们的能量品位要低一些。

(3) 不能转换的能量。如果工质的成分和状态与所处环境完全处于平衡状态，那么，哪怕它含有的热力学能再多，也无法转化出可以利用的机械能。

可见，能量不但有多少之分，还有品位高低之分。当系统由一任意状态可逆地变化到与给定环境相平衡的状态时，理论上可以无限转换为其他能量形式的那部分能量称为㶲（exergy），一切不能转换为㶲的能量称为炕（或𤆬，anergy）。

任何能量 E 均由㶲（E_x）和炕（A_n）所组成，即

$$E = E_x + A_n \tag{2-41}$$

可以无限转换的能量，如电能，其炕为零；而不可能转换的能量，例如对于环境介质，其㶲为零。

㶲参数的引入，为综合评价能量的量和质提供了一个统一的尺度。由此而建立的热力系统㶲平衡分析法，结合了热力学第一、第二定律，比起单纯由热力学第一定律得出的能量平衡方法更科学、更合理。例如，现代化的大型火力发电厂，其热效率只有40%左右，用热力学第一定律的方法分析，损失最大的地方是凝汽器，差不多50%多的能量通过凝汽器的循环冷却水散失到周围环境中。因此，有人提出去掉凝汽器。实际上这是一个错误的观点。凝汽器散发的热量虽然数量巨大，但是却是略高于环境温度的低品位能量。用热力学第二定律的㶲分析方法，凝汽器处的㶲损失通常不足5%。火力发电厂中损失最大的地方应该是锅炉，燃料的燃烧本身是一个不可逆过程，烟气和受热面之间又存在几百度的传热温差，这些不可逆性通常使锅炉的㶲损失超过50%。

二、稳定流动工质的㶲——焓㶲

㶲分析的内容相当复杂，特别是化学㶲的确定与环境成分有密切关系，确定化学㶲有相当难度。这里只介绍不涉及化学反应，而且在工程上有广泛应用的焓㶲。

大多数热工设备都可以看作是工质在内部稳定流动的开口系统。当除环境外无其他热源时，稳定流动的工质由所处的状态可

逆地变化到与环境相平衡的状态时所能做出的最大有用功称为该工质的㶲（焓㶲）。

对于1kg稳定流动的工质，入口温度为T，压力为p，比焓为h，比熵为s，出口为环境状态，参数为p_0、T_0、h_0、s_0。假设工质的动能、位能都很小，可以忽略。则该稳定流动工质的比焓㶲为

$$e_{x,H}=h-h_0-T_0(s-s_0) \tag{2-42}$$

质量为$m$kg得流动工质的焓㶲为

$$E_{x,H}=me_{x,H}=(H-H_0)-T_0(S-S_0) \tag{2-43}$$

焓㶲具有以下性质：

（1）焓㶲是状态参数，取决于工质流动状态及环境状态。当环境状态一定时，焓㶲只取决于工质的状态。

（2）初、终状态之间的焓㶲差，就是工质在这两个状态间变化所能作出的最大有用功。

$$w_{t,\max}=e_{x,H_1}-e_{x,H_2}=(h_1-h_2)-T_0(s_1-s_2) \tag{2-44}$$

当环境状态一定时，焓㶲差只取决于初、终态，与路径和方法无关。

复 习 题

一、简答题

1. 制冷系数或供热系数均可大于1，这是否违反热力学第一定律？

2. “热水里含有的热量多，冷水里含的热量少”，这种说法对吗？

3. 蒸汽在汽轮机中膨胀做功是用蒸汽焓的绝对值还是用焓降？为什么？

4. 地球上水的含量非常丰富，通过电解水可以获得大量的氢气和氧气，利用氢气和氧气可以进行热力发电，或者可以利用氢-氧燃料电池发电。因此有人认为人类不会有能源危机。这种

想法对吗？为什么？

5. 孤立系熵增原理是否可以表述为“过程进行的结果是孤立系统内各部分熵都增加”？

6. 闭口系统进行一放热过程，其熵是否一定减少？为什么？闭口系统进行一放热过程，其做功能力是否一定减少？为什么？

7. 能否利用平均吸热温度和平均放热温度的计算不可逆循环热效率？为什么？

8. 正向循环热效率的两个计算公式为 $\eta_t = 1 - \frac{q_2}{q_1}$ 和 $\eta_t = 1 - \frac{T_2}{T_1}$，这两个公式有何区别？各适用于什么场合？

9. 有人声称设计出了一热机，工作于 $t_1 = 300$℃和 $t_2 = 20$℃之间，当工质从高温热源吸收了104750kJ热量，对外做功20kW·h，这种热机可能吗？为什么？

二、填空题

1. 焓的定义式为 $H=$__________。

2. 某燃煤火力发电厂总发电功率为1000MW，燃用发热量为26800kJ/kg的煤，机组发电效率为41%。该厂每昼夜消耗煤__________ t。

3. 在 $t_1 = 500$℃和 $t_2 = 20$℃之间工作的卡诺循环的热效率为__________。

4. 在 $t_1 = 20$℃和 $t_2 = -5$℃之间工作的逆向卡诺循环的制冷系数为__________。

5. 已知某卡诺循环的热效率为25%，则在相同温度限之间的逆向卡诺循环的制冷系数为________，热泵系数为________。

6. 卡诺机A工作在927℃和 T 的两个热源间，卡诺机B工作在 T 和27℃的两个热源间。当此两个热机的热效率相等时，T 热源的温度 $T=$__________ K。

7. 定量工质，经历了表2-1所列的4个过程组成的循环，根据热力学第一定律和状态参数的特性填充表2-1中空缺的数据。

表 2-1　　某循环各个过程的热量、功和热力学能的变化

过程	Q(kJ)	W(kJ)	ΔU(kJ)
1-2	0	100	
2-3		80	−190
3-4	300		
4-1	20		80

三、判断题（正确填√，错误填×）

1. 熵增大的过程必为不可逆过程。（　　）

2. 熵增大的过程必为吸热过程。（　　）

3. 不可逆过程的熵差 ΔS 无法计算。（　　）

4. 系统的熵只能增大，不能减少。（　　）

5. 若从某一初态经可逆与不可逆两条途径到达同一终态，则不可逆途径的熵变 ΔS 必大于可逆途径的熵变 ΔS。（　　）

6. 工质经不可逆循环，$\Delta S>0$。（　　）

7. 工质经过不可逆循环，由于 $\oint \frac{\delta Q}{T}<0$，所以 $\oint \mathrm{d}S<0$。（　　）

8. 可逆绝热过程为定熵过程，定熵过程就是可逆绝热过程。（　　）

9. 可逆循环的热效率高于不可逆循环的热效率。（　　）

四、计算题

1. 某电站锅炉省煤器每小时把 670t 水从 230℃ 加热到 330℃，每小时流过省煤器的烟气的量为 710t，烟气流经省煤器后的温度为 310℃，已知水的比热容为 4.1868kJ/(kg·K)，烟气的比热容为 1.034kJ/(kg·K)，求烟气流经省煤器前的温度。

2. 发电机的额定输出功率为 100MW，发电机的效率为 98.4%，发电机的损失基本上都转化成热能，为了维持发电机正常运行，需要对发电机冷却，将产生的热量传到外界。假设全部用氢气冷却，氢气进入发电机的温度为 22℃，离开时的温度不能超过 65℃，求氢气的质量流量至少为多少？已知氢气的平均

定压质量比热容为 $c_{pm}=14.3$kJ/(kg·K)。

3. 某实验室用如图 2-14 所示的电加热装置来测量空气的质量流量。已知加热前后空气的温度分别为 $t_1=20$℃、$t_2=25.5$℃，电加热器的功率为 800W，加热效率为 100%。假设空气的平均定压质量比热容为 $c_{pm}=1.005$kJ/(kg·K)，试求每分钟空气的质量流量。

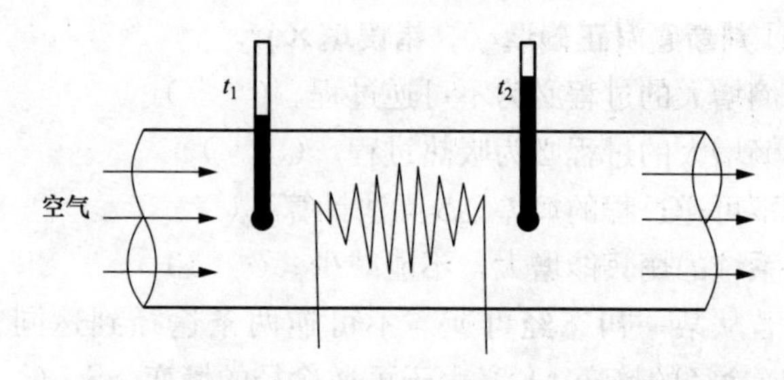

图 2-14　用电加热装置测量空气的质量流量

4. 某发电厂一台发电机的功率为 25000kW，燃用发热量为 27800kJ/kg 的煤，该发电机组的效率为 42%。求：

（1）该机组每昼夜消耗多少吨煤？

（2）每发 1kW·h 电要消耗多少千克煤？

5. 某蒸汽动力厂中，锅炉以 40t/h 的蒸汽量供给汽轮机。汽轮机进口处的压力表读数为 9MPa，蒸汽的焓为 3440kJ/kg，汽轮机出口处真空表读数为 95kPa，当时当地大气压力为 0.1MPa 时，出口蒸汽焓为 2245kJ/kg，汽轮机对环境换热率为 6.36×10^5kJ/h。求：

（1）进口和出口处蒸汽的绝对压力分别是多少？

（2）若不计进、出口宏观动能和重力势能的差值，汽轮机输出功是多少 kW？

6. 在一台水冷式空气压缩机的试验中，测出带动压缩机所需的功为 176.3kJ/kg，空气离开压缩机的焓增加为 96.37kJ/kg。求压缩 1kg 空气从压缩机传给大气的热量。

7. 有一卡诺机工作于 500℃ 和 30℃ 的两个恒温热源之间，

该卡诺热机每分钟从高温热源吸收 1000kJ，求：

（1）卡诺机的热效率。

（2）卡诺机的功率（kW）。

8. 有一台换热器，热水由 200℃降温到为 120℃，流量为 15kg/s；冷水进口温度为 35℃，流量为 25kg/s。求该过程的熵增和㶲损。水的比热容为 4.1868kJ/(kg·K)。环境温度为 15℃。

9. 有 100kg 温度为 0℃的冰块，在 20℃的大气环境中融化成 0℃的水，这时热量的做功能力损失了，如果在大气与冰块之间放一可逆机，求冰块完全融化时可逆热机能做出的功。已知冰的融化热为 334.7kJ/kg。

10. 有 100kg 温度为 0℃的水，在 20℃的大气环境中吸热变成 20℃的水，如果在大气和水之间加一个可逆热机，求温度升高到 20℃时可逆机能做出的功。

11. 如图 2-15 所示，A、B、C 都是可逆热机，图 2-15（b）中两个 Q_3 是相等的。求证：$W_A = W_B$。

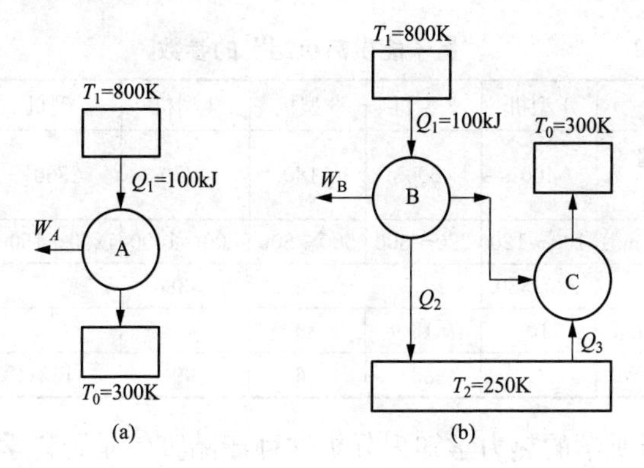

图 2-15　可逆热机

（a）简单可逆热机；（b）带制冷装置的可逆热机

12. 某热机以温度为 $T_1 = 900\text{K}$ 的恒温热源为高温热源，$T_0 = 300\text{K}$ 的环境为低温热源，工质从高温热源吸热 2000kJ，试判断循环净功 W_{net} 分别为 1200kJ、1500kJ 的循环能否实现？是否可逆？为什么？并求循环的最大输出功是多少？

13. 两股水蒸气流：A 的压力 p_A＝5MPa，温度 t_A＝500℃，比焓 h_A＝3432.2kJ/kg，比熵 s_A＝6.9735kJ/(kg·K)；B 的压力为 p_B＝10MPa，温度为 t_B＝400℃，比焓 h_B＝3095.8kJ/kg，比熵 s_B＝6.2109kJ/(kg·K)。试问，在环境温度 t_0＝20℃的条件下，哪股蒸汽流的做功能力强？

五、分析题

某公司生产“量子能供热机组”，其广告宣传称量子液是新型科技产品，是全球独创的、安全环保节能的高分子安全合成材料。量子能供热机组能合理、有效地吸收量子液在激活状态下的量子能量及运行速度，不断使量子液激活而发生量变，量子液不断在激活状态下倍增释放能量，在加热过程中不断改变分子结构及运行速度，不断改变运行方向，不断产生摩擦，真正做到低能耗高能量转换之功效，从而获得大量的高温热水。它无污染、零排放、无噪声、使用寿命长、用户体验优越，不受环境温度的影响。“量子能供热机组”的参数见表 2-2。

表 2-2 “量子能供热机组”的参数

机型	1 型机	2 型机	3 型机	4 型机	5 型机	6 型机
产热水量（kg/h）	400	600	1180	1770	2360	3550
采暖面积（m^2）	100～120	220～300	500～600	800～1000	1200～1500	1800～2000
电压（V）	220/380	380				
额定功率（kW）	10	15	30	45	60	90
制热量（kW）	22	33	66	99	132	198

试用所学的热力学知识分析这种产品宣传是否科学、恰当。

第三章

理想气体的性质和热力过程

第一节 理想气体状态方程

一、理想气体和实际气体

理想气体是实际上不在的假想气体，从微观上看，理想气体的分子是不占体积的弹性质点，分子之间不存在相互作用力。在这两点假设条件下，气体的状态方程非常简单。当实际气体处于压力低、温度高、比体积大的状态时，由于分子本身所占的体积比它的活动空间（即容积）相比要小得多，这时分子间平均距离大，相互作用力弱，实际气体处于这种状态就接近于理想气体。所以理想气体是实际气体在压力趋近于零（$p \to 0$），比体积趋近于无穷大（$v \to \infty$）时的极限状态。常见的气体，如 H_2、O_2、N_2、CO、空气、火力发电厂的烟气等，在压力不是特别高，温度不是特别低的情况下，都可以按理想气体处理，由此产生的误差都在工程允许的范围内。

对于那些离液态不远的气态物质，例如，蒸汽动力装置中作为工质的水蒸气、制冷装置中所用的工质，如氨气（NH_3）、氟利昂（R-12、R-22）等，都不能当作理想气体看待，热工计算中往往借助于为各种蒸汽专门编制的图和表。对于大气或燃气中所含的少量水蒸气，因其分压力甚小，分子浓度很低，也可当作理想气体处理。

二、3 个理想气体状态方程

通过大量的实验，人们发现理想气体的温度、压力、比体积

之间存在一定的函数关系，这就是大家熟知的波义耳-马略特定律、盖-吕萨克定律和查里定律。这三条定律可以综合表达为

$$pv = R_g T \tag{3-1}$$

上式称为理想气体状态方程。对于质量为 m（kg）的理想气体和物质的量为 n（kmol）的理想气体，状态方程分别为

$$pV = mR_g T \tag{3-2}$$

$$pV = nRT \tag{3-3}$$

式（3-1）～式（3-3）中，p 为气体的绝对压力，Pa；v 为气体的比体积，m^3/kg；V 为气体所占有的体积，m^3；T 为气体的热力学绝对温度，K；R_g 为气体常数，J/(kg·K)，其数值与气体的状态无关而只与气体种类有关；R 为通用气体常数，它不仅与气体所处的状态无关，而且还与气体种类无关，$R=8314.3$J/(kmol·K)。气体常数 R_g 和通用气体常数 R 之间的关系为

$$R = MR_g \quad 或 \quad R_g = \frac{R}{M} \tag{3-4}$$

式中，M 为摩尔质量，kg/kmol，它在数值上等于气体的分子量。例如氧气的分子量为 32，即 $M=32$kg/kmol，则氧气的气体常数为 $R_g=8314.3/32=259.8$J/(kg·K)。

【例 3-1】 理想气体状态方程应用

3kg 空气，测得其温度为 20℃，表压力为 1.4MPa，求空气占有的容积和此状态下空气的比体积。已知当地大气压为 0.1MPa。

解：空气是几种理想气体的混合物，其平均分子量为 28.97，故空气的气体常数为

$$R_g = R/M = 8314/28.97 = 287[\mathrm{J/(kg \cdot K)}]$$

空气的绝对压力为　$p=p_g+p_b=1.5(\mathrm{MPa})$

根据式（3-2），得

空气的体积　$V=\dfrac{mR_g T}{p}=\dfrac{3\times287\times(273.15+20)}{1.5\times10^6}=0.168(\mathrm{m^3})$

空气的比体积　$v=\dfrac{V}{m}=\dfrac{0.168}{3}=0.056(\mathrm{m^3/kg})$

或根据式（3-1）求得

$$v=\frac{R_g T}{p}=\frac{287\times(273.15+20)}{1.5\times10^6}=0.056(m^3/kg)$$

【例 3-2】 钢瓶容积

有一钢瓶内盛氧气，开始时钢瓶压力表的读数为 $p_{g1}=2.5MPa$，气体温度为 $t_1=35℃$。使用了 30kg 氧气后，压力表的读数变为 $p_{g2}=1.4MPa$，温度变为 $t_2=20℃$。在这个过程中当地大气压保持不变，为 $p_b=0.1MPa$。求钢瓶容积。

解： 使用前氧气绝对压力　$p_1=p_{g1}+p_b=2.6(MPa)$

使用后氧气绝对压力　$p_2=p_{g2}+p_b=1.5(MPa)$

根据（3-2），得

$$m=\frac{pV}{R_g T}$$

所以有

$$\frac{p_1 V}{R_g T_1}-\frac{p_2 V}{R_g T_2}=\Delta m$$

带入数据，有

$$\frac{2.6\times10^6\times V}{259.8\times308.15}-\frac{1.5\times10^6\times V}{259.8\times293.15}=30(kg)$$

求得钢瓶的容积为

$$V=2.347(m^3)$$

第二节　理想气体的比热容

一、热容的定义

物体温度升高 1℃（或 1K）所需要的热量称为该物体的热容量，简称热容。一定量的物质，其热容的大小决定于工质本身的性质和所经历的具体过程。如果工质在一个微元过程中吸热 δQ，温度升高 dT，则该工质的热容可表示为

$$C=\frac{\delta Q}{\mathrm{d}T}=\frac{\delta Q}{\mathrm{d}t} \tag{3-5}$$

单位质量物质的热容量称为该物质的质量比热容或比热容，用 c 表示，单位为 J/(kg・K) 或 J/(kg・℃)。于是

$$c=\frac{C}{m}=\frac{\delta q}{\mathrm{d}T}=\frac{\delta q}{\mathrm{d}t} \tag{3-6}$$

1kmol 物质的热容称为该物质的摩尔比热容，用 C_{m} 表示，单位为 J/(kmol・K)。摩尔比热容与质量比热容的关系为

$$C_{\mathrm{m}}=Mc \tag{3-7}$$

对于气体物质，有时也用到容积比热容，标准状态下 1m³ 气体温度升高 1℃所吸收的热量称为该气体的容积比热容，用 c' 表示，单位为 J/(m³・K)。由于 1kmol 任何理想气体在标准状态下所占有的体积都为 22.4m³，故对于理想气体而言，三种比热容的关系为

$$C_{\mathrm{m}}=Mc=22.4c' \tag{3-8}$$

二、定压比热容和定容比热容的关系

热量是过程量，因此，比热容也和过程特性有关。根据过程特性的不同，比热容可以为正，也可以为负；可以为 0，也可以为无穷。热力设备中，工质的热力过程往往接近于压力不变或容积不变，因此定压比热容和定容比热容最常用，对于单位质量气体，分别称为质量定压热容（或定压比热容，用 c_p 表示）和质量定容热容（或定容比热容，用 c_V 表示）。

引用热力学第一定律的解析式，对于可逆过程有

$$\delta q=\mathrm{d}u+p\mathrm{d}v,\quad \delta q=\mathrm{d}h-v\mathrm{d}p$$

定容时（dv=0）有

$$c_V=\left(\frac{\delta q}{\mathrm{d}T}\right)_V=\left(\frac{\mathrm{d}u+p\mathrm{d}V}{\mathrm{d}T}\right)_V=\left(\frac{\partial u}{\mathrm{d}T}\right)_V \tag{3-9}$$

定压时（dp=0）有

$$c_p=\left(\frac{\delta p}{\mathrm{d}T}\right)_p=\left(\frac{\mathrm{d}h-V\mathrm{d}p}{\mathrm{d}T}\right)_p=\left(\frac{\partial h}{\mathrm{d}T}\right)_p \tag{3-10}$$

以上两式是直接由 c_V、c_p 的定义导出的，因此它们适合于一切工质，而不是仅仅限于理想气体。

焦耳实验证明，对于理想气体，其热力学能是温度的单值函数，即 $u=f(T)$。根据焓的定义式 $h=u+pv$，以及理想气体的状态方程，对于理想气体有 $h=u+R_g T$，可见，理想气体的焓也是温度的单值函数。因而理想气体的质量定容热容 c_V 和质量定压热容 c_p 的关系式为

$$c_V=\left(\frac{\partial u}{\partial T}\right)_V=\frac{\mathrm{d}u}{\mathrm{d}T} \tag{3-11}$$

$$c_p=\left(\frac{\partial h}{\partial T}\right)_p=\frac{\mathrm{d}h}{\mathrm{d}T} \tag{3-12}$$

再根据 $h=u+R_g T$，因此有 $\mathrm{d}h=\mathrm{d}u+R_g\mathrm{d}T$，带入式（3-12）有

$$c_p=c_V+R_g \tag{3-13}$$

对式（3-13）两边各乘以摩尔质量 M，就可以得到摩尔定压热容 $C_{p,m}$ 和摩尔定容热容 $C_{V,m}$ 的关系，即

$$C_{p,m}-C_{V,m}=R=8.3143\text{kJ/(kmol}\cdot\text{K)} \tag{3-14}$$

式（3-13）和式（3-14）都称为迈耶公式。它给出了理想气体定压比热容和定容比热容之间的关系，若知道了其中一个，则另一个可由迈耶公式确定。

定压比热容和定容比热容的比值称为比热容比，也称为绝热指数用符号 k 表示，即

$$k=\frac{c_p}{c_V}=\frac{C_{p,m}}{C_{V,m}} \tag{3-15}$$

由于 $c_p>c_V$，因此 $k>1$。联立求解式（3-13）与式（3-15），得

$$c_p=\frac{k}{k-1}R_g \tag{3-16}$$

$$c_V=\frac{1}{k-1}R_g \tag{3-17}$$

三、热量计算

在比热容为定值的情况下，1kg 的理想气体，温度从 t_1 从升

高到 t_2 吸收的热量如下：

定容过程为

$$q_V = c_V(t_2 - t_1)$$

定压过程为

$$q_p = c_p(t_2 - t_1)$$

若 $m$kg 的理想气体，吸热量如下：

定容过程为

$$Q_V = mq_V = mc_V(t_2 - t_1)$$

定压过程为

$$Q_p = mq_p = mc_p(t_2 - t_1)$$

【例 3-3】 汽轮机快速冷却装置

某汽轮机快速冷却装置，每分钟需要将 200kg 温度为 20℃的空气定压加热到 200℃，再送入汽轮机中冷却叶片。采用加热效率为 97%的电加热器，已知空气的比定压热容 c_p=1.004kJ/(kg·K)，求电加热器消耗的功率。

解： 每分钟空气的加热量为

$$Q_p = mq_p = mc_p(t_2 - t_1) = 200 \times 1.004 \times 180 = 36144(\text{kJ})$$

电加热器消耗的功率为

$$P = \frac{Q_p}{t\eta} = \frac{36144}{60 \times 0.98} = 614.7(\text{kW})$$

第三节 理想气体的热力学能、焓、熵

一、理想气体的热力学能

理想气体的热力学能仅仅与温度有关，而与压力及比体积无关，这个理想气体的性质常称为焦耳定律。

由式（3-11）可得

$$du = c_V dT \tag{3-18}$$

如比热容为定值，则

$$\Delta u = c_V \Delta t = c_V \Delta T \tag{3-19}$$

上述计算只确定了热力学能从一状态变化至另一状态的变化量，是相对差值，而非绝对值。求取绝对值必须事先规定某一基准状态作为热力学能的零点。习惯上对气体取 $t=0℃$ 或 $T=0K$ 时的热力学能为零，由此求得任何温度下热力学能的绝对值。

当规定 $t=0℃$，$u=0$ 时，如取定值比热，则

$$u = c_V t \tag{3-20}$$

当规定 $T=0K$ 时，$u=0$，如取定值比热，同样有

$$u = c_V T \tag{3-21}$$

这两种方法各有优点，但要注意，在同一问题中只能取一种基准态。

二、理想气体的焓

理想气体的焓也是温度的单值函数，根据式（3-12）可得

$$\mathrm{d}h = c_p \mathrm{d}T \tag{3-22}$$

如比热为定值，则

$$\Delta h = c_p \Delta T = c_p \Delta t \tag{3-23}$$

同理，上述焓计算只确定了从某一状态变化至另一状态焓的变化量。为了求取焓的绝对值，必须规定某一基准态，使其焓为零。由此可求得任何温度下焓的绝对值。

当规定 $t=0℃$，$h=0$ 时，如取定值比热，则

$$h = c_p t \tag{3-24}$$

当规定 $T=0K$ 时，$h=0$，如取定值比热，同样有

$$h = c_p T \tag{3-25}$$

需要注意，在同一问题中只能取一种基准态，而且热力学能和焓只能规定一个基准态，规定焓的基准态，热力学能可由定义式求出，反之亦然。

三、理想气体的熵

熵是不能直接测量的参数，只能通过它与基本状态参数的关

系计算得到。

下面通过熵的定义式，结合理想气体性质和热力学第一定律解析式，并且认为比热容为定值，推导出熵差计算公式，则

$$ds = c_V \frac{dT}{T} + R_g \frac{dV}{V} \tag{3-26}$$

$$ds = c_p \frac{dT}{T} - R_g \frac{dp}{p} \tag{3-27}$$

$$ds = c_V \frac{dp}{p} + c_P \frac{dV}{V} \tag{3-28}$$

积分得

$$\Delta s = c_V \ln \frac{T_2}{T_1} + R_g \ln \frac{V_2}{V_1} \tag{3-29}$$

$$\Delta s = c_p \ln \frac{T_2}{T_1} - R_g \ln \frac{p_2}{p_1} \tag{3-30}$$

$$\Delta s = c_V \ln \frac{p_2}{p_1} + c_P \ln \frac{V_2}{V_1} \tag{3-31}$$

熵是一个状态参数，熵的变化完全取决于它的初态和终态，而与过程无关。因此，式（3-29）～式(3-31)，可以求在定比热容前提下理想气体任何过程（包括不可逆过程）熵的变化量。

【例 3-4】 自由膨胀——一个典型的不可逆过程

一绝热刚性容器用不计体积的隔板分为两部分，使 $V_A = V_B = 3m^3$，如图 3-1 所示，A 部分贮有温度为 25℃，绝对压力为 0.5MPa 的氧，B 部分为真空。抽去隔板，氧气即充满整个容器，最后达到平衡状态。试求氧气的 ΔU、ΔH、ΔS。

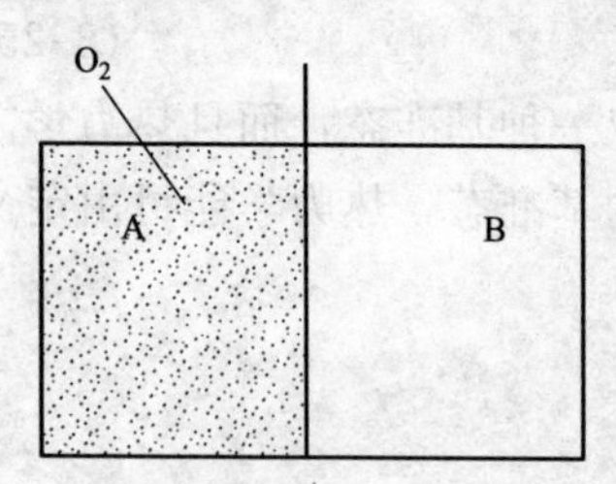

图 3-1 理想气体向真空膨胀

解： 取定量氧气作为热力系统。由于是刚性容器，所以 $Q=0$、$W=0$，根据热力学第一定律解析式：$Q=\Delta U+W$，得

$$\Delta U = 0$$

又因氧气可作为理想气体，故当 $\Delta U=0$ 时，$\Delta T=0$，即

$$T_1 = T_2$$

理想气体的焓也是温度的单值函数，故

$$\Delta H = 0$$

理想气体自由膨胀前后，状态方程分别为

$$p_1 V_1 = mR_g T_1$$

$$p_2 V_2 = mR_g g T_2$$

因 $T_1 = T_2$，故 $p_1 V_1 = p_2 V_2$

达到平衡状态后的压力为

$$p_2 = \frac{p_1 V_1}{V_2} = \frac{p_A V_A}{V_A + V_B} = \frac{0.5 \times 3}{3 + 3} = 0.25(\text{MPa})$$

由式（3-30）得

$$\Delta s = c_p \ln \frac{T_2}{T_1} - R_g \ln \frac{p_2}{p_1} = -259.8 \times \ln \frac{0.25}{0.5} = 180[\text{J/(kg} \cdot \text{K)}]$$

氧气的质量为

$$m = \frac{p_A V_A}{R_g T_A} = \frac{0.5 \times 10^6 \times 3}{259.8 \times 298.15} = 19.36(\text{kg})$$

氧气的熵变为

$$\Delta S = m\Delta s = 19.36 \times 180 = 3484.8(\text{J/K})$$

注意：此题不可根据熵的定义式 $ds = \frac{dq}{T}$ 且过程绝热而得出熵的变化量为零的结论，因为这个定义的前提是要求过程可逆。气体向真空自由膨胀是典型的不可逆过程，而式（3-30）对于理想气体任何过程都适用。同时，这个例题还说明了孤立系统内有不可逆过程发生时，孤立系统的熵必然增加的原理。从热力学第一定律的角度看，自由膨胀前后系统的热力学能和焓都不变，看不出能量损失。但是，从热力学第二定律的角度看，孤立系统熵增加即意味着做功能力损失。事实上，自由膨胀后，气体的温度虽然不变，但是，压力降低了，再也不会有像原来那样的做功能力了。

【例 3-5】 空气绝热节流

空气的初参数为 $p_1 = 0.5\text{MPa}$ 和 $t_1 = 50℃$，此空气流经阀门

发生绝热节流作用，并使空气压力降为 $p_2=0.2$MPa。求每千克空气在节流过程中的熵增。若环境温度为20℃，空气经节流后做功能力减少了多少？

解：绝热节流是一个典型的不可逆过程，节流前后焓不变，而空气可看做理想气体，其焓是温度的单值函数，故节流后空气的温度不变，$t_2=t_1=50$℃。1kg空气的熵增为

$$\Delta s=\Delta s_g=c_p\ln\frac{T_2}{T_1}-R_g\ln\frac{p_2}{p_1}=-R_g\ln\frac{p_2}{p_1}$$

$$=-0.287\ln\frac{0.2}{0.5}=0.263[\text{kJ/(kg}\cdot\text{K)}]$$

经过节流，能量的数量不变，但质量降低，1kg空气的做功能力损失为

$$I=T_0\Delta s_g=293.15\times0.263=77.1(\text{kJ/kg})$$

第四节　理想气体混合物

在工程上遇到的许多气体都是多种气体的混合物，例如空气就是 N_2、O_2 和少量其他气体混合而成的，锅炉和燃气轮机燃烧室中燃料燃烧所产生的燃气也是 CO_2、N_2、H_2O 等气体组成的混合气体。由于组成混合气体的各组分均可单独视为理想气体，所以这种混合物称为理想气体混合物。在混合气体中，各组元间不发生化学反应，它们各自互不影响地充满整个容器。混合气体作为整体，仍具有理想气体的性质，仍满足理想气体的状态方程，它的热力学能和焓仍是温度的单值函数。

一、混合气体的成分

只是知道混合气体的两个独立的状态参数，如温度和压力，还不能完整地描述混合气体的性质，还需要详细说明它的成分。

1. 质量成分

混合气体中任一种组元的质量与混合气体的总质量之比称为

该组元气体的质量成分，以 ω_i 表示，即

$$\omega_i = \frac{m_i}{m} \tag{3-32}$$

2. 摩尔成分

混合气体中任一种组元的摩尔数与混合气体的总摩尔数之比称为该组元气体的摩尔成分，以 x_i 表示，即

$$x_i = \frac{n_i}{n} \tag{3-33}$$

对于质量成分和摩尔成分，都有

$$\sum\omega_i = \sum x_i = 1 \tag{3-34}$$

二、道尔顿分压力定律

对于单一的气体无所谓分压力，分压力这个概念是用来描述混合气体特性的。当混合气体中的某一种组元单独存在，且具有与混合气体相同的容积和温度时，该组元的压力称为这种组元在混合气体中的分压力，用 p_i 表示。理想气体混合物的总压力等于各组元气体的分压力之和，这就是所谓的道尔顿分压力定律。即

$$p = \sum p_i \tag{3-35}$$

分压力 p_i 的计算方法为

$$p_i = x_i p \tag{3-36}$$

三、分容积定律

分容积这个概念也是用来描述混合气体特性的。当混合气体中的某一种组元单独存在，且具有与混合气体相同的压力和温度时，该组元所占有的容积称为这种组元在混合气体中的分容积，用 V_i 表示。理想气体的总容积等于各组元气体的分压力之和，这就是所谓的分容积定律。即

$$V = \sum V_i \tag{3-37}$$

混合气体中任一组元的分容积与混合气体总容积之比称为该组元的容积成分，用 φ_i 表示，即

$$\varphi_i = \frac{V_i}{V} \tag{3-38}$$

四、混合气体的折合气体常数 R_g 和折合摩尔质量 M

混合气体中各种组元的分子，由于杂乱无章的热运动而处于均匀混合状态。可以设想有一种单一气体，其分子数和总质量恰与混合气体相同，这种假拟单一气体的气体常数和摩尔质量就是混合气体的折合气体常数和折合摩尔质量。

（1）已知混合气体的摩尔成分 x_i（或容积成分 φ_i），可先求折合摩尔质量为

$$M=\frac{m}{n}=\frac{\sum n_i M_i}{n}=\sum x_i M_i \tag{3-39}$$

然后，根据 $MR_g=R=8314.3$J/(kmol·K) 求折合气体常数 R_g。

（2）已知混合气体的质量成分 x_i，可先求折合气体常数 R_g 为

$$R_g=\sum \omega_i R_{gi} \tag{3-40}$$

然后，根据 $MR_g=R=8314.3$J/(kmol·K) 求折合摩尔质量 M。

五、混合气体的比热容、热力学能、焓、熵

1. 混合气体的比热容

根据能量守恒定律，加给混合气体的热量应该等于加给混合气体中各组分热量的总和。再结合比热容的定义，不难得出

质量比热容为

$$c=\sum \omega_i c_i \tag{3-41}$$

摩尔比热容为

$$C_m=\sum x_i C_{mi}=\sum \varphi_i C_{mi} \tag{3-42}$$

2. 混合气体的热力学能和焓

热力学能 U 和焓 H 都是广延量，具有可加性。因此，混合气体的热力学能和焓等于各组元的热力学能和焓之和，即

$$U=U_1+U_2+\cdots+U_n=\sum U_i \tag{3-43}$$

$$H = H_1 + H_2 + \cdots + H_n = \sum H_i \tag{3-44}$$

对于单位质量的混合气体，有

$$u = \sum \omega_i u_i \tag{3-45}$$

$$h = \sum \omega_i h_i \tag{3-46}$$

【例 3-6】 混合气体计算

今用气体分析仪测得一锅炉烟道中烟气的容积成分为 $\varphi_{CO_2} = 0.12$，$\varphi_{O_2} = 0.05$，$\varphi_{N_2} = 0.75$，$\varphi_{H_2O} = 0.08$。已知该段烟道内的真空度 $p_v = 600\text{Pa}$，当时的大气压力 $p_b = 750\text{mmHg}$。求：

（1）质量成分；

（2）烟气的折合气体常数；

（3）各组成气体的分压力。

解：（1）根据 $\varphi_i = x_i$，所以

$$x_{CO_2} = 0.12, x_{O_2} = 0.05, x_{N_2} = 0.75, x_{H_2O} = 0.08$$

设有 1kmol 烟气，则各组元的质量为

$$m_{CO_2} = 0.12 \times 44 = 5.28(\text{kg})$$
$$m_{O_2} = 0.05 \times 32 = 1.6(\text{kg})$$
$$m_{N_2} = 0.75 \times 28 = 21(\text{kg})$$
$$m_{H_2O} = 0.08 \times 18 = 1.44(\text{kg})$$

总质量为　　　　$m = 29.32\text{kg}$

因此，质量成分为

$$\omega_{CO_2} = \frac{5.28}{29.32} = 0.18$$

$$\omega_{O_2} = \frac{1.6}{29.32} = 0.05$$

$$\omega_{N_2} = \frac{21}{29.32} = 0.72$$

$$\omega_{H_2O} = \frac{1.44}{29.32} = 0.05$$

校核，$\sum \omega_i = 1$，计算结果正确。

（2）烟气的折合气体常数为

$$R_g = \sum \omega_i R_{gi} = R \sum \frac{\omega_i}{M}$$

$$= 8314.5\left(\frac{0.18}{44}+\frac{0.05}{32}+\frac{0.72}{28}+\frac{0.05}{18}\right)$$

$$= 283.9\ [\text{J/(kg·K)}]$$

（3）各组成气体的分压力。烟气的绝对压力为

$$p = p_b - p_v = 750 \times 133.3 - 60 \times 9.81 = 99386.4(\text{Pa})$$

各组成气体的分压力为

$$p_{CO_2} = x_{CO_2} p = 0.12 \times 99386.4 = 11926.4(\text{Pa})$$

$$p_{O_2} = x_{O_2} p = 0.05 \times 99386.4 = 4969.3(\text{Pa})$$

$$p_{N_2} = x_{N_2} p = 0.75 \times 99386.4 = 74539.8(\text{Pa})$$

$$p_{H_2O} = x_{H_2O} p = 0.08 \times 99386.4 = 7950.9(\text{Pa})$$

第五节　理想气体的热力过程

热能和机械能的相互转化是通过工质的一系列状态变化过程实现的，研究热力过程的基本任务是根据过程进行的条件，确定过程中工质状态参数的变化规律，并分析过程中的能量转换关系。

热力设备中的实际过程是很复杂的，为了使分析简化，需要进行科学抽象。因此，首先认为过程是可逆的；其次，根据状态参数变化特点，可概括为 4 个典型的过程（定容、定压、定温、绝热），对于变化规律不太明显的热力过程，可以概括成多变过程。

一、定容过程

定容过程即气体在状态变化过程中容积保持不变的过程。

1. 过程方程式为

$$dv = 0 \quad 或 \quad \frac{p}{T} = 常数$$

2. 功和热量

膨胀功为

$$w = \int_1^2 p\mathrm{d}v = 0$$

技术功为

$$w_t = -\int_1^2 v\mathrm{d}p = v(p_1 - p_2) = R_g(T_1 - T_2) \quad (3\text{-}47)$$

热量为

$$q_V = \int_1^2 c_V \mathrm{d}T$$

当 c_v 为定值时，$q_V = c_V\Delta T = c_V\Delta t$

由于定容过程中，$w=0$，根据热力学第一定律，有

$$q_V = \Delta u \quad (3\text{-}48)$$

可见，在定容过程中加入的热量全部变为气体热力学能的增加，这是定容过程中能量转换的特点。

3. 定容过程的 p-v 图和 T-s 图

在 p-v 图表示定容过程很简单，它是一条垂直于 v 轴的直线，如图 3-2（a）所示。定容过程在 T-s 图上是一条斜率为正值的指数曲线，如图 3-2（b）所示。从图 3-2 中还可以看出 1-2 是定容加热过程，压力升高；1-2′是定容放热过程，压力降低。

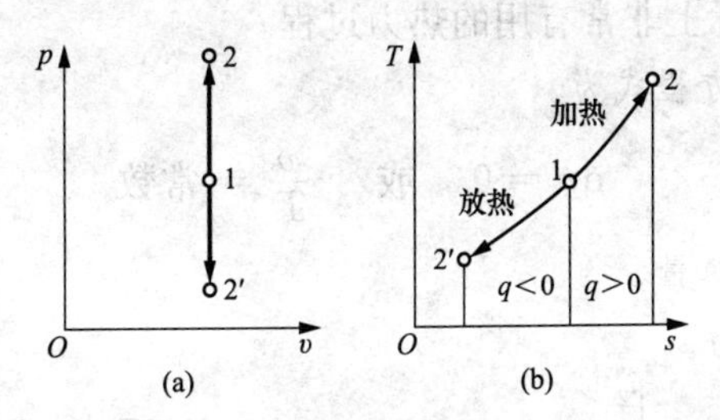

图 3-2　理想气体的定容过程

（a）p-v 图；（b）T-s 图

【例 3-7】 定容冷却

一封闭的刚性容器内贮有某种理想气体，开始时容器的真空

度为 20kPa，温度 $t_1=100℃$，问需将气体冷却到什么温度才可能使其真空度变为 50kPa。已知当地大气压保持为 $p_b=0.1\text{MPa}$。

解： 选取刚性容器为热力系统，这是一个定容冷却过程。

开始时空气的压力为

$$p_1=p_b-p_{V1}=100-20=80(\text{kPa})$$

冷却后空气的压力为

$$p_1=p_b-p_{V1}=100-50=50(\text{kPa})$$

根据

$$\frac{p_1}{T_1}=\frac{p_2}{T_2}$$

有

$$T_2=\frac{p_2}{p_1}T_1=\frac{50}{80}\times 373.15=233.22(\text{K})$$

故

$$t_2=T_2-273.15=233.22-273.15=-39.93(℃)$$

二、定压过程

工质压力保持不变的热力过程称为定压过程。实际热力设备中的很多吸热和放热过程都是在接近定压的情况下进行的，因此，它是实际上非常有用的热力过程。

1. 过程方程式为

$$\mathrm{d}p=0 \quad 或 \quad \frac{v}{T}=常数$$

2. 功和热量

膨胀功为

$$w=\int_1^2 p\mathrm{d}v=p(v_2-v_1)=R_g(T_2-T_1) \tag{3-49}$$

技术功为

$$w_t=-\int_1^2 v\mathrm{d}p=0$$

热量为

$$q_p = \int_1^2 c_p \mathrm{d}T$$

当 c_p 为定值时，$q_p = c_p \Delta T = c_p \Delta t$

由于定压过程中，$w_t = 0$，根据热力学第一定律，有

$$q_p = \Delta h \tag{3-50}$$

可见，在定压过程中加入的热量全部变为气体焓的增加，这是定压过程中能量转换的特点。

3. 定压过程的 p-v 图和 T-s 图

在 p-v 图表示定压过程很简单，它是一条垂直于 p 轴的直线，如图 3-3（a）所示。定压过程在 T-s 图是一条斜率为正值的指数曲线，如图 3-3（b）所示，还可以看出 1-2 为定压加热过程，1-2′为定压放热过程。

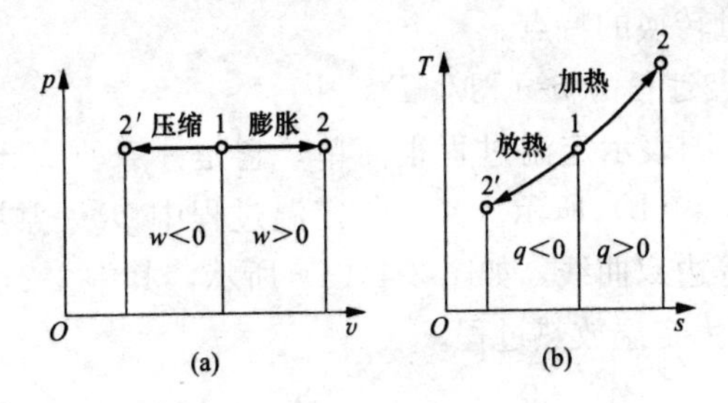

图 3-3　理想气体的定压过程

（a）p-v 图；（b）T-s 图

三、定温过程

温度始终保持不变的热力过程称为定温过程。

1. 过程方程式为

$$T = 常数 \quad 或 \quad \mathrm{d}T = 0 \quad 或 \quad pv = 常数$$

2. 功和热量

膨胀功为

$$w = \int_1^2 p\mathrm{d}v = \int_1^2 pv\,\frac{\mathrm{d}v}{v} = pv\ln\frac{v_2}{v_1} = R_g T\ln\frac{v_2}{v_1} \tag{3-51}$$

技术功为

$$w_t=-\int_1^2 v\mathrm{d}p=-\int_1^2 pv\frac{\mathrm{d}p}{p}=-pv\ln\frac{p_2}{p_1}=-R_gT\ln\frac{p_2}{p_1} \quad (3\text{-}52)$$

由于理想气体定温过程中有

$$\frac{p_2}{p_1}=\frac{v_1}{v_2}$$

所以，不难得出定温过程中有

$$w=w_t$$

由于理想气体定温过程中，$\Delta u=0$、$\Delta h=0$，根据热力学第一定律，有

$$q_T=w=w_t \quad (3\text{-}53)$$

这表明，在定温过程中加入的热量全部用来对外做功。这是定温过程中能量转换的特点。

3. 定温过程的 p-v 图和 T-s 图

在 T-s 图表示定温过程很简单，它是一条垂直于 T 轴的直线，如图 3-4（b）所示。又由于定温过程中 pv=常数，所以它在 p-v 图等边双曲线，如图 3-4（a）所示，其中 1-2 为定温吸热过程，1-2′为定温放热过程。

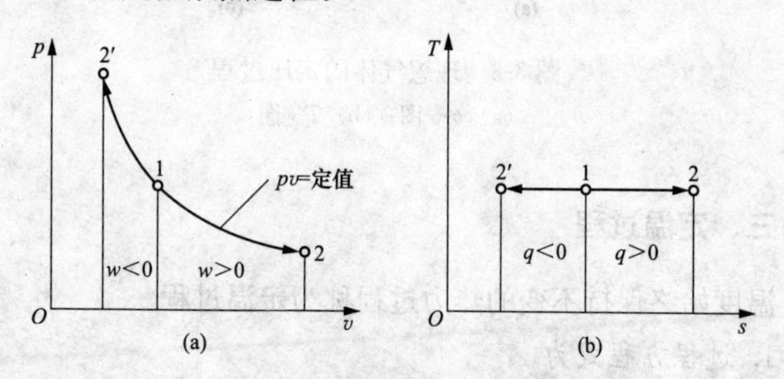

图 3-4　理想气体的定温过程

（a）p-v 图；（b）T-s 图

四、绝热过程

在过程进行的每个瞬间，热力系统和外界都无热量交换的过

程称为绝热过程。

绝对的绝热过程是不存在的，但是，当实际热机中的某些膨胀过程或压缩过程进行得很快时，工质与外界来不及交换热量，或者说交换的热量极少，这时就可将过程近似地看作绝热过程，而且为了使分析的问题简化，这里只研究可逆绝热过程。

1. 过程方程式

理想气体经过可逆绝热过程后，状态参数的变化满足以下方程

$$pv^k = 常数 \tag{3-54}$$

式中　比热容 $k=\frac{c_p}{c_V}$，此时称为绝热指数。

严格说来，式（3-54）只适用于理想气体定比热容的可逆绝热过程。对于水蒸气和其他实际气体的可逆绝热过程是不适用的，它们需要利用相关图表解决问题，但有时作为估算和定性比较，对水蒸气绝热过程的数据也整理成 $pv^k=$常数的形式，这里 k 已不再等于 c_p/c_V，而是指某一经验常数，例如过热水蒸气，$k=1.3$。即使如此，水蒸气的绝热过程如按 $pv^k=$常数计算误差往往较大，一般只用于定性分析或计算。

2. 初终态参数关系

因 $pv^k=p_1v_1^k=p_2v_2^k=$常数

所以有
$$\frac{p_2}{p_1}=\left(\frac{v_1}{v_2}\right)^k \tag{3-55}$$

由于温度和压力好测量，因此，往往更想知道绝热过程中 p 和 T 的关系，上式可变为

$$p_1\left(\frac{R_g T_1}{p_1}\right)^k = p_2\left(\frac{R_g T_2}{p_2}\right)^k$$

整理可得

$$\frac{T_2}{T_1}=\left(\frac{p_2}{p_1}\right)^{\frac{k-1}{k}} \tag{3-56}$$

3. 功和热量

对于绝热过程

$$q=0$$

根据热力学第一定律，绝热过程的膨胀功为

$$w=-\Delta u$$

这表明，工质经过一绝热过程后所做的膨胀功等于热力学能的减少，这个结论对于任何工质的绝热过程都适用，不管过程是可逆的还是不可逆的。

对于比热容为定值的理想气体，绝热过程（可逆或不可逆）的膨胀功表示为

$$w=c_V(T_1-T_2)=\frac{R_g}{k-1}(T_1-T_2) \tag{3-57}$$

对于比热容为定值的理想气体可逆绝热过程，膨胀功可以表示为

$$w=\frac{R_g T_1}{k-1}\left[1-\left(\frac{p_2}{p_1}\right)^{\frac{k-1}{k}}\right] \tag{3-58}$$

同样的道理，对于任何工质的可逆或不可逆绝热过程，技术功为

$$w_t=-\Delta h=h_1-h_2 \tag{3-59}$$

对于比热容为定值的理想气体，绝热过程（可逆或不可逆）的技术功表示为

$$w_t=c_p(T_1-T_2)=\frac{kR_g}{k-1}(T_1-T_2) \tag{3-60}$$

对于比热容为定值的理想气体可逆绝热过程，技术功可以表示为

$$w_t=\frac{kR_g T_1}{k-1}\left[1-\left(\frac{p_2}{p_1}\right)^{\frac{k-1}{k}}\right] \tag{3-61}$$

4. 可逆绝热过程的 p-v 图和 T-s 图

在 T-s 图表示可逆绝热过程很简单，它是一条垂直于 s 轴的直线，如图 3-5（b）所示。又由于可逆绝热过程中 $pv^k=$常数，所以它在 p-v 图为一高次双曲线，如图 3-5（a）所示。

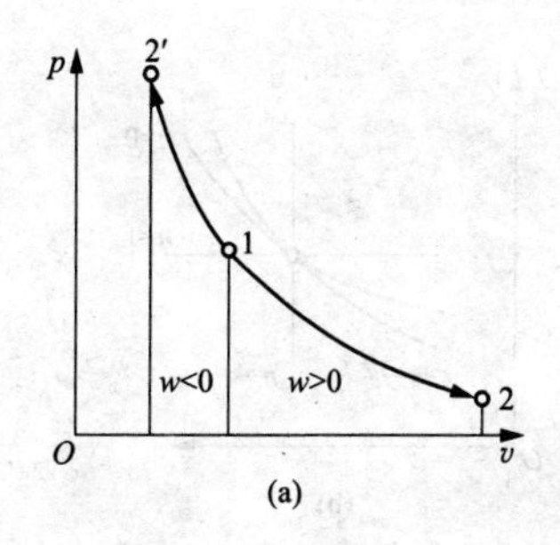

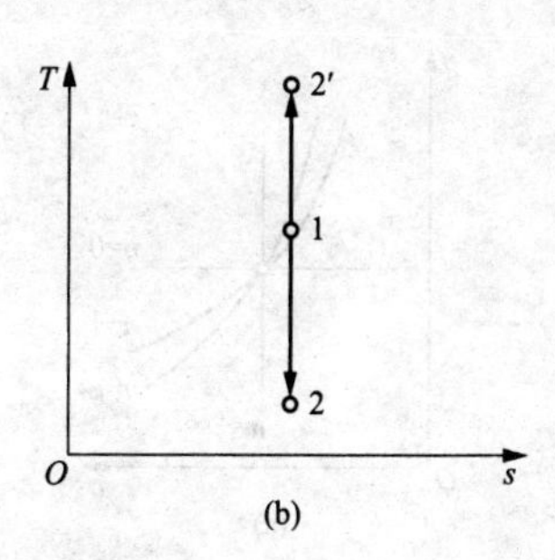

图 3-5 理想气体可逆绝热过程

(a) p-v 图；(b) T-s 图

五、多变过程

1. 多变过程的定义与方程

在实际热力过程中有些过程所有的状态参数都可能有显著变化，而且与外界交换的热量也不能忽略，但是通过研究发现，这些过程中状态参数变化的特征往往比较接近指数方程式 pV^n＝常数。热力学中把整个热力过程都服从过程方程式 pV^n＝常数的热力过程称为多变过程，指数 n 称为多变指数。

不同的多变过程有不同的 n 值。理论上，n 可以是$-\infty$到$+\infty$之间的任何一个实数。如果过程很复杂，就很难用一个统一的多变过程方程来描述，这时，可以将整个过程分成几段具有不同 n 值的多变过程来加以分析。

前面讲的 4 个典型热力过程都可看作是多变过程的特例。如：

（1）$n=0$，p＝常数，为定压过程。

（2）$n=1$，T＝常数，为定温过程。

（3）$n=k$，pv^k＝常数，为可逆绝热过程。

（4）$n=\pm\infty$，v＝常数，为定容过程。

将前面讲过的 4 种典型热力过程画出在同一个 p-v 图和 T-s 图上，结果如图 3-6 所示。通过分析比较，可以得到一个规律：沿顺时针方向，n 由 $0\rightarrow1\rightarrow k\rightarrow\pm\infty$变化。

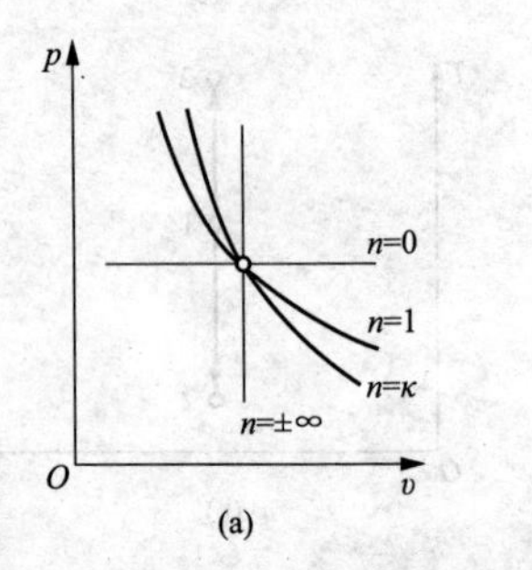

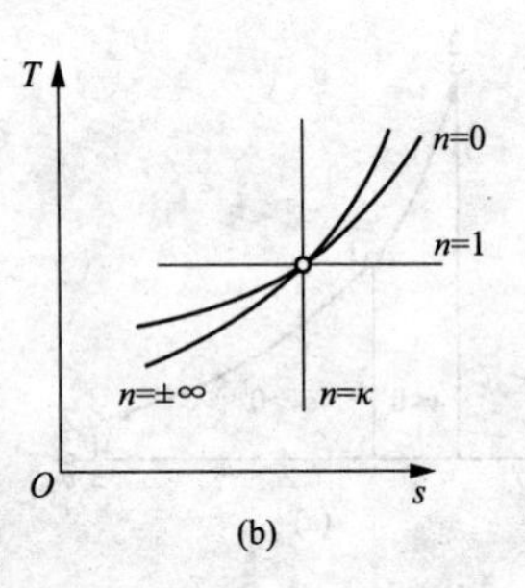

图 3-6　多变过程变化规律

(a) p-v 图；(b) T-s 图

2. 初态和终态参数的关系

$$p_1 v_1^n = p_2 v_2^n \tag{3-62}$$

$$\frac{p_2}{p_1} = \left(\frac{v_1}{v_2}\right)^n \tag{3-63}$$

$$\frac{T_2}{T_1} = \left(\frac{p_2}{p_1}\right)^{\frac{n-1}{n}} \tag{3-64}$$

3. 功和热量

(1) 膨胀功为

$$w = \int_1^2 p\mathrm{d}v = \int_1^2 pv^n \frac{\mathrm{d}v}{v^n} = \frac{1}{n-1}R_g T_1\left[1-\left(\frac{p_2}{p_1}\right)^{\frac{n-1}{n}}\right] \tag{3-65}$$

(2) 技术功为

$$w_t = -\int_1^2 v\mathrm{d}p = -\int_1^2 p^{\frac{1}{n}} v p^{\frac{-1}{n}} \mathrm{d}p = \frac{n}{n-1}R_g T_1\left[1-\left(\frac{p_2}{p_1}\right)^{\frac{n-1}{n}}\right] \tag{3-66}$$

(3) 热量。根据热力学第一定律，有

$$q = \Delta u + w = c_V(T_2 - T_1) + \frac{R_g}{n-1}(T_1 - T_2)$$

$$= \left(c_V - \frac{R_g}{n-1}\right)(T_2 - T_1)$$

将 $c_V=\frac{R_g}{k-1}$代入上式，得

$$q=\frac{n-k}{n-1}c_V(T_2-T_1)=c_n(T_2-T_1) \tag{3-67}$$

式中，$c_n=\frac{n-k}{n-1}c_V$，称为多变比热容，随着 n 值的不同，c_n 可以是正数（吸热温度升高，放热温度降低），也可以是负数（吸热温度降低，放热温度升高）；可以是 0（绝热过程），也可以是无穷大（定温过程）。

对比多变过程和可逆绝热过程的方程式、初终态关系、膨胀功、技术功，可以得到一个结论，将可逆绝热过程公式中的 k 变成 n 就得到多变过程的公式，因此并不需要死记硬背。

第六节　气体的压缩

一、概述

工程上广泛应用着各种不同类型的气体压缩设备，例如电厂锅炉设备的送风机和引风机，燃气轮机装置和压缩制冷装置的压气机等。广义来说，凡是能够升高空气或其他气体压力的机械设备均可称为“压气机”。所有压气机设备都要消耗外功，要用热机或电动机带动它工作，使气体受到压缩而压力升高。习惯上，常根据增压比 $\pi=\frac{p_2}{p_1}$（p_1、p_2 分别代表压缩前和压缩后的压力）的值把压气机划分为下列三类：

（1）通风机：$\pi=1.0\sim1.1$。

（2）鼓风机：$\pi=1.1\sim4.0$。

（3）狭义的压气机：$\pi\geqslant4.0$。

根据压气机结构不同，可分为往复式和回转式（叶轮式）两种，往复式为活塞式，如图 3-7（a）所示，回转式可分为离心式［如图 3-7（b）所示］和轴流式［如 3-7（c）所示］。

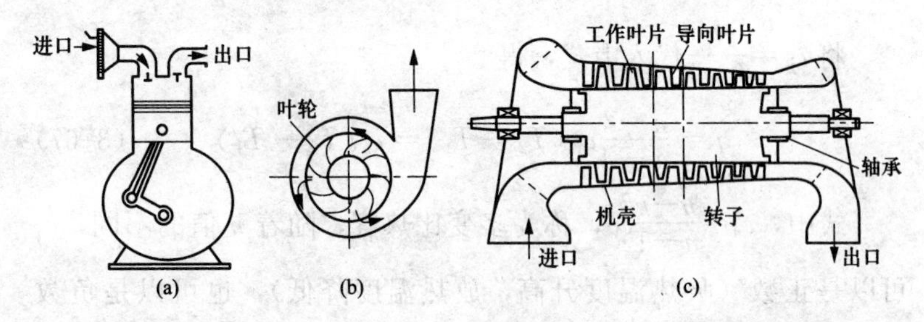

图 3-7　压气机的种类

（a）活塞式；（b）离心式；（c）轴流式

活塞式压气机和叶轮式压气机的结构和工作原理不同，工作特点也不同，但从热力学观点来看，都是消耗外功，使气体压力升高的过程。本节主要讨论压气机中能量转换的特点及压气过程计算所用的各种基本关系式，以便从理论上寻求提高压气机的性能和完善其热力过程的途径。

二、单级活塞式压气机

图 3-8 所示为单级活塞式压气机的设备简图。活塞式压气机由气缸、活塞、进气阀和排气阀组成。它的工作原理：当活塞被机轴带动自左向右移动时，在气缸内让出新的空间，外界气体就可以在压力 p_1 下经进气阀进入气缸，这个阶段叫作“吸气过程”，在不考虑各种损失的情况下，如 p-V 图上线段 4-1 所示，进气阀只许气体单方向通过。活塞达到右“死点”（指往复运动的极端位置）而开始回行时，进气阀立即关闭，已进入气缸的气体就被封闭在气缸内，受活塞挤压而压力上升，这个阶段叫作“压缩过程”，如线段 1-2 所示。当气缸内气体的压力达到输气管或储气筒里的压力 p_2 时，活塞继续左行就将使气体推开排气阀而被压出气缸，这叫作“排气过程”，如线段 2-3 所示。当活塞再次向右移动时，又开始新一轮“吸气过程”。因此，随着活塞不断来回运动，就能不断地把压力为 p_1 的气体压缩成压力为 p_2 的气体并排出。

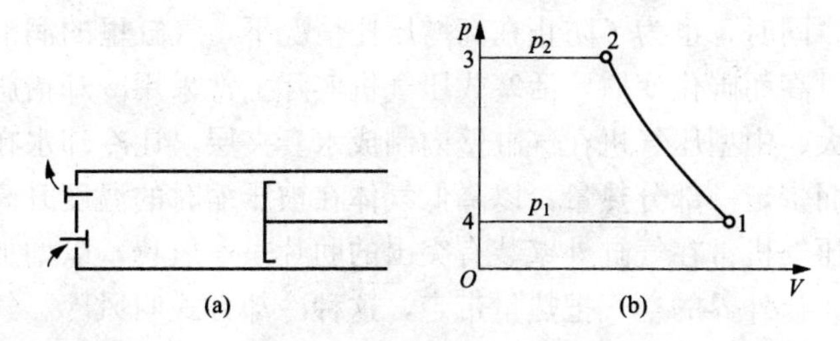

图 3-8　单级活塞式压气机的设备简图及 p-V 图

（a）设备简图；（b）p-V 图

压缩过程 1-2 有两种极限情况：一为过程进行得极快，热量来不及通过缸壁面传向外界，或者传出的热量极少，可以忽略不计，则过程可视为绝热过程，如图 3-9 上的 $1\text{-}2_s$。另一极限过程进行得十分缓慢，过程中气体与外界有足够的时间进行充分的热交换，从而使气体温度在整个压缩过程中保持不变，这种压缩过程就是定温压缩过程，如图 3-9 上的 $1\text{-}2_T$。

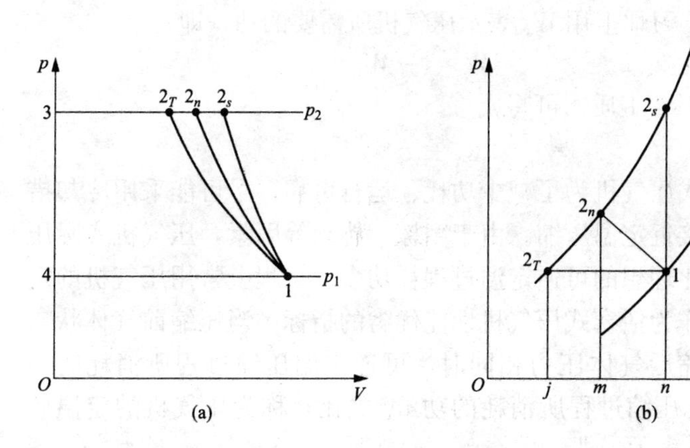

图 3-9　气体可逆压缩

（a）p-V 图；（b）T-s 图

从 p-V 图上可以看出，定温压缩过程消耗的技术功要少于绝热过程所消耗的技术功。从 T-s 图上可以看出，定温压缩过程排气温度要低于绝热过程的排气温度。因此，为了节省压气机耗功量，同时，也为了防止在高增压比情况下，气缸里的润滑油因升温过高而碳化变质，活塞式压气机实际上常采用冷却措施。例如，大、中型压气机在气缸壁内制成水套夹层，让冷却水在其中流过而带走一部分热量，以降低气体在被压缩时的温度升高。小型的压气机常在气缸外壁装有突出的肋片——风翼，以增加散热面积，让外界的空气把热量带走，这种冷却方式叫风冷。气体在气缸里被压缩时，受气缸尺寸的限制，气体和气缸壁接触的面积不够大，接触的时间又不够长，因此不论水冷还是风冷总难以把热量充分地散出去，要维持等温压缩实际上是做不到的，即实际的压气过程应当像图 3-9 上的 $1\rightarrow 2_n$ 线所表示的，是一个多变指数介于 1 与 k 之间的多变过程。

分析压气机中的耗功时，为简便计算，视空气为理想气体，忽略进气阀、排气阀的节流损失，流经压气机的气流可作为可逆稳定流动处理，由于热力系统为开口系，动能和势能的变化可忽略，对外做功为技术功 W_t。由于压力升高，技术功为负，为了表示方便，习惯上用 W_c 表示压气机所需要的功，即

$$W_c = -W_t$$

对于 1kg 工质，可写成

$$w_c = -w_t$$

活塞式压气机为了减少功耗、运行可靠，尽可能采用冷却措施，力求接近定温压缩。由于摩擦、扰动等因素，压气机实际压缩过程要比理想的可逆定温过程耗功多。工程上常用压气机的定温效率来作为活塞式压气机性能优劣的指标。当压缩前气体状态相同，压缩后气体压力相同时，可逆定温压缩过程所消耗的功 $w_{c,T}$ 和实际压缩过程所消耗的功 w_c 之比，称为压气机的定温效率，用 $\eta_{c,T}$ 表示，即

$$\eta_{c,T} = \frac{w_{c,T}}{w_c} \tag{3-68}$$

三、余隙容积的影响

上面为了简化分析，认为活塞达到左“死点”时能够紧贴在

气缸盖上，而把气缸内的气体完全压送出去。实际上，为了避免活塞与气缸盖、进气阀和排气阀的碰撞，当活塞达到左“死点”时，气缸中仍需留有一定的空隙。这个空隙的容积称为余隙容积。图 3-10 所示为考虑了余隙容积影响后活塞式压气机的示功图。

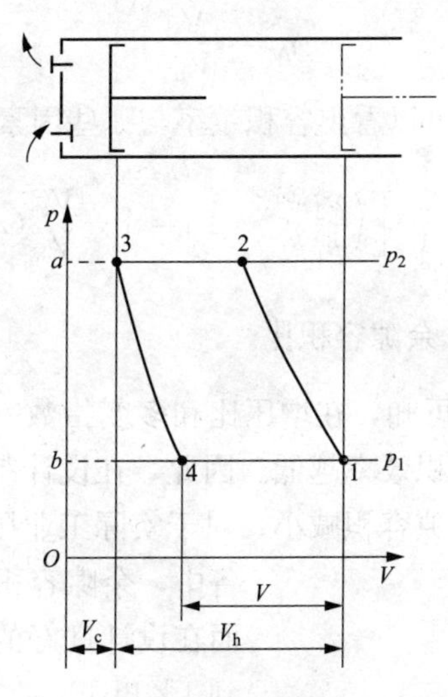

图 3-10　考虑了余隙容积影响后活塞式压气机的示功图

图 3-10 中 V_3 表示余隙容积，$V_h=V_1-V_3$ 是活塞从左死点到右死点所扫过的容积，称为活塞排量。由于余隙容积的存在，排气过程只能进行到 3 点。这时气缸的余隙容积中保留了一部分高压的气体。当活塞由左向右回行时，余隙容积剩余的高压气体便开始膨胀，膨胀过程线如图 3-10 中曲线 3-4 所示。当气体压力降低到进气压力 p_1 时，进气阀才能打开，开始进气。图 3-10 中 4-1 为进气过程。可见，由于余隙容积的存在，实际进入气缸的气体容积不是活塞排量 V_h，而是所谓的气缸有效容积，用 V 表示，$V=V_1-V_4$。

虽然有余隙容积后进气容积减小，但所需要的功也相应减小。压缩同质量的气体至同样的增压比 π，理论上所消耗的功与无余隙容积时相同。

活塞式压气机每一工作循环所产生的高压气体的数量都由于余隙容积的影响会有所减少。因而，要采用一个容积效率来考虑这一影响。容积效率用符号 η_V 表示，其定义为气缸内有效容积与活塞排量之比，即

$$\eta_V = \frac{V}{V_h} \tag{3-69}$$

从式（3-70）可以看出容积效率与哪些因素有关，即

$$\eta_V = 1 - \frac{V_3}{V_h}\left[\left(\frac{p_2}{p_1}\right)^{\frac{1}{n}} - 1\right] = 1 - \frac{V_C}{V_h}(\pi^{\frac{1}{n}} - 1) \tag{3-70}$$

式中　$\frac{V_3}{V_h} = C_V$——余隙容积比。

由式（3-70）可知，在增压比和多变指数一定的情况下，余隙容积比越大，容积效率越低。因此，在设计制造活塞式压气机时，应该尽量使余隙容积减小。对于实际工业压气机，在小型设备中，余隙容积比可能高达 8%，而在设计良好的大型压气机可低到 1%以下。

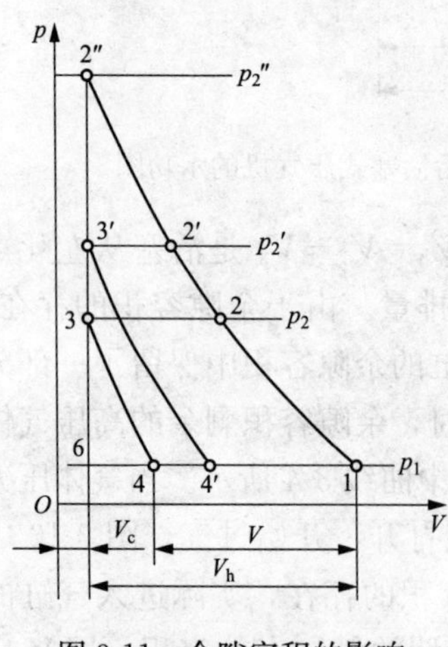

图 3-11　余隙容积的影响

由式（3-70）可知，当余隙容积比 C_V 和多变指数 n 为一定时，增压比 π 越大，则容积效率越低，当 π 增加至某一值时容积效率为零。这时，虽然活塞在气缸内来回运动，但压气机却既不吸气，又无排气。从图 3-11 中也可以看出，压缩气体将沿 1-2″线压缩和沿 2″-1 线膨胀而至终点 1。

四、多级压气机

为了制取压力较高的气体，需采用多级压缩的方法，图 3-12

所示为两级压气机简图，原动机带动机轴 7 回转时，由于曲柄和连杆 5 和 6 的传动，使活塞 3 和 4 上下移动，而且两曲柄相差 180°，所以活塞 3 上升时，活塞 4 下降。活塞 3 向下移动时，气体经进气阀 9 进入低压缸 1，当活塞 3 向上移动时，低压缸里的气体受到压缩而达到压力 p_2、温度 t_2，活塞 3 继续上升，该压缩气体就由排气阀 10 流入级间冷却器 8，在其中被定压冷却，当活塞 4 向下移动时，又将冷却后的中压气体吸入高压气缸 2，在高压缸里，因活塞 4 的作用，气体被压缩到压力 p_3，然后经排气阀排入储气罐，或直接送到需要压缩气体的地方。

采用两级压缩后，每一级的增压比可减小，从而提高每一级的容积效率，这是不难想到的。那么采用两级压缩时，为什么要用中间冷却器呢？从图 3-13 可以看出，如果不采用中间冷却器，气体在低压缸中沿 1-2 被压缩，在高压缸中沿 2-3′被压缩，消耗的功在图 3-13 上表示为面积 1-3′-4-6-1，这与把气体直接从 1 压缩到 3′所消耗的功是一样的。采用级间冷却器后，在低压缸中消耗的功表示为面积 1-2-5-6-1，在高压缸中消耗的功表示为面积 2′-3-4-5-2′。相比之下，采用级间冷却后，高压缸中消耗的功减少（如图 3-13 中阴影所表示的那一块面积），而且使得高压缸压缩终了温度由 T_3' 下降到 T_3，有利于压气机的安全正常运行。

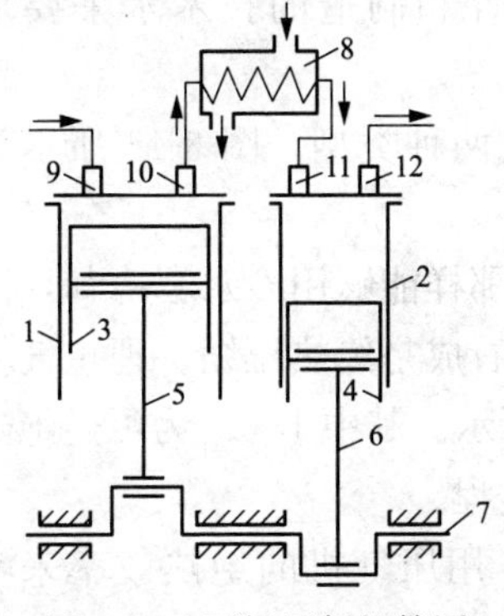

图 3-12　两级压气机简图

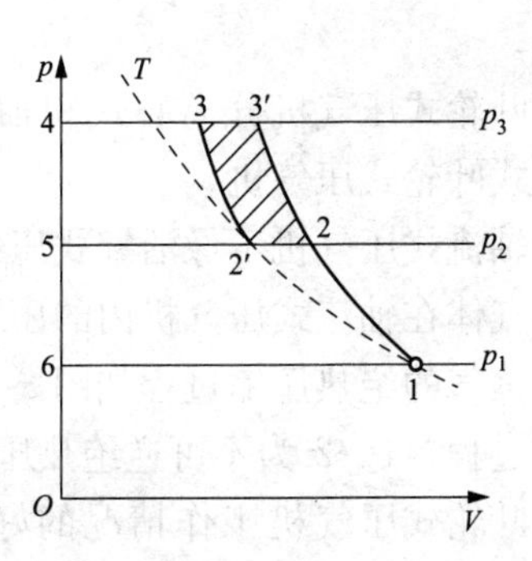

图 3-13　两级压缩级间冷却的 p-V 图

选择适当的中间压力 p_2，可以使压气机两级气缸消耗功的总量为最小，该压力称为最佳中间压力，即

$$p_2 = \sqrt{p_1 p_3} \quad 或 \quad \frac{p_2}{p_1} = \frac{p_3}{p_2} \quad 或 \quad \pi_1 = \pi_2 \tag{3-71}$$

此时，压气机总的耗功最少，而且此时两级压气机所需功相等，即 $w_{c1}=w_{c2}$。这样可使各气缸的负担均匀，有利于曲轴的平衡，延长全机的耐用性。

从热力学理论上分析，分级越多，就越接近于定温过程，耗功越少。但级数过多往往因压气机的结构复杂化而工作不可靠，因此，一般常用的以两级和三级为限。从技术经济的角度，总的增压比小于 6～7 的活塞式压气机都采用单级。

五、叶轮式压气机

活塞式压气机的最大缺点是单位时间内产气量小，原因是转速不高、间歇性吸气与排气，以及有余隙容积的影响。叶轮式压气机克服了这些缺点，由于没有往复运动部件，它的转速比活塞式的高几十倍，能连续不断地吸气和排气，没有余隙容积，产气量大，广泛应用于燃气轮机装置中。叶轮式压气机的缺点是每级的增压比小，如果需要得到较高的压力，则需要很多的级数。其次，因气体流速很大，各部分的摩擦损耗较大，故效率偏低。因此，叶轮式压气机的设计和制造的技术水平要求很高。

叶轮式压气机分离心式和轴流式两种类型，图 3-14 所示为轴流式叶轮式压气机。

轴流式压气机不像活塞式压气机那样能够用冷水套冷却，因此，气体在轴流式压气机内的压缩可看成是绝热压缩。理想气体和水蒸气的绝热压缩过程如图 3-15 所示。其中 $1\to2_s$ 为可逆绝热压缩过程，$1\to2'$ 为不可逆绝热压缩过程。

叶轮式压气机工作情况的好坏，用压气机的绝热效率来考察。所谓压气机的绝热效率是指在压缩前气体状态相同、压缩后

气体压力也相同的情况下，可逆绝热压缩时压气机消耗的功 $w_{C,s}$ 与不可逆绝热压缩时所消耗的功 w_c' 的比值，用 $\eta_{c,s}$ 表示，即

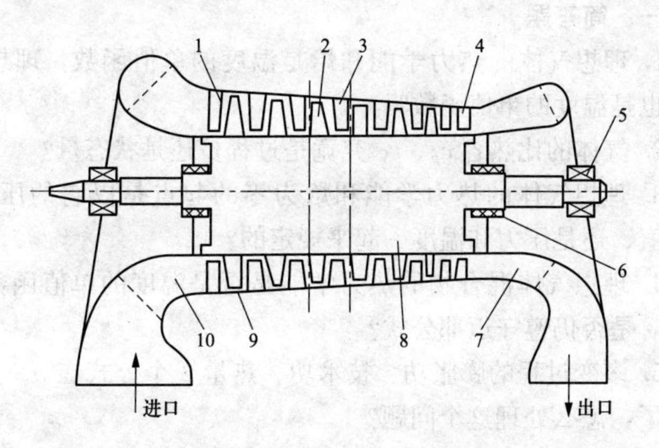

图 3-14　轴流式叶轮式压气机

1—进口导向叶片；2—工作叶片；3—导向叶片；4—整流装置；5—轴承；6—密封；7—扩散器；8—转子；9—机壳；10—收缩器

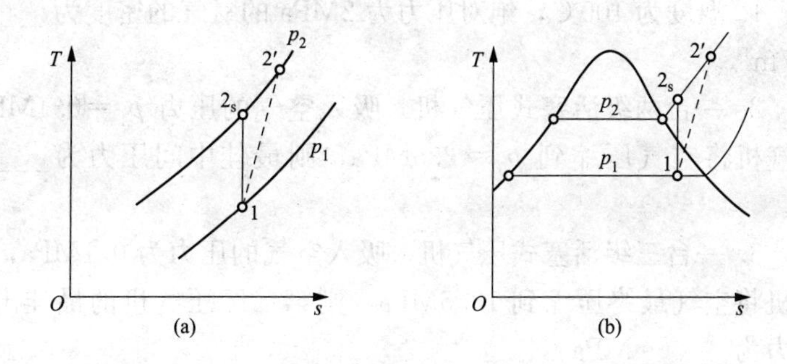

图 3-15　轴流式压气机的绝热压缩过程

(a) 理想气体的绝热压缩过程；(b) 水蒸气的绝热压缩过程

$$\eta_{c,s}=\frac{w_{c,s}}{w_c'}=\frac{h_{2s}-h_1}{h_2'-h_1} \tag{3-72}$$

对于比热容为定值的理想气体，有

$$\eta_{c,s}=\frac{T_{2s}-T_1}{T_{2'}-T_1} \tag{3-73}$$

复 习 题

一、简答题

1. 理想气体的热力学能和焓是温度的单值函数，理想气体的熵也是温度的单值函数吗?

2. 气体的比热容 c_p、c_V 究竟是过程量还是状态量?

3. 理想气体的热力学能和焓为零的起点是以它的压力值、温度值、还是压力和温度一起来规定的?

4. 理想气体混合物的热力学能是否是温度的单值函数? 其 c_p-c_V 是否仍遵守迈耶公式?

5. 多变过程的膨胀功、技术功、热量 3 个公式在 $n=1$ 时就失效了，怎么处理这个问题?

6. 如果通过各种冷却方法而使压气机的压缩过程实现为定温过程，则采用多级压缩的意义是什么?

二、填空题

1. 温度为 100℃，绝对压力为 2MPa 的氧气的密度为______ kg/m^3。

2. 一台两级活塞式压气机，吸入空气的压力 $p_1=0.1$MPa，压气机将空气压缩到 $p_3=2.5$MPa，则最佳中间压力为______ Pa。

3. 一台三级活塞式压气机，吸入空气的压力为 0.1MPa，压气机将空气最终压缩到 12.5MPa，则第二级压气机的最佳出口压力为______ MPa。

4. 3kg 的某气体经可逆定容过程，单位质量气体热力学能的变化 $\Delta u=133$kJ/kg，则该过程吸收热量为________ kJ。

5. 由氧气和氮气组成的混合气体中，氧气的摩尔分数为 40%，氮气的分压力为 600kPa，那么，氧气的分压力为________ kPa。

三、判断题（正确填√，错误填×）

1. 理想气体经过绝热节流之后温度不变。( )

2. 理想气体的热力学能、焓、熵均是温度的单值函数。（ ）

3. 理想气体绝热膨胀后温度必然降低。（ ）

4. 余隙容积的存在不影响压缩单位质量气体理论上消耗的功。（ ）

5. 为了减少活塞式压气机耗功，应该采用多级压缩，分的级数越多越好。（ ）

6. 理想气体混合物中，组分的质量成分越高，其分压力越大。（ ）

7. 理想气体经过绝热节流之后 T、u、h 均不变，p 降低，s 增加。（ ）

四、计算题

1. 某锅炉每小时烧煤 20t，估计每千克煤燃烧后可产生 10m^3（标准状态）的烟气。测得烟囱出口处烟气的压力为 0.1MPa，温度为 150℃，烟气的流速为 8m/s，烟囱截面为圆形，试求烟囱出口处的内径。

2. 有 20 个人在一个面积为 70m^2、高度为 3m 的房间内开会，设每人每小时散出的热量为 450kJ，每个人的体积为 0.07m^3，其他物体占有的体积不计，房间内开始的压力为 $1.01\times10^5\text{Pa}$，温度为 10℃，假设房间完全封闭并且绝热。试计算 15min 内空气的温升。空气的比热容为定值，$c_V=0.717\text{kJ/(kg}\cdot\text{K)}$。

3. 今有满足状态方程 $pV=R_gT$ 的某气体稳定地流过一变截面绝热管道，其中 A 截面上压力 $p_A=0.1\text{MPa}$，温度 $t_A=27℃$，B 截面上压力 $p_B=0.5\text{MPa}$，温度 $t_B=177℃$。该气体常数 $R_g=0.287\text{kJ/(kg}\cdot\text{K)}$，比定压热容 $c_p=1.004\text{kJ/(kg}\cdot\text{K)}$。试问此管道哪一截面为进口截面？

4. 一带回热的燃气轮机装置，用燃气轮机排出的乏气在回热器中对空气进行加热，然后将加热后的空气送到燃烧室燃烧。若空气在回热器中从 137℃定压加热到 357℃。试求每千克空气在回热器中的吸热量。

5. 一具有级间冷却器的两级压缩机，吸入空气的温度为

27℃，压力为0.1MPa，压气机将空气压缩到 p_3＝1.6MPa。压气机的生产量为360kg/min，两级压气机压缩过程均按 n＝1.3进行。若两级压气机进气温度相同，且以压气机耗功最少为条件。试求：

（1）空气在低压缸中被压缩所达到的压力 p_2。

（2）压气机所耗总功率。

（3）空气在级间冷却器所放出的热量。

6. 温度为800K、压力为5.5MPa的燃气进入燃气轮机内绝热膨胀，在燃气轮机出口测得两组数据，一组压力为1.0MPa，温度为485K；另一组压力为0.7MPa，温度为495K。试问这两组参数哪一组是正确的？此过程是否可逆？若不可逆，其做功能力损失是多少？并将做功能力损失表示在 T-s 图上。燃气的性质可看成空气处理，空气的定压比热容 c_p＝1.004kJ/(kg·K)，气体常数 R_g＝0.287kJ/(kg·K)，环境温度 T_0＝300K。

7. 压气机入口空气温度为17℃，压力为0.1MPa，每分钟吸入空气5m³，经绝热压缩后其温度为207℃，压力为0.4MPa。若环境温度为17℃，大气压力为0.1MPa，设空气的定压比热容为定值，求：

（1）压气机的实际耗功率。

（2）压气机的绝热效率。

（3）压缩过程的熵流和熵产。

（4）做功能力损失。

8. 温度为17℃的空气被绝热压缩至270℃，增压比为6，求每千克空气的热力学能、焓、熵的变化及压气机的绝热效率。

第四章

水蒸气和湿空气

水和水蒸气具有分布广、易于获得、价格低廉、无毒无臭、化学性质稳定、环境友好等特点，同时具有较好的热力学特性，因此是当前火力发电厂使用最普遍的工质。

湿空气是干空气和水蒸气的混合物。烘干、采暖、空调、冷却塔等工程中都涉及湿空气的性质，无论在生产上或生活上，对湿空气的研究都有重要意义。

第一节 水汽化与沸腾

众所周知，由液态转变为蒸汽的过程为汽化，汽化是液体分子脱离液面的现象，根据液体分子脱离液面的剧烈程度，汽化可分为蒸发和沸腾。在水表面进行的汽化过程称为蒸发；在水表面和内部同时进行的强烈的汽化过程称为沸腾。

实际上，水分子脱离表面的汽化过程，同时也伴有分子回到液体中的凝结过程。在如图 4-1 所示的密闭的盛有水的容器中，在一定温度下，起初汽化过程占优势，随着汽化的分子增多，空间中水蒸气的浓度变大，使水分子返回液体中的凝结过程加剧。到一定程度时，虽然汽化和凝结都在进行，但处于动态平衡中，空间中蒸汽的分子数目不再增加，这种动态平衡的状态称为饱和状态。在这一状态下的温

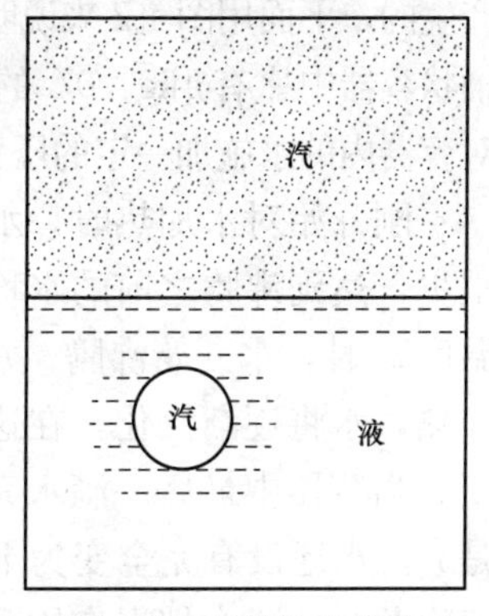

图 4-1 水的饱和状态

度称为饱和温度，用 t_s 表示。由于处于这一状态的蒸汽分子动能和分子总数不再改变，所以压力也确定不变，称为饱和压力，用 p_s 表示。t_s 和 p_s 是一一对应的，不是相互独立的状态参数：压力增加，则对应的饱和温度升高；压力降低，对应的饱和温度也降低。处于饱和状态下的液态水称为饱和水，处于饱和状态下的气态蒸汽称为干饱和蒸汽，简称饱和蒸汽。

小知识 电站锅炉汽包的“虚假水位”：“虚假水位”是暂时不真实的水位，它不是由于给水量与蒸发量之间的平衡关系被破坏引起的，而是当汽包压力突然改变但温度变化滞后引起的。当汽包压力突然降低时，对应的饱和温度也相应降低，但汽包内水的温度并没有降低，高于饱和温度，于是水自行沸腾，水中的汽泡增加，体积膨胀，使水位上升，形成虚假水位。当汽包压力突然升高时，对应的饱和温度提高，水中的气泡减少，体积收缩，促使水位下降，同样也形成虚假水位。

第二节 水的定压汽化过程

一、水的定压汽化过程

工程上所用的水蒸气大多是由锅炉在压力不变的情况下加热而产生的，下面用图 4-2 来说明定压条件下水蒸气的产生过程。设有一桶状容器中盛有 1kg、0℃的水，在水面上有一个可以移动的活塞，对容器内的水施加一定的压力 p，在容器底部对水进行加热。

刚开始对水加热时，水的温度将不断上升，水的比体积增加很少，达到沸腾之前的水称为未饱和水。当达到压力对应的饱和温度 t_s 时，水开始沸腾，水处于“饱和水”状态，在定压下继续加热，水将逐渐汽化，在这个过程中，水和蒸汽的温度都保持不变。当容器中最后一滴水完全蒸发，变为干饱和蒸汽时，温度仍是 t_s。水还没有完全变为干饱和蒸汽之前，容器中饱和水与饱和蒸汽共存，通常把混有饱和水的饱和蒸汽叫作湿饱和蒸汽或简称

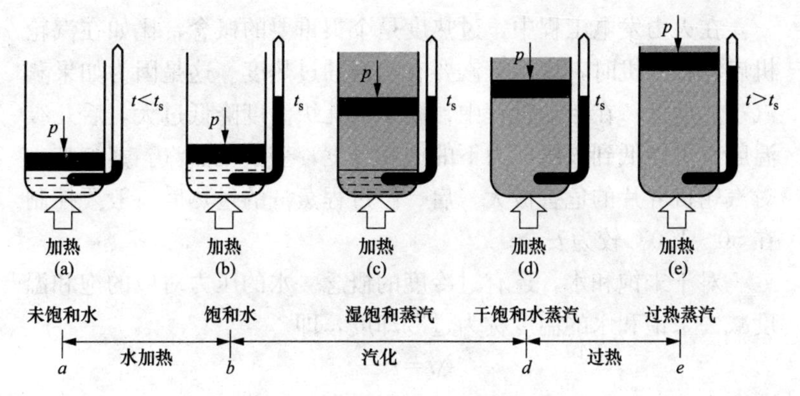

图 4-2　水的定压加热汽化过程

湿蒸汽。如果对干饱和蒸汽再进行加热，蒸汽的温度又开始上升。这时，蒸汽的温度已超过饱和温度，这种蒸汽叫作过热蒸汽。过热蒸汽的温度超过其压力对应的饱和温度 t_s 的部分称为过热蒸汽的过热度，即 $\Delta t=t-t_s$。

综上所述，水的定压加热汽化过程先后经历了未饱和水、饱和水、湿饱和蒸汽、干饱和蒸汽和过热蒸汽 5 种状态。

水蒸气的定压加热汽化过程可以在 p-v 图和 T-s 图上表示，分别如图 4-3（a）、图 4-3（b）所示。其中 a 点相应于 0℃水的状态；b 点相应于饱和水状态；c 点相应于某种比例汽水混合的湿饱和蒸汽状态；d 点相应于干饱和蒸汽状态；e 点是过热蒸汽状态。

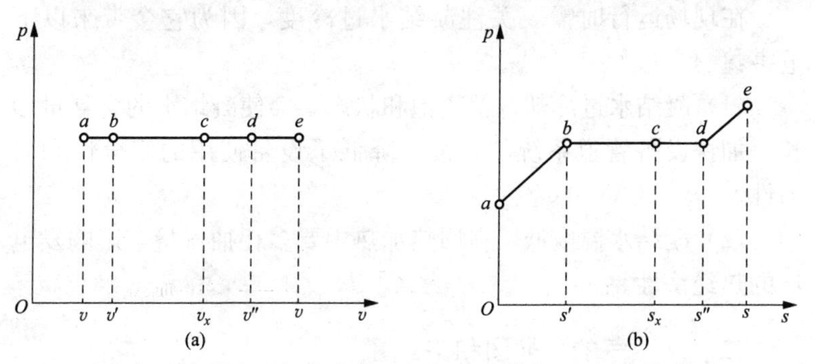

图 4-3　水的定压加热汽化过程在 p-v 图和 T-s 图上的表示

（a）p-v 图；（b）T-s 图

在火力发电工程中，过热度是个很重要的概念，比如在汽轮机启动、停机时，规定蒸汽要有一定的过热度。这是因为如果蒸汽过热度低，在启动过程中，由于前几级温度降低过大，后几级温度有可能低到该级压力下的饱和温度，变成湿蒸汽。蒸汽带水对汽轮机叶片的危害极大。启、停过程蒸汽的过热度一般要控制在50～100℃较为安全。

对于未饱和水，还有过冷度的概念。水的压力对应的饱和温度减去未饱和水的温度称为过冷却度，即

$$\Delta t = t_s - t$$

在火力发电工程中过冷度的概念也很重要。比如，乏汽在凝汽器中凝结放热，理想情况下，凝结水应该为饱和水，实际运行时凝结水存在一定的过冷度。

1. 过冷度大的原因

凝结水过冷却度大可能有以下原因：

（1）凝汽器水位高，以致部分铜管被凝结水淹没。

（2）凝汽器汽侧漏空气或抽气设备运行不良，造成凝汽器内蒸汽分压力下降而引起过冷却。

（3）凝汽器铜管破裂，凝结水内漏入循环水。

（4）凝汽器冷却水量过多或水温过低。

2. 过冷度带来的伤害

在现场运行时需要关注凝结水过冷度，因为它会带来以下危害：

（1）凝结水过冷却，偏离饱和状态，会使凝结水的含氧量增长，加快设备管道系统的锈蚀，降低了设备使用的安全性和可靠性。

（2）凝结水温度低，在回热加热中要多耗抽汽量，影响发电厂的热经济性。

二、水蒸气的 *p*-*v* 图和 *T*-*s* 图

如果将不同压力下蒸汽的形成过程表示在 *p*-*v* 图和 *T*-*s* 图

上，并将不同压力下对应的饱和水点和干饱和蒸汽点连接起来，就得到了图 4-4 中的 $b_1b_2b_3$…和 $d_1d_2d_3$…线，分别称为饱和水线（或下界线）和干饱和蒸汽线（或上界线）。

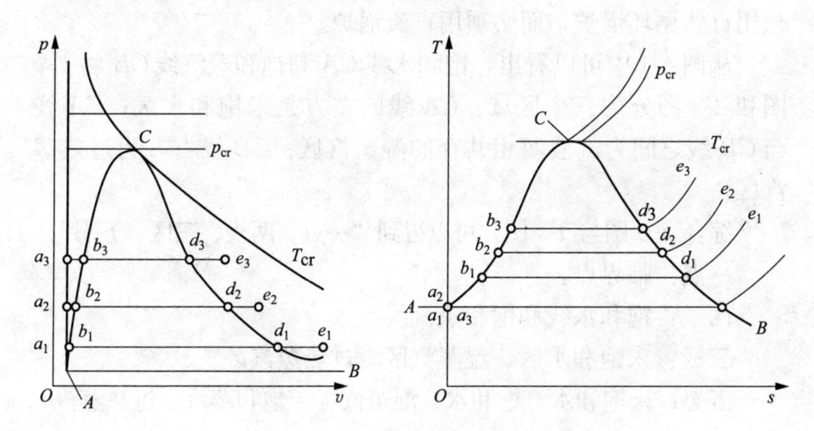

图 4-4　水蒸气的 p-v 图与 T-s 图

从图 4-4 可以清楚地看到，压力加大时，饱和水点和饱和蒸汽点之间的距离逐渐缩短。当压力增加到某一临界值时，饱和水和饱和蒸汽之间的差异已完全消失，即饱和水和干饱和蒸汽有相同的状态参数。在图中用点 C 表示，这个点称为临界点。这样一种特殊的状态叫作临界状态。临界状态的各热力参数都加下脚标“cr”，水的临界参数为 $p_{cr}=22.064\text{MPa}$，$t_{cr}=373.99℃$，$v_{cr}=0.003106\text{m}^3/\text{kg}$，$h_{cr}=2085.9\text{kJ/kg}$，$s_{cr}=4.4092\text{kJ/(kg·K)}$。

关于临界状态，可以补充以下几点：

（1）任何纯物质都有自己唯一确定的临界状态。

（2）在 $p \geq p_{cr}$ 下，定压加热过程不存在汽化段，水由未饱和态直接变化为过热态。

（3）当 $t > t_{cr}$ 时，无论压力多高都不可能使气体液化。

（4）在临界状态下，可能存在超流动性。

（5）在临界状态附近，水及水蒸气有大比热容特性。

提高新蒸汽参数可以提高火力发电厂热效率。近些年，我国新投产的火电机组中有一大批超临界机组。所谓超临界机组是指锅炉产生的新蒸汽的压力高于临界压力的机组。在此压力下加热汽化时，饱和水和饱和蒸汽不再有区别。因此，超临界机组不能采用自然循环锅炉，而必须用直流锅炉。

从图 4-4 中可以看出，饱和水线 CA 和饱和蒸汽线 CB 将 p-v 图和 T-s 图分为三个区域：CA 线的左方是未饱和水区；CA 线与 CB 线之间为汽液两相共存的湿蒸汽区；CB 线右方为过热蒸汽区。

综合 p-v 图与 T-s 图，可以得到“一点、两线、三区、五态”。

一点：临界点。

两线：饱和水线和饱和蒸汽线。

三区：未饱和水区、湿蒸汽区、过热蒸汽区。

五态：未饱和水、饱和水、湿蒸汽、干饱和蒸汽、过热蒸汽。

第三节　水蒸气的状态参数和水蒸气表

如前所述，在大多数情况下，不能把水蒸气按理想气体处理，其 p、v、T 的关系不满足理想气体状态方程式，水蒸气的热力学能和焓也不是温度的单值函数。为了便于工程计算，将不同温度和不同压力下的未饱和水、饱和水、干饱和蒸汽和过热蒸汽的比体积、比焓、比熵等参数列成表或绘制成线算图，利用它们可以很容易地确定水蒸气的状态参数。热力学能 u 不能直接查出，而是按 $u=h-pv$ 计算得到。

一、零点的规定

在热工计算中不必求水及水蒸气 h、s、u 的绝对值，而仅需要求其增加或减少的相对数值，故可规定一任意起点。为了方便国际交流，根据国际水蒸气会议的规定，世界各国统一选定水的三相点（汽相、液相、固相共存点）中液相水的热力学能和熵为零，即对于 $t_0=t_{tp}=0.01$℃，$p_0=p_{tp}=611.659$Pa 的饱和水，则

$$u'_0 = 0\text{kJ/kg}$$

$$s'_0 = 0\text{kJ/(kg·K)}$$

此时，水的比体积 $v'_0 = v_{tp} = 0.00100021\text{m}^3/\text{kg}$，焓可以通过 $h = u + pv$ 来计算，则

$$h'_0 = u'_0 + p_0 v''_0$$

$$= 0 + 611.659 \times 0.00100021 = 0.6117\text{J/kg} \approx 0$$

二、水蒸气表

水蒸气表分饱和水和干饱和蒸汽表和未饱和水和过热蒸汽表两种。为了使用方便，饱和水和干饱和蒸汽表又分为以温度为序排列和以压力为序排列两种，分别见附录 A、附录 B，两表的节录分别如表 4-1、表 4-2 所示。未饱和水和过热蒸汽表见附录 C，其节录见表 4-3。在这些表中，上标“′”表示饱和水的参数，上标“″”表示饱和蒸汽的参数。

表 4-1　饱和水和干饱和蒸汽热力性质表（依温度排列）

t	p	v'	v''	h'	h''	r	s'	s''
℃	MPa	m³/kg		kJ/kg			kJ/(kg·K)	
0	0.0006112	0.00100022	206.154	−0.05	2500.51	2500.6	−0.0002	9.1544
0.01	0.0006117	0.00100021	206.012	0.00	2500.53	2500.5	0	9.1541
1	0.0006571	0.00100018	192.464	4.18	2502.35	2498.2	0.0153	9.1278
5	0.0008725	0.00100008	147.048	21.02	2509.71	2488.7	0.0763	9.0236
10	0.0012279	0.00100034	106.341	42.00	2518.90	2476.9	0.1510	8.8988
20	0.002385	0.00100185	57.86	83.86	2537.20	2453.3	0.2963	8.6652
30	0.0042451	0.00100442	32.899	125.68	2555.35	2429.7	0.4366	8.4514
100	0.101325	0.00104344	1.6736	419.06	2675.71	2256.6	1.3069	7.3545
150	0.47571	0.00109046	0.39286	632.28	2746.35	2114.1	1.8420	6.8381
200	1.55366	0.00115641	0.12732	852.34	2792.47	1940.1	2.3307	6.4312
250	3.97351	0.00125145	0.050112	1085.3	2800.66	1715.4	2.7926	6.0716
300	8.58308	0.00140369	0.021669	1344.0	2748.71	1404.7	3.2533	5.7042
350	16.521	0.00174008	0.008812	1670.3	2563.39	893.0	3.7773	5.2104
373.99	22.064	0.003106	0.003106	2085.9	2085.9	0	4.4092	4.4092

表 4-2　饱和水和干饱和蒸汽热力性质表（依压力排列）

p	t	v'	v''	h'	h''	r	s'	s''
MPa	℃	m³/kg		kJ/kg			kJ/(kg·K)	
0.001	6.969	0.0010001	129.185	29.21	2513.19	2484.1	0.1056	8.9735
0.005	32.879	0.0010053	28.191	137.72	2560.55	2422.8	0.4761	8.3930
0.010	45.799	0.0010103	14.673	191.76	2583.72	2392.0	0.6490	8.1481
0.10	99.634	0.0010432	1.6943	417.52	2675.14	2275.6	1.3028	7.3589
1.00	179.916	0.0011272	0.19438	762.84	2777.67	2014.8	2.1388	6.5859
5.0	263.980	0.0012862	0.039439	1154.2	2793.64	1639.5	2.9201	5.9724
10.0	311.037	0.0014522	0.018026	1407.2	2724.46	1317.2	3.3591	5.6139
15.0	342.196	0.0016571	0.010340	1609.8	2610.01	1000.2	3.6836	5.3091
20.0	365.789	0.0020379	0.005870	1827.7	2413.05	585.9	4.0153	4.9322
22.064	379.99	0.003106	0.003106	2085.9	2085.9	0	4.4092	4.4092

表 4-3　未饱和水和过热水蒸气的热力性质表

项目	0.5MPa			1.0MPa		
t	v	h	s	v	h	s
℃	m³/kg	kJ/kg	kJ/(kg·K)	m³/kg	kJ/kg	kJ/(kg·K)
0	0.0010000	0.46	−0.0001	0.0009997	0.97	−0.0001
10	0.0010001	42.49	0.1510	0.0009999	4298	0.1509
50	0.0010119	209.75	0.7035	0.0010117	210.18	0.7033
100	0.0010432	419.36	1.3066	0.0010430	419.74	1.3062
120	0.0010601	503.97	1.5275	0.0010599	504.32	1.5270
140	0.0010796	589.30	1.7392	0.0010793	589.62	1.7386
160	0.38358	2767.2	6.8647	0.0011017	675.84	1.9424
180	0.40450	2811.7	6.9651	0.19443	2777.9	6.5864
200	0.42487	2854.9	7.0585	0.20590	2827.3	6.6931
300	0.52255	3063.6	7.4588	0.25793	3050.4	7.1216
320	0.54164	3104.9	7.5297	0.26781	3093.2	7.1950
360	0.57958	3187.8	7.6649	0.28732	3178.2	7.3337

三、汽化热

将 1kg 饱和水定压加热到干饱和蒸汽所需的热量称为汽化

热，用 r 表示。汽化热不是定值，随饱和压力 p_s（或饱和温度 t_s）增加，汽化热减少，当 p_s 增加到临界压力时，r=0kJ/kg。

在定压加热过程中不做技术功，根据热力学第一定律

$$q = \Delta h \quad 或 \quad r = h'' - h'$$

显然得到

$$r \equiv h'' - h' \tag{4-1}$$

式中 h''——干饱和水蒸气的比焓；

h'——饱和水的比焓。

四、湿蒸汽的干度

从水蒸气表中，无法直接查出湿蒸汽的状态参数，要确定其状态，除需知道它的压力（或温度）外，还需知道湿蒸汽的干度 x。

湿蒸汽中干饱和蒸汽的质量成分称为湿蒸汽的干度，则

$$x = \frac{m_d}{m_m} = \frac{m_d}{m_e + m_d} \tag{4-2}$$

式中 m_d——干饱和蒸汽质量；

m_m——湿蒸汽质量；

m_e——饱和水质量。

干度 x 可以理解为 1kg 湿蒸汽中含有 x(kg) 干饱和蒸汽，$(1-x)$kg 饱和水。相应地，用“x”做下角标来表示湿蒸汽的状态参数。湿饱和蒸汽的比体积 v_x、比焓 h_x、比熵 s_x、比热力学能 u_x 可以由以下公式计算。

$$v_x = (1-x)v' + xv'' \tag{4-3}$$

$$h_x = (1-x)h' + xh'' \tag{4-4}$$

$$s_x = (1-x)s' + xs'' \tag{4-5}$$

$$u_x = (1-x)u' + xu'' \tag{4-6}$$

或者

$$u_x = h_x - p_s v_x \tag{4-7}$$

工程中有时也用湿度的概念，在数值上湿度等于 $1-x$。

【例 4-1】 蒸汽的状态

利用水蒸气表确定下列各点的状态和 h、s 值：

（1）$p=0.5\text{MPa}$，$v=0.0010928\text{m}^3/\text{kg}$。

（2）$p=0.5\text{MPa}$，$v=0.316\text{m}^3/\text{kg}$。

（3）$p=0.5\text{MPa}$，$v=0.4349\text{m}^3/\text{kg}$。

解： 由饱和水和饱和蒸汽表查得，$p=0.5\text{MPa}$ 时，

$$v'=0.0010928\text{m}^3/\text{kg},\quad v''=0.37481\text{m}^3/\text{kg}$$

$$h'=640.1\text{kJ/kg},\quad h''=2748.5\text{kJ/kg}$$

$$s'=1.8604\text{kJ/(kg·K)},\quad s''=6.8215\text{kJ/(kg·K)}$$

可知，状态（1）为饱和水，则

$$h=h'=640.1\text{kJ/kg}$$

$$s=s'=1.8604\text{kJ/(kg·K)}$$

状态（2）为湿饱和蒸汽，则

$$v_x=(1-x)v'+xv''$$

$$0.316=(1-x)\times0.0010928+0.37481x$$

解得干度 $x=0.8426$

$$h_x=xh''+(1-x)h'=0.8426\times2748.5+0.1574\times640.1$$
$$=2416.64(\text{kJ/kg})$$

$$s_x=xs''+(1-x)s'=0.8426\times6.8215+0.1572\times1.8604$$
$$=6.04[\text{kJ/(kg·K)}]$$

状态（3）为过热蒸汽，查未饱和水和过热蒸汽表得

$$h=2876.2\text{kJ/kg}\quad s=7.103\text{kJ/(kg·K)}$$

【例 4-2】 乏汽的凝结

某火力发电厂的凝汽器中，蒸汽（通常又称乏汽）压力为 0.005MPa，$x=0.95$，试求此蒸汽的 v_x、h_x、s_x。若此蒸汽定压凝结为水，试比较其容积的变化。

解： 先由附录 B 饱和水和饱和蒸汽表（依压力排列）查出 0.005MPa 时的各参数为

$$v'=0.0010053\text{m}^3/\text{kg},\quad v''=28.191\text{m}^3/\text{kg}$$

$$h'=137.72\text{kJ/kg},\quad h''=2560.55\text{kJ/kg}$$

$$s' = 0.4761\text{kJ/(kg}\cdot\text{K)},\quad s'' = 8.393\text{kJ/(kg}\cdot\text{K)}$$

$$v_x = 0.95\times 28.191 + 0.05\times 0.0010053 = 26.7815(\text{m}^3/\text{kg})$$

$$h_x = 0.95\times 2560.55 + 0.05\times 137.72 = 2439.41(\text{kJ/kg})$$

$$s_x = 0.95\times 8.383 + 0.05\times 0.4761 = 7.988[\text{kJ/(kg}\cdot\text{K)}]$$

体积缩小的倍数为

$$\frac{v_x}{v'} = \frac{26.7815}{0.0010053} = 26640.3(\text{倍})$$

【例 4-3】 凝汽器换热

某火电机组的凝汽器如图 4-5 所示。乏汽压力为 0.006MPa，干度 x=0.9，流量为 500t/h，乏汽在凝汽器中等压放热，变为饱和水，热量由循环水带走，设循环水的温升为 11℃，水的比热容为 4.187kJ/(kg·K)，不考虑凝汽器的散热，也不考虑加热器疏水以及抽气器的影响。求循环水的流量及每秒钟的换热量。

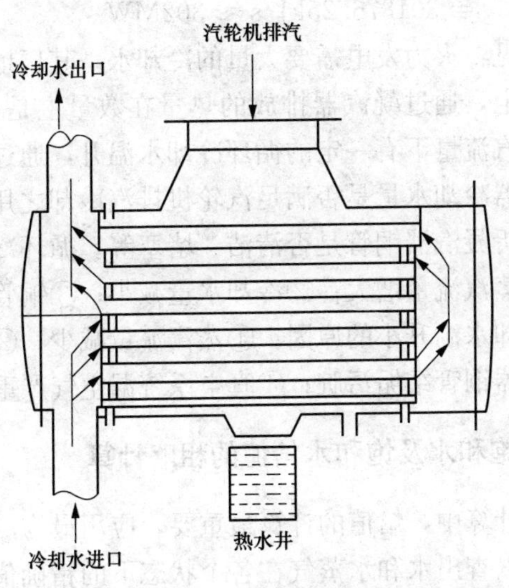

图 4-5　凝汽器

解：乏汽在凝汽器中不做功，其放热等于其焓值的减少。查水蒸气热力性质表得

p_s=0.006MPa 时，　h'=151.47kJ/kg、　h''=2566.48kJ/kg。

凝汽器入口乏汽焓值为

$$h_1 = h_x = (1-x)h' + xh'' = 0.1\times151.47 + 0.9\times2566.48$$
$$=2324.979(\text{kJ/kg})$$

凝汽器出口乏汽焓值为

$$h_2 = h' = 151.47(\text{kJ/kg})$$

乏汽放热量等于循环冷却水吸热量，设循环冷却水的流量为 m_wt/h，有以下热平衡方程，即

$$500\times(2324.979-151.47) = m_w\times4.187\times11$$

解得循环冷却水流量为

$$m_w = 23595.86(\text{t/h})$$

凝汽器每秒钟的放热量为

$$\dot{Q} = \frac{500\times10^3\times(2324.979-151.47)}{3600}$$
$$= 301876.25\text{kJ/s}\approx302\text{MW}$$

分析可见：火力发电需要大量的冷却水，其厂址往往选择在江河湖海边上，通过凝汽器排放的热量在数量上是相当可观的。在一定的乏汽流量下有一定的循环冷却水温升，通过循环水温升可监视凝汽器冷却水量是否满足汽轮机排汽冷却之用。另外，温升还可供分析凝汽器铜管是否清洁、堵塞等。循环冷却水温升大的原因：①蒸汽流量增大；②冷却水量减小；③铜管清洗后较干净。循环冷却水温升小的原因：①蒸汽流量减少；②冷却水量增大；③凝汽器铜管结垢污脏；④真空系统漏空气严重。

五、未饱和水及饱和水焓值的粗略计算

在热工计算中，焓值的计算最重要，应用最为广泛，通过查水蒸气表可以查出水和水蒸气在各个状态下的精确值。但是，当缺少必要的资料时，可以用简便公式粗略计算未饱和水及饱和水的焓，在温度和压力不太高时，误差不太大。

在温度不太高时，饱和水的焓值可按式（4-8）计算，即

$$h' = 4.1868t_s \tag{4-8}$$

对于未饱和水，在温度不太高时，也可用式（4-8）计算，只需将 t_s 换成未饱和水的温度 t 即可，则

$$h = 4.1868t \tag{4-9}$$

需要指出的是，式（4-8）、式（4-9）中 t 和 t_s 的单位都是℃，而千万不能将℃转变为热力学绝对温度 K 再计算。

第四节 蒸汽焓熵图及其应用

一、水蒸气的焓熵图

由于在热工计算中常常遇到绝热过程和焓差的计算，所以最常见的蒸汽图是以比焓 h 为纵坐标、比熵 s 为横坐标的所谓“焓-熵（h-s）图”，h-s 图又称莫里尔图，是德国人莫里尔在 1904 年首先绘制的，如图 4-6 所示。在 h-s 图上，液态热、汽化热、绝热膨胀技术功等都可以用线段表示，这就简化了计算工作，使 h-s 图具有很大的实用价值，成为工程上广泛使用的一种重要工具。

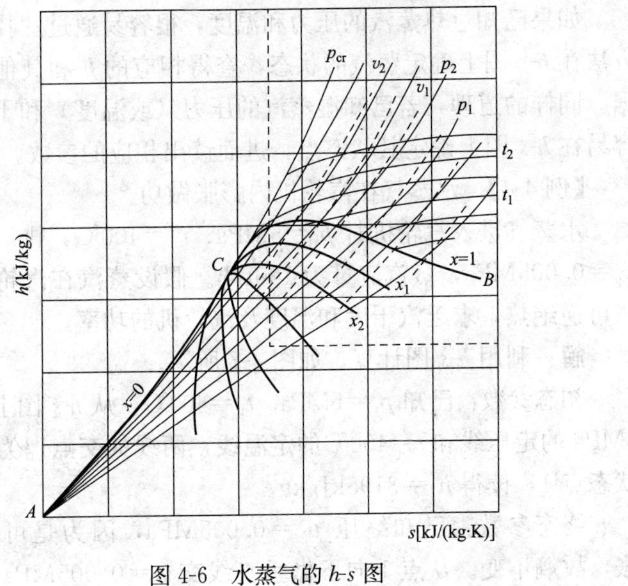

图 4-6 水蒸气的 h-s 图

图4-6中的粗线为$x=1$的干饱和蒸汽线，将h-s图分成两个区间，其上为过热蒸汽区，其下为湿蒸汽区。在过热蒸汽区有定压线和定温线，在湿蒸汽区有定压线和定干度线，在实际应用的h-s图中还有定容线，一般用红线标出，其斜率大于定压线。

由于p_s和t_s是一一对应的，故在湿蒸汽区定压线和定温线重合，为倾斜直线。进入过热区后，定压线的斜率要逐渐增加。定温线和定压线在上界线处开始分离，而且随温度的升高及压力的降低，定温线逐渐接近于水平的定焓线。这表明，此时过热蒸汽的性质逐渐接近理想气体。

在h-s图中，水及$x<0.6$的湿蒸汽区域里曲线密集，查图所得数据误差很大，如果需要水或干度较小的湿蒸汽参数，可以查水和水蒸气表。工程上使用的多是过热蒸汽或$x>0.7$的湿蒸汽，因此实用的h-s图只限于图4-6中右上方用虚线框出的部分，工程上用的h-s图就是这部分放大后绘制而成的。

二、h-s图的应用举例

如果已知过热蒸汽的压力和温度，很容易通过“找交点”的方法在h-s图上确定蒸汽的状态，查得相应的h和其他参数的数据。同样的道理，若已知湿蒸汽的压力（或温度）和干度，也很容易在h-s图上确定其状态点，进而读出相应的参数。

【例4-4】　水蒸气在汽轮机内膨胀做功

水蒸气进入汽轮机时$p_1=5$MPa、$t_1=400$℃，排出汽轮机时$p_2=0.005$MPa，蒸汽流量为100t/h。假设蒸汽在汽轮机内的膨胀可逆绝热，求乏汽干度和温度及汽轮机的功率。

解：利用h-s图计算，如图4-7所示。

初态参数：已知$p_1=5$MPa，$t_1=400$℃，从h-s图上找出$p=5$MPa的定压线和$t=400$℃的定温线，两线的交点即为初态参数状态点1，读得$h_1=3195$kJ/kg。

终态参数：已知终压$p_2=0.005$MPa，因为是可逆绝热膨胀，故熵不变。从点1向下做垂直线交$p=0.005$MPa的定压线

于点 2，即终态点，直接读得

$$h_2=2026\text{kJ/kg}$$

$$x_2=0.78$$

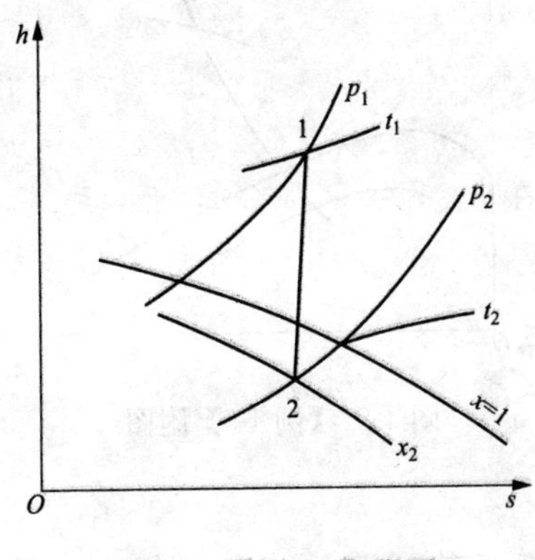

图 4-7 【例 4-4】附图

从点 2 是不能直接读出乏汽的温度的，但是在湿蒸汽区定温线和定压线是重合的，因此，点 2 的温度等于 $p=0.005\text{MPa}$ 的定压线与 $x=1$ 的干饱和蒸汽线的交点处的温度，从 h-s 图上可以读出 $t_2\approx33$℃。

1kg 蒸汽在汽轮机内做的技术功等于蒸汽的焓降，即

$$w_t=h_1-h_2=3195-2026=1169\text{kJ/kg}$$

汽轮机功率为

$$P=\frac{\dot{m}w_t}{t}=\frac{100\times10^3\times1169}{3600}=32472.2(\text{kW})$$

【例 4-5】 蒸汽在过热蒸汽内定压加热

从锅炉汽包出来的蒸汽，其压力 $p=2\text{MPa}$，干度 $x=0.9$，进入过热器内定压加热，温度升高至 $t_2=300$℃，求每千克蒸汽在过热器中吸收的热量。

解： 如图 4-8 所示，根据 p 和 x，在 h-s 图上确定点 1。沿定压线与 $t_2=300$℃相交于点 2，并查得以下参数：

$$h_1=2023\text{kJ/kg},\quad h_2=2610\text{kJ/kg}$$

每千克蒸汽在过热器中吸收热量为

$$q = h_2 - h_1 = 2610 - 2023 = 587(\text{kJ/kg})$$

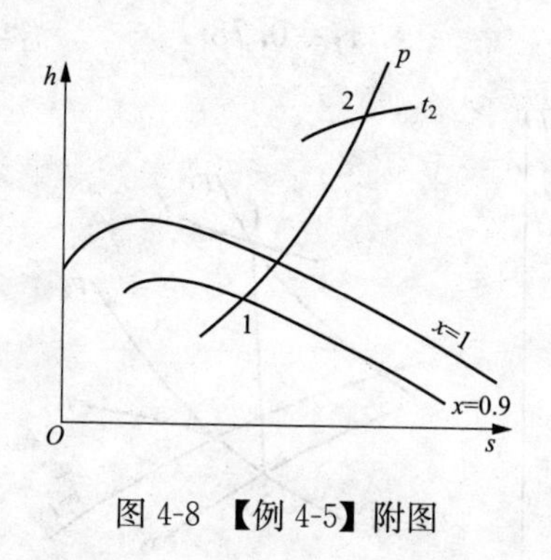

图 4-8 【例 4-5】附图

第五节 湿 空 气 的 性 质

完全不含水蒸气的空气称为干空气。由于江河湖海里水的蒸发，使地球空气中总含有一些水蒸气，这种含有水蒸气的空气称为湿空气。湿空气是干空气和水蒸气的混合物。湿空气中水蒸气的含量一般不多，水蒸气的分压力很低，因此，可以将湿空气当作理想气体混合物。在某些情况下往往可以忽略水蒸气的影响。但是，在干燥、暖通与空调、精密仪器和电绝缘的防潮、火力发电厂凉水塔等工程中，必须考虑空气中水蒸气的影响。

因为混合物各组分的温度是相同的，所以用一个温度计测量得到的湿空气的温度 t 等于湿空气中干空气的温度 t_a，也等于湿空气中水蒸气的温度 t_v，即

$$t = t_a = t_v \tag{4-10}$$

根据道尔顿分压力定律，湿空气的总压力等于干空气的分压力 p_a 和水蒸气的分压力 p_v 之和，就大气而言，湿空气的总压力为 p_b，因此写成数学式为

$$p = p_b = p_a + p_v \tag{4-11}$$

一、饱和湿空气与未饱和湿空气

若湿空气的水蒸气处于过热状态，称这种湿空气为未饱和湿空气；若湿空气中的水蒸气处于饱和状态，则称这种湿空气为饱和湿空气。这两个概念可以从图 4-9 中得到理解。开始时，湿空气中的水蒸气处于 A 点，为过热状态。向湿空气中加入相同温度的水蒸气，则湿空气温度不变，但水蒸气含量增加，水蒸气分压力 p_v 增加，水蒸气状态点沿定温线向 C 点移动，到 C 点时达到饱和，如果再加入水蒸气将会有液滴析出。这说明，若湿空气中的水蒸气处于过热状态，此时湿空气还有继续吸收水蒸气的能力，因此，这种湿空气就叫未饱和湿空气。湿空气中的水蒸气处于饱和状态时，就不能再吸收水蒸气了，此时湿空气就叫作饱和湿空气。

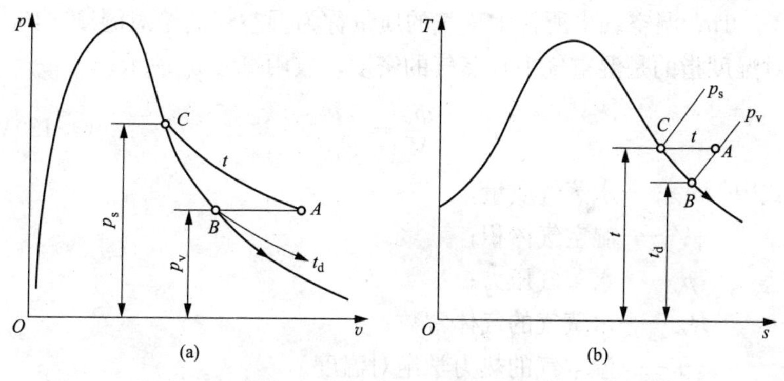

图 4-9　湿空气中水蒸气状态的 p-v 图与 T-s 图

(a) p-v 图；(b) T-s 图

二、露点

未饱和湿空气也可通过另一途径达到饱和。如图 4-9 所示，如果湿空气中的水蒸气分压力 p_v 保持不变而温度逐渐降低，状态点将沿定压线由 A 点移动到 B 点，到 B 点达到饱和状态，继续冷却则有水析出，称为结露。因此，B 点的温度称为露点温度，简称露点，用 t_d 表示。如果露点温度低于 0℃，就会出现结霜。可见露点是湿空气中水蒸气分压力 p_v 对应的饱和温度。显然 $t_d=f(p_v)$，可在饱和水蒸气表中由 p_v 值查得。

露点温度可以用一种叫“露点计”的仪器测定。使乙醚在一个金属容器中蒸发而迫使表面温度下降，读出与之接触的湿空气在容器外表面上开始呈现第一颗露滴时的温度，就得到了该湿空气状态下的露点温度。

露点温度在热力工程中有重要用途，如锅炉尾部受热面常因设计的排烟温度过低而结露，生成的水分使烟气中氮氧化物、硫氧化物变为酸性物质而引起腐蚀。因此，设计锅炉时必须保证这些部位的温度不低于酸露点温度。

三、绝对湿度与相对湿度

$1m^3$ 湿空气中所含水蒸气的质量称为湿空气的绝对湿度。绝对湿度指的是湿空气中水蒸气的密度，故用符号 ρ_v 表示。

$$\rho_v=\frac{m_v}{V}=\frac{p_v}{R_{gv}T} \tag{4-12}$$

式中　m_v——水蒸气质量；

V——湿空气体积；

p_v——水蒸气压力；

R_{gv}——水蒸气的气体常数；

T——湿空气的热力学绝对温度。

湿空气中所含水蒸气的质量，与同一温度、同样总压力下饱和湿空气中所含水蒸气的质量之比称为相对湿度，用 φ 表示，则

$$\varphi=\frac{\rho_v}{\rho_s}=\frac{p_v}{p_s} \tag{4-13}$$

式中　ρ_s、p_s——饱和湿空气的绝对湿度和湿空气温度对应的饱和压力。

相对湿度 φ 的值介于 0 和 1 之间。φ 值越小，湿空气中水蒸气偏离饱和状态越远，空气越干燥，吸收水蒸气能力越强，对于

干空气，$\varphi=0$。反之，φ 值越大，则湿空气中的水蒸气越接近饱和状态，空气越潮湿，吸收水蒸气能力越弱。当 $\varphi=1$ 时，湿蒸汽为饱和湿空气，不具有吸收水蒸气的能力。

湿空气的相对湿度可以直接用“毛发式湿度计”测定。这种湿度计是利用经过严格挑选和处理过的细而匀净的毛发在不同的湿空气环境中因吸湿而伸张的原理，对湿空气相对湿度的指示事先做好合理的标定而制成的。

另一个常用的测量湿空气相对湿度的简单方法是采用干湿球湿度计，这是一种近似的测量方法，如图 4-10 所示，干球温度计是一支普通的温度计，而湿球温度计头部测温泡被尾端浸入水中的湿纱布包裹。

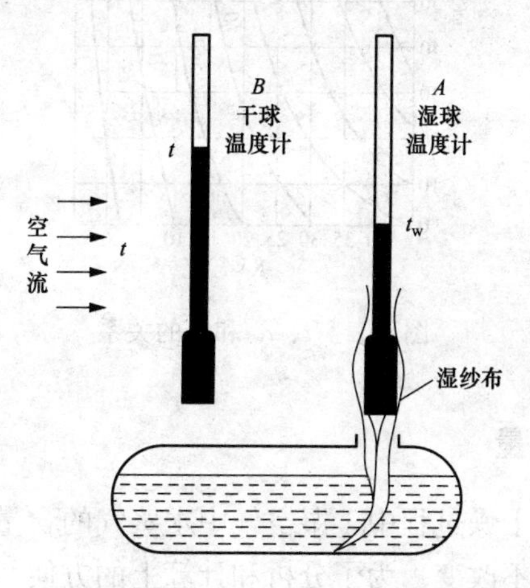

图 4-10　干湿球温度计示意图

当空气流过湿球温度计的端部时，湿纱布上的水分蒸发而吸收汽化热，使湿球温度计的温度下降，湿空气和湿球温度计测温泡之间存在温差，湿空气向测温泡传入热量。当汽化带走的热量和传入的热量达到平衡时，湿球温度计上的读数就是湿空气的湿球温度 t_w。相对湿度 φ 越小，空气越干燥，则湿球温度计湿纱布上的水分蒸发越多，湿球温度 t_w 越低，干湿球温度计的读数差别越大。反之，相对湿度 φ 越大，空气越潮湿，湿纱布上的水分蒸发越少，从而干湿球温度计的读数差别越小。当 $\varphi=1$ 时，湿空气达到饱和，无吸湿能力，此时，干湿球温度计的读数相等。这就是利用干湿球温度计测量湿空气相对湿度 φ 的基本原理。图 4-11 说明了干球温度 t、湿球温度 t_w 及相对湿度 φ 的相互关系。

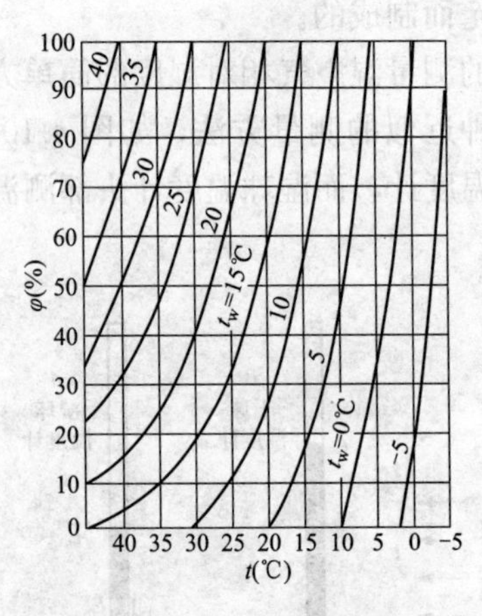

图 4-11　t、t_w 和 φ 的关系

四、含湿量

在空调或干燥过程中，湿空气中水蒸气的含量会有变化，而干空气的含量不改变。为了分析和计算上的方便，通常采用单位质量干空气作为计算基准。定义在含有 1kg 干空气的湿空气中所含水蒸气的克数为湿空气的含湿量，用 d 表示，单位为 g/kg 干空气或 g/kg（DA），则

$$d=1000\frac{m_v}{m_a}=1000\frac{\rho_v}{\rho_a} \tag{4-14}$$

式中　m_v、m_a——水蒸气和干空气的质量；

ρ_v、ρ_a——水蒸气和干空气的密度。

根据理想气体状态方程式，则

$$\rho_v = \frac{p_v}{R_{gv}T} \quad 和 \quad \rho_a = \frac{p_a}{R_{ga}T}$$

其中，干空气的气体常数 $R_{ga}=287J/(kg\cdot K)$，水蒸气的气体常数 $R_{gv}=461.5J/(kg\cdot K)$，并考虑到湿空气的总压力为 $p=p_v+p_a$，代入式（4-14）可得

$$d = 622\frac{p_v}{p-p_v} \tag{4-15}$$

式（4-15）说明，当湿空气压力 p 一定时，含湿量 d 只取决于水蒸气的分压力 p_v，即

$$d=f(p_v)$$

又因为

$$p_v=\varphi p_s$$

所以有

$$d = 622\frac{\varphi p_s}{p-\varphi p_s} \tag{4-16}$$

式中　d——湿空气的含湿量；

φ——湿空气的相对湿度；

p——湿空气的总压力；

p_s——湿空气温度对应的饱和压力。

【例 4-6】 已知房间内大气压力为 0.1MPa、温度为 30℃、相对湿度 $\varphi=40\%$。试求：

（1）水蒸气的分压力和露点温度。

（2）含湿量。

解： 由饱和水蒸气表查得 $t=30$℃时，$p_s=4.2451$kPa。

（1）$p_v=\varphi p_s=40\%\times4.2451=1.698$kPa

再查饱和水蒸气表，利用内插法，求得 1.698kPa 对应的饱和温度约为 14.8℃，这一温度即为露点温度，故

$$t_d=14.8℃$$

（2）$d=622\dfrac{p_v}{p-p_v}=622\times\dfrac{1.698}{100-1.698}=10.74[g/kg(DA)]$

五、湿空气的焓

湿空气的焓的计算也是以1kg干空气为基准的，即

$$h = h_a + 0.001dh_v \quad \text{kJ/kg(DA)} \tag{4-17}$$

式中　h_a——干空气的比焓；

h_v——水蒸气的比焓；

d——湿空气的含湿量，g/kg（DA）。

湿空气的焓的计算公式为

$$h = 1.005t + 0.001d(2501 + 1.863t) \quad \text{kJ/kg(DA)} \tag{4-18}$$

第六节　湿空气的焓-湿图

工程上为了计算方便，往往将湿空气的主要参数h、d、φ、p_v、t等制成焓-湿图（h-d图），h-d图是一种非常重要的工具。利用图中的图线既便于确定湿空气的参数，也便于对工程上常见的一些涉及湿空气的热工过程进行分析计算。

图4-12是湿空气的h-d示意图（$p_b=0.1$MPa）。它以含湿量d为横坐标，为了使图上的线段更加清晰，习惯上将h与d画成135°夹角。

h-d图中主要有下列几条图线簇：

（1）定湿线簇。该线与d轴垂直，自左向右d值逐渐增加。按照式（4-14），在一定的总压力下，水蒸气分压力p_v与d值一一对应，因此定d线也就是定p_v线。又因为湿空气的露点t_d仅决定于水蒸气分压力p_v，因此定d线簇又是定t_d线簇。

（2）定焓线簇。定焓线簇与d轴呈135°夹角。

（3）定干球温度线簇。定t线是一组斜率为正的斜直线，不同的干球温度t，其直线斜率不同，t越高，斜率越大。

（4）定相对湿度线。当p_b一定时，定φ线是一组上凸的曲线，其中$\varphi=100\%$的相对湿度线将h-d图分成两部分。上部为未饱和湿蒸汽区，$\varphi<100\%$；下部为雾区，而$\varphi=100\%$线可以

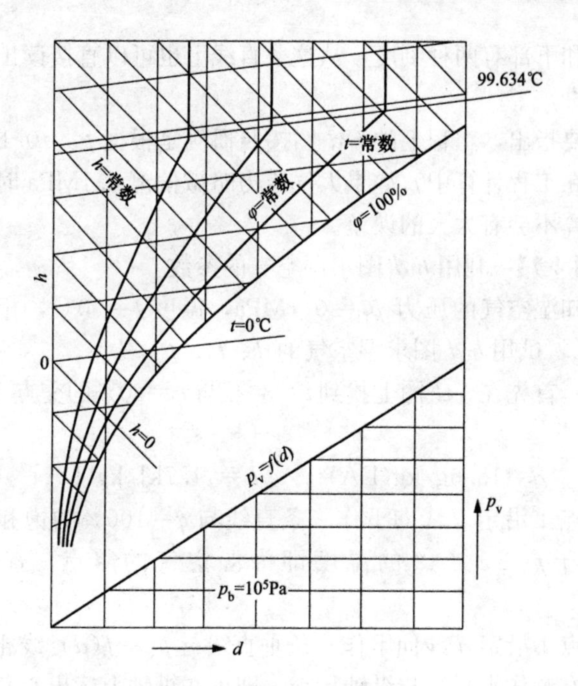

图 4-12　湿空气的 h-d 图

说是露点的轨迹线。不存在 $\varphi>100\%$ 的湿空气状态，因此，湿空气状态点都在饱和曲线的上方。

若大气压力 $p_b=0.1\text{MPa}$，当 $t>99.634$℃时，其对应的饱和压力 $p_s=p_v$ 为一常数，此时，$\varphi=f(d)$ 为一条与 d 轴垂直的直线。

（5）p_v 与 d 的变换线。因为

$$d=622\frac{p_v}{p_b-p_v}$$

所以，当 p_b 一定时，$p_v=f(d)$，在图 4-12 中下部有 p_v 与 d 的变换线，从一定的 d 处向上作一条直线，遇到 p_v 与 d 的变换线后，有一交点，从这一交点往右作一条水平线，从右侧纵轴即可读出 d 所对应的 p_v。现在也有的 h-d 图没有在 h-d 图下部作这样的变换线，而是在 h-d 图之外的上部作一条直线，这条直线

的上部和下部有两种刻度，从这条直线上也可以直接读出一定的 d 对应的 p_v。

需要指出，工程上的 h-d 图按照惯例是根据 $p_b=0.1$MPa 绘制的。在工程计算中，如果大气压力略微偏离 0.1MPa 时，利用该图计算不会有太大的误差。

【例 4-7】 利用 h-d 图求湿空气的参数

已知湿空气的压力 $p_b=0.1$MPa，温度 $t=30$℃，相对湿度 $\varphi=60\%$，试用 h-d 图求湿空气的 d、t_d、p_v、h。

解： 首先在 h-d 图上找到 $t=30$℃与 $\varphi=60\%$的交点 1，直接查得

$$d=13.6\text{g/kg(DA)} \qquad h=71.7\text{kJ/kg(DA)}$$

从点 1 沿定 d 线向下作一条直线与 $\varphi=100\%$的饱和湿空气线相交于点 2，点 2 的温度即为湿空气的露点，查得 $t_d=21.5$℃。

由点 1 沿定 d 线向下作一条垂直线与 $p_v=f(d)$ 线相交，从交点向右侧作水平线与纵轴相交，即可在纵轴上读出水蒸气的分压力 $p_v=2.5$kPa。

可以通过查水蒸气表重新作这一道题，并进行比较。

对于未饱和湿空气，干球温度 t、湿球温度 t_w、露点 t_d 之间的关系为 $t>t_w>t_d$。

第七节　湿空气的热力过程

下面用 h-d 图讨论几种典型的湿空气热力过程。工程上遇到的较复杂的湿空气过程多是它们的某种组合。

一、加热（冷却）过程

对湿空气单纯地加热或冷却过程，其特征是过程中含湿量 d 保持不变。加热过程中湿空气温度升高，焓增大，相对湿度降低，如图 4-13 中 1-2 过程所示。冷却过程反之，如图 4-13 中 1-2′过程

所示。加热能使湿空气相对湿度降低，吸收水蒸气能力提高，这正是烘干木材、粮食，用电吹风吹干头发的基本原理所在。

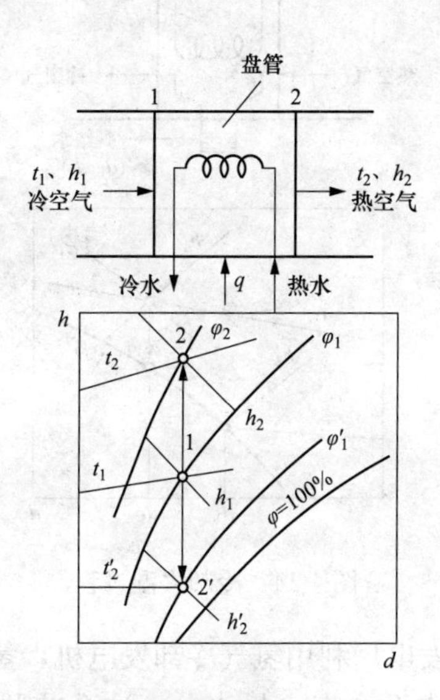

图 4-13　湿空气的加热（冷却）过程

根据稳定流动能量方程，湿空气加热（或冷却）过程中吸热量（或放热量）等于焓差，即

$$q = \Delta h = h_2 - h_1 \tag{4-19}$$

式中　h_1、h_2——湿空气的初、终态焓值。

二、冷却去湿过程

湿空气被定压冷却到露点温度，湿空气变为饱和状态，若继续冷却，将有水蒸气凝结析出，达到冷却去湿的目的。如图 4-14 中的 h-d 图所示，过程沿 1-A-2 方向进行，温度降到露点 A 后，沿 $\varphi=100\%$的等 φ 线向 d、t 减少的方向到达 2 点，对应的温度为 t_2，在这个过程中相对于 1kg 干空气析出的水量为 d_1-d_2。

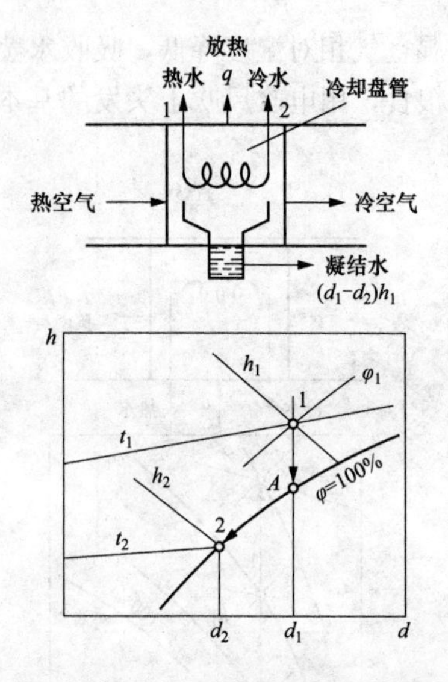

图 4-14　冷却去湿过程

大多数火力发电厂利用氢气冷却发电机，氢气依靠电解水得到，因此，氢气中会含有少量水分，这会威胁到发电机的安全性，需要将氢气中含的水分减小到尽量低的水平。有的厂利用冷冻法去除氢气中的水分，其基本原理就是上面讲的冷却去湿。当然，从图 4-14 中可以看出，必须将湿空气温度降至露点温度以下，才能去除部分水分。

三、冷却塔

冷却塔是利用蒸发冷却原理，使热水降温以获得工业循环冷却水的装置，在我国北方的火力发电厂中大量使用。图 4-15 所示为冷却装置示意图，热水由塔上部向下喷淋，与自下而上的湿空气流接触。装置中装有填料，热水往下流时水流变得尽量细，从而增大了热水和湿空气的接触面积和接触时间。热水与空气间进行着复杂的传热和传质过程，总的效果是热水中一部分水分蒸发，吸收汽化热，使热水温度降低，而湿空气温度升高，相对湿度增大。冷却塔的出口处湿空气可以达到饱和状态。

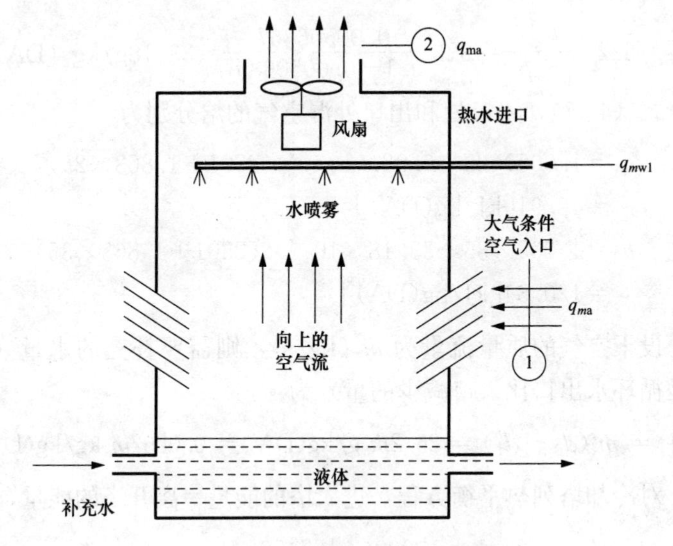

图 4-15　动力装置的冷却塔

【例 4-8】　动力装置的冷却塔

某电厂需将 12000kg/s 的循环水自 40℃冷却到 30℃。冷却塔的进口空气为 $t_1=25℃$、$\varphi_1=35\%$，并假定空气出冷却塔时为 $t_2=35℃$、$\varphi_2=90\%$，大气压力维持 $p_b=0.1\text{MPa}$。试计算空气的质量流量及所需的补充水量。

解： 查水蒸气表得

$t_1=25℃$时，$p_{s1}=0.0031687\text{MPa}$；$t_2=35℃$时，$p_{s2}=0.0056263\text{MPa}$。

在 0.1MPa 下，30℃时水的焓 $h_{w2}=125.77\text{kJ/kg}$；40℃时水的焓 $h_{w1}=167.59\text{kJ/kg}$。

湿空气中水蒸气分压力为

$$p_{v1}=0.35\times0.0031687\text{MPa}=0.001109045\text{MPa}$$

$$p_{v2}=0.9\times0.0056263\text{MPa}=0.00506367\text{MPa}$$

根据式（4-14），湿空气的含湿量为

$$d_1=622\frac{p_v}{p_b-p_v}=622\frac{0.001109045}{0.1-0.001109045}=6.98\text{g/kg(DA)}$$

$$d_2=622\frac{p_{v2}}{p_b-p_{v2}}=622\frac{0.00506367}{0.1-0.00506367}=33.18\text{g/kg (DA)}$$

根据式（4-17），入口处和出口处湿空气的焓分别为

$$h_1=1.005\times25+6.98\times10^{-3}\times(2501+1.863\times25)$$
$$=42.91[\text{kJ/kg(DA)}]$$
$$h_2=1.005\times35+33.18\times10^{-3}\times(2501+1.863\times35)$$
$$=120.34[\text{kJ/kg(DA)}]$$

设干空气的质量流量为 $\dot{m}_a$(kg/s)，则需要补充的水量（也就是循环水出口比入口减少的量）为

$$\Delta\dot{m}_w=\dot{m}_a(d_2-d_1)=26.2\dot{m}_a\text{g/kg(DA)}=0.0262\dot{m}_a\text{kg/kg(DA)}$$

对冷却塔列热平衡方程，进入塔的能量=离开塔的能量，则

$$\dot{m}_a\times42.91+12000\times167.59=\dot{m}_a\times120.34$$
$$+(12000-0.0262\dot{m}_a)\times125.77$$

解之得

$$\dot{m}_a=6800.48\text{kg/s}$$

所以，需要补充的水的量为

$$\Delta\dot{m}_w=0.0262\times6800.48=178.17(\text{kg/s})$$

入塔湿空气的流量为干空气的量加水蒸气的量，则

$$\dot{m}=\dot{m}_a(1+d_1)=6800.48\times(1+0.00698)=6847.95(\text{kg/s})$$

分析：我国北方水资源短缺，火力发电厂往往采用闭式循环水冷却系统，这种冷却方式的冷却效果好，发电效率高，但从这个例题可以看出，这种冷却方式需要补充相当的水量(178.17kg/s=641.41t/h=15393.89t/d)。我国的煤炭资源主要集中在水资源相对贫乏的“三北”地区（华北、西北、东北），因此，国家鼓励在这些“富煤而缺水”的地区发展空冷电厂（或称为干式冷却电厂），循环水在被冷却时，不与空气相接触，这样就不会有水分损失。很明显，这种冷却方式的冷却效果没有湿式冷却好。

复　习　题

一、简答题

1. 压力升高后，饱和水的比体积 v' 和干饱和蒸汽的比体积 v'' 将如何变化？

2. $dh=c_p dT$，在水蒸气的定压汽化过程中，$dT=0$，因此，焓的变化量 $dh=c_p dT=0$，这一推论正确吗？为什么？

3. 知道了湿饱和水蒸气的温度和压力就可以确定水蒸气所处的状态吗？

4. 水的汽化潜热随压力如何变化？干饱和蒸汽的焓随压力如何变化？

5. 不经过冷凝可否使水蒸气液化？为什么？

6. 为什么火力发电厂只利用燃料的低位发热量（烟气中的 H_2O 以蒸汽形式排出，不是以液态形式排出，没有利用由蒸汽凝结为液体而释放的汽化热，故称为低位发热量）？

7. 对于未饱和湿空气，试比较干球温度、湿球温度、露点温度三者的大小。

8. 某电厂采用图 4-16 所示两级压缩、级间冷却方式获得高压空气来驱动气动设备。已知低压气缸入口空气是未饱和湿空气，但是低压气缸的排气经过中间冷却器后，却有液态水析出，需要加以去除，否则会影响下一级的压缩，或者影响气动机构的执行情况。试分析，经中间冷却器后为什么会有液态水析出？

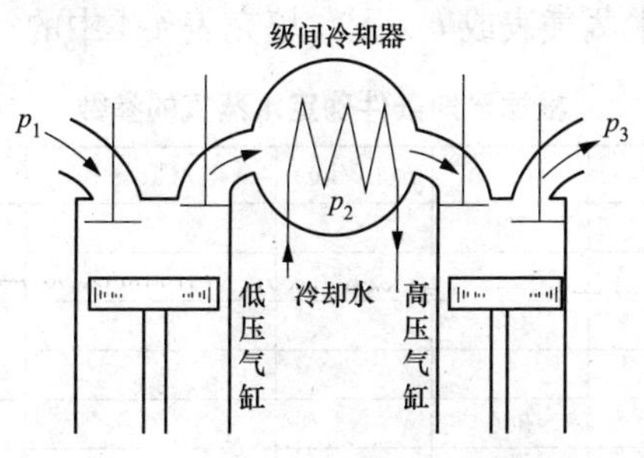

图 4-16　两级活塞式压气机

二、填空题

1. 对水进行定压加热，会经历________、________、________、________、________ 5 种状态。

2. 随着压力增加饱和的比体积 v' 将________，干饱和蒸汽的比体积 v'' 将________。

3. 随着压力增加饱和水的比熵 s' 将________，干饱和蒸汽的比熵 s'' 将________。

4. 随着压力增加水的汽化热将________，当压力提高到 $p=p_{cr}=22.064$MPa 时，汽化热 $r=$________。

5. 在未饱和湿空气中水蒸气处于________状态，在饱和湿空气中水蒸气处于________状态。

6. 在一个标准大气压下，将 20℃、相对湿度为 80%的湿空气加热变为 60℃的湿空气，则湿空气的相对湿度________，含湿量________，露点________。(填增大、减小或不变)。

7. 温度为 400℃、压力为 10MPa 的过热蒸汽绝热节流后，压力变为 5MPa，则温度变为________℃，熵增加________ kJ/(kg·K)。(利用 h-s 图)

8. 用干湿球温度计和露点仪对湿空气测量得到 3 个温度：17℃、20℃和 30℃，则该湿空气的湿球温度为________。

9. 某工质在饱和温度为 200℃时饱和液体的比熵为 0.45kJ/(kg·K)，干饱和蒸汽的比熵为 5.76kJ/(kg·K)，则工质在该温度下汽化潜热为________ kJ/kg。

10. 利用水蒸气表或 h-s 图，填充表 4-4 中的空白栏。

表 4-4　　根据已知条件确定水蒸气的参数

序号	p(MPa)	t(℃)	h(kJ/kg)	s[kJ/(kg·K)]	x	过热度（℃）
1	5	500				
2	1		3500			
3		400		7.5		
4	0.05				0.88	
5		300			1	
6			300	8.0		

三、判断题（正确填√，错误填×）

1. 知道湿饱和蒸汽的温度和压力可以确定其状态。(　　)

2. 知道过热蒸汽的温度和压力可以确定其状态。(　　)

3. 知道湿饱和蒸汽的温度和干度可以确定其状态。(　　)

4. 知道湿饱和蒸汽的压力和比焓可以确定其状态。(　　)

5. 随着压力增加，饱和水的焓增加，干饱和蒸汽的焓减少。(　　)

6. 随着压力增加水的汽化热减小。(　　)

7. 相对湿度越大，含湿量也越大。(　　)

8. 相对湿度 $\varphi=0$，表示空气为干空气，不含水蒸气。(　　)

9. 相对湿度 $\varphi=100\%$，表示空气中全部为水蒸气，不含干空气。(　　)

10. 露点温度决定于湿空气中水蒸气分压力，与总压力无关。(　　)

四、计算题

1. 某工质在饱和温度为200℃时汽化热为1600kJ/kg，在该温度下饱和液体的熵为0.45kJ/(kg·K)，那么，5kg干度为0.8的上述工质的熵是多少？

2. 一刚性容器容积 $V=1\text{m}^3$，其中充有 0.01m^3 的饱和水和 0.99m^3 的饱和水蒸气，压力 $p_1=0.1\text{MPa}$。当容器内的饱和水全部汽化时，求应加入的热量。

3. 测得一容积为 5m^3 的容器中湿蒸汽的质量为35kg，蒸汽的压力 $p=1.0\text{MPa}$，求蒸汽的干度。

4. 260℃的饱和液态水被节流到0.1MPa，如果节流之后是湿饱和状态，试计算湿饱和蒸汽的干度；如果是过热状态，则计算其最终温度。节流之后水的比熵增加了多少?。如果质量流量为3kg/s，且要求节流之后流速不能超过5m/s，那么，节流之后流过蒸汽管道的直径至少是多少？

5. 火力发电厂热力系统中除氧器是一种混合式加热器，它的作用是除掉给水系统中的氧气，减少设备腐蚀，同时也作为一级回热加热器。设压力 $p_1=0.85$MPa、温度 $t_1=130$℃的未饱和水，与压力 $p_2=p_1$、温度 $t_2=260$℃的过热蒸汽在除氧器中混合成为同压力下流量为 600t/h 的饱和水，除氧器可看成绝热系统。求：

（1）未饱和水的流量和过热蒸汽的流量。

（2）混合过程的熵产。

6. 一开水供应站使用 0.1MPa，干度 $x=0.98$ 的湿饱和蒸汽，与压力相同、温度为 15℃的水混合来生产开水。欲取得 2t 的开水，试问需要提供多少湿蒸汽和水？

7. 锅炉每小时产生 20t 压力为 5MPa、温度为 480℃的蒸汽，水进入锅炉时的压力为 5MPa、温度为 30℃。若锅炉效率为 0.8，煤的发热量为 23400kJ/kg，试计算此锅炉每小时需要烧多少吨煤。

8. 水蒸气进入汽轮机时 $p_1=10$MPa、$t_1=450$℃，排出汽轮机时 $p_2=8$kPa，假设蒸汽在汽轮机内的膨胀是可逆绝热的，且忽略入口和出口的动能差，汽轮机输出功率为 100MW，求水蒸气的流量。

9. 在 0.1MPa 下将一壶水从 20℃烧开需要 20min，如果加热速度不变，问将这壶水烧干还需要多长时间？

10. 给水在温度 $t_1=60$℃、压力 $p_1=3.5$MPa 下进入省煤器中被预热，然后再汽化，过热而成 $t_2=350$℃的过热蒸汽。设过程定压进行，试把过程表示在 T-s 图上，并求加热过程中的平均吸热温度。

11. 一加热器换热量为 9010kJ/h，现送入压力 $p=0.2$MPa 的干饱和蒸汽，蒸汽在加热器内放热后变为 $t_2=50$℃的凝结水排入大气，问此换热器每小时所需蒸汽量。

12. 在蒸汽锅炉的汽锅中储有 $p=1$MPa、$x=0.1$ 的汽水混合物共 12000kg。如果关死汽阀和给水门，炉内燃料每分钟供给汽锅 35000kJ 的热量，求汽锅内压力升到 5MPa 所需要的时间。

13. $p_1=5\text{MPa}$、$t_1=480℃$的过热蒸汽经过汽轮机进汽阀时被绝热节流至 $p_2=2\text{MPa}$，然后送入汽轮机中可逆绝热膨胀至 $p_3=5\text{kPa}$。求：

（1）水蒸气经过绝热节流后的温度和熵。

（2）与不采用绝热节流相比，绝热节流后每千克蒸汽少做多少功？

14. 压力为1MPa、干度为5%的湿蒸汽经过减压阀节流后引入压力为0.5MPa的绝热容器，使饱和水与饱和蒸汽分离，如图4-17所示。设湿蒸汽的流入量为200t/h，试求流出的饱和蒸汽和饱和水的流量。

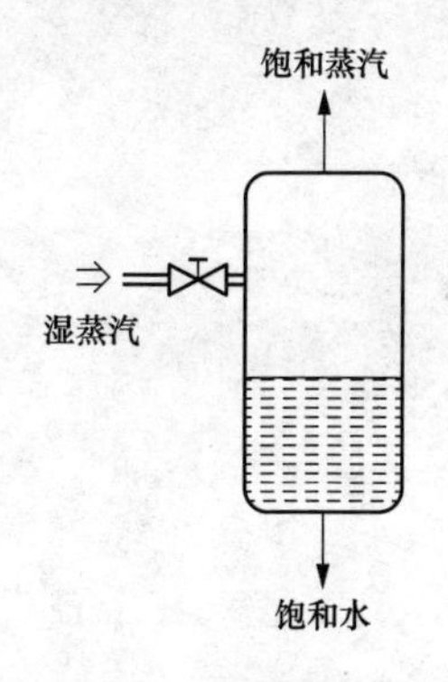

图4-17　汽水分离罐

15. 工程上有时利用蒸汽节流来测定湿蒸汽的干度。图4-18所示为一节流式湿蒸汽干度测定仪（简称干度计）的示意图。设湿蒸汽进入干度计前的压力 $p_1=1.5\text{MPa}$，经节流后的压力 $p_2=0.2\text{MPa}$、温度 $t_2=130℃$。试用 h-s 图确定湿蒸汽的干度。

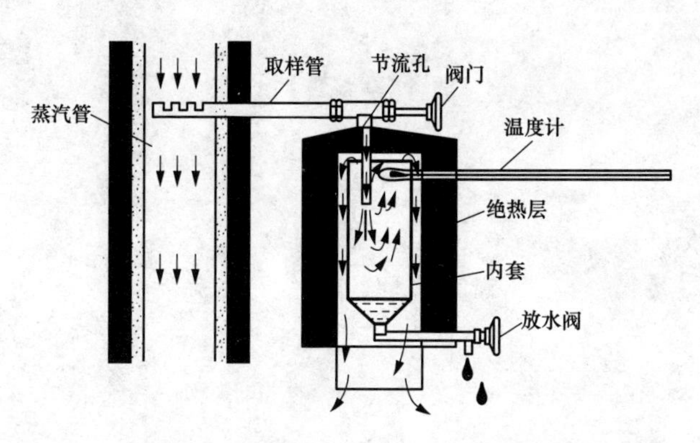

图4-18　湿蒸汽干度测定装置示意图

16. 测得湿空气的干球温度 $t=30℃$，湿球温度 $t_w=20℃$，当地大气压力 $p_b=0.1\text{MPa}$时，利用 h-d 图求湿空气的 φ、d、h。

17. 已知湿空气开始时的状态是 p_b＝0.1MPa、t＝35℃，相对湿度 φ＝70%，求水蒸气的分压力和湿空气的露点温度；如果保持该湿空气的温度不变，而将压力提高到 p_2＝0.5MPa，此时水蒸气的分压力和湿空气的露点温度又是多少？

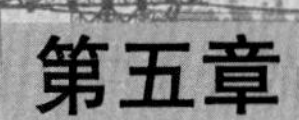

第五章

气体和蒸汽的流动

喷管是一种使流体压力降低而流速增加的管段，扩压管是将高速气流自一端引入，而在另一端得到压力较高的气体的管段。在汽轮机及燃气轮机这类回转式热机中，工质先通过喷管，把热能变为工质的动能，具有很大动能的气流冲击叶轮上的叶栅，带动轴旋转输出轴功。喷管是回转式发动机的重要元件，本章将为后面学习有关专业课提供理论基础。因为气体在扩压管中所经历的过程是喷管中过程的逆过程，所以本章主要介绍气体在喷管中的流动过程。

第一节　一维稳定流动的基本方程式

所谓稳定流动是指在流动空间中任意一点的状态参数都不随时间而变化的流动过程。如图 5-1 所示的喷管，如果工质在其中作稳定流动，则它的 1-1 截面以及任意 x-x 截面上所有参数均不

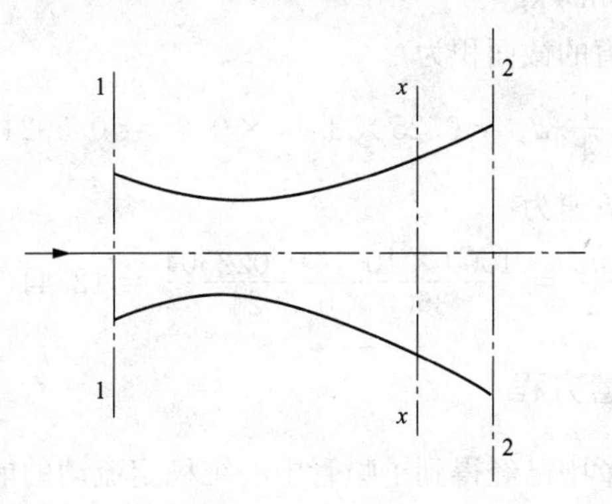

图 5-1　一维稳定流动示意图

随时间而变化。但是不同截面上的参数则是不相同的。这样，气体的参数只在流动方向上有变化，这样的稳定流动称为一维稳定流动。

一、连续性方程

设工质以速度 c 流过一个截面积为 A 的通道，该截面处工质的比体积为 v，则通过该截面的质量流量为 $\dot{m}=\frac{Ac}{v}$(kg/s)。在稳定流动过程中，流过各个截面的质量流量都相同，并且不随时间而变化。因此，对一维稳定流动，有

$$\dot{m}=\frac{A_1c_1}{v_1}=\frac{A_2c_2}{v_2}=\frac{Ac}{v}=\text{常数} \tag{5-1}$$

式（5-1）称为连续性方程，它表达了气体流经喷管时流速变化与比体积及喷管截面变化之间的制约关系，适合于任何工质的可逆与不可逆稳定流动。

【例 5-1】 蒸汽流速

某火力发电厂主蒸汽管道中蒸汽的温度为 540℃，压力为 15MPa，流量为 1000t/h，主蒸汽管道的内径为 800mm，求蒸汽在管道中的流速。

解： 查水蒸气热力性质表可得，$p=15$MPa、$t=540$℃时，$v=0.022504\text{m}^3/\text{kg}$

蒸汽管道的截面积为

$$A=\frac{1}{4}\pi d^2=0.25\times3.14\times0.8^2=0.5024(\text{m}^2)$$

蒸汽的流速为

$$c=\frac{\dot{m}v}{A}=\frac{1000\times10^3\times0.022504}{3600\times0.5024}=12.44(\text{m/s})$$

二、能量方程

在第二章中已经得到了喷管中一维稳定流动的能量方程，它与工质种类及过程是否可逆无关，即

$$h_1 + \frac{1}{2}c_1^2 = h_2 + \frac{1}{2}c_2^2 = h + \frac{1}{2}c^2 = \text{常数} \tag{5-2}$$

三、过程方程式

气体在喷管中的流动速度很快，可视为绝热过程，此外，工质受到的摩擦和扰动都很小，为了使问题简化，可以认为过程可逆。当气体为理想气体且比热容为常量时，喷管中的可逆绝热方程式为

$$pv^k = \text{常数} \tag{5-3}$$

式中 k——气体的绝热指数。

四、音速与马赫数

音速用 a 表达，对于理想气体，音速的计算公式为

$$a = \sqrt{kpv} = \sqrt{kR_g T} \tag{5-4}$$

式中 k——气体的绝热指数；

p——气体的压力；

v——气体的比体积；

R_g——气体常数；

T——气体的热力学温度。

可见音速是状态参数，而不是一个固定的数值，它决定于物质的性质及其所处状态，称某一状态的音速为当地音速。在讨论流体流动特性时，常将气流的流速 c 与当地音速 a 的比值用 M 表示，称为马赫数。即

$$M = \frac{c}{a} \tag{5-5}$$

按马赫数可将气体流动分为

(1) 亚音速流动。$M<1$，$c<a$。

(2) 等音速流动。$M=1$，$c=a$。

(3) 超音速流动。$M>1$，$c>a$。

【例 5-2】 音速计算

夏天时环境温度可以高达 40℃，冬天时环境温度则可降至

-20℃，试求这两个温度所对应的当地音速。

解：因为空气可视为理想气体，且认为 $k=1.4$，空气的气体常数 $R_g=287\mathrm{J/(kg\cdot K)}$，根据音速公式计算如下：

夏天 $t=40$℃时，则

$$a_1=\sqrt{kR_gT_1}=\sqrt{1.4\times 287\times 313.15}=354.72(\mathrm{m/s})$$

冬天 $t=-20$℃时，则

$$a_2=\sqrt{kR_gT_2}=\sqrt{1.4\times 287\times 253.15}=318.93(\mathrm{m/s})$$

第二节　促进流动改变的条件

气体在喷管中流动的目的在于把热能转化为动能，因此研究促进气流速度改变的条件是很重要的。

一、力学条件

对于喷管定熵稳定流动过程，$\delta q=0$，根据热力学第一定律，有

$$c\mathrm{d}c=-v\mathrm{d}p \tag{5-6}$$

由式（5-6）可见，当气体在管道内流动时，$\mathrm{d}c$ 和 $\mathrm{d}p$ 的符号总是相反的。这说明，在定熵流动中，如果气体压力降低（$\mathrm{d}p<0$），则流速必增加（$\mathrm{d}c>0$），这就是喷管。如果气体流速降低（$\mathrm{d}c<0$），则压力必升高（$\mathrm{d}p>0$），这就是扩压管。

力学条件是促使流体流动改变的内因，是决定性因素，但是只有内因还不够，为实现降压增速或减速增压的目的，还必须有适当的外部条件——管道截面积的变化来配合。

二、几何条件

几何条件就是要研究喷管截面积变化和速度变化之间的关系。结论为

$$\frac{\mathrm{d}A}{A}=(M^2-1)\frac{\mathrm{d}c}{c} \tag{5-7}$$

式中　A——喷管截面积。

式（5-7）表明，喷管截面积与气流速度之间的变化规律与马赫数 M 有关。

（1）当 $M<1$ 时，若 $dc>0$，则 $dA<0$，说明亚音速气流若要加速，其流通截面沿流动方向应逐渐收缩，这样的喷管称为渐缩喷管，如图 5-2（a）所示。

（2）当 $M>1$ 时，若 $dc>0$，则 $dA>0$，说明超音速气流若要加速，其流通截面沿流动方向应逐渐扩大，这种喷管称为渐扩喷管，如图 5-2（b）所示。

（3）欲使气流在喷管中由亚音速（$M<1$）连续地增加到超音速（$M>1$），其截面变化应该是先收缩而后扩张，这样的喷管称为缩放喷管或拉伐尔喷管，如图 5-2（c）所示。

在缩放喷管最小截面处（也称喉部），$M=1$，即流速恰好达到当地音速，此处气流处于从亚音速变为超音速的转折点，通常称为临界截面。临界截面处的气体参数称为临界参数，用下角标 cr 表示，如临界压力 p_{cr}，临界比体积 v_{cr}，临界温度 T_{cr}等。

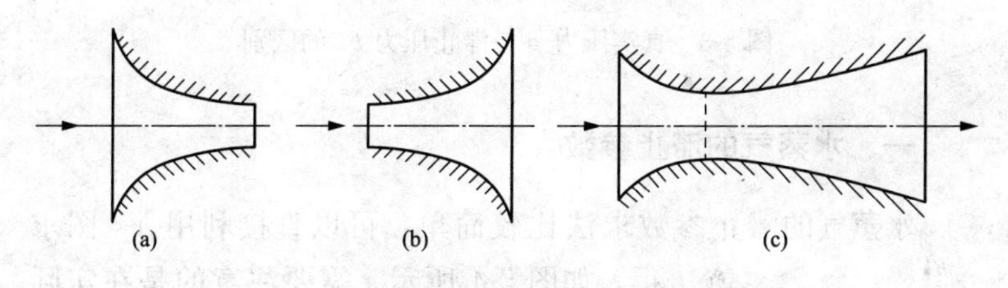

图 5-2　三种喷管形式
（a）渐缩喷管；（b）渐扩喷管；（c）缩放喷管

第三节　定 熵 滞 止 参 数

在喷管的分析计算中，入口流速 c_1 的大小将影响出口状态的参数值。在定熵流动过程中为简化计算，常采用所谓定熵滞止参数作为进口的参数。

设想压力为 p、温度为 T、流速为 c 的介质，经过定熵压缩过程，使其流速降为零，这时的参数称为定熵滞止参数，简称滞止参数。滞止参数以下标“0”记之，如 p_0、v_0、T_0、h_0 等。

由能量方程式（5-2）得到滞止焓（也叫总焓）的表达式为

$$h_0 = h_1 + \frac{1}{2}c_1^2 = h_2 + \frac{1}{2}c_2^2 = h + \frac{1}{2}c^2 \tag{5-8}$$

从式（5-8）可以看出，在定熵流动过程中，从任一截面的气流状态进行定熵滞止，其滞止后的滞止焓均相等。

其实滞止状态并不神秘，图 5-3 说明了真实压力与滞止压力 p_0 的区别。另外，用温度计测量流体温度时，由于温度计前流体速度降为零，所以测得的实际上是流体的滞止温度。

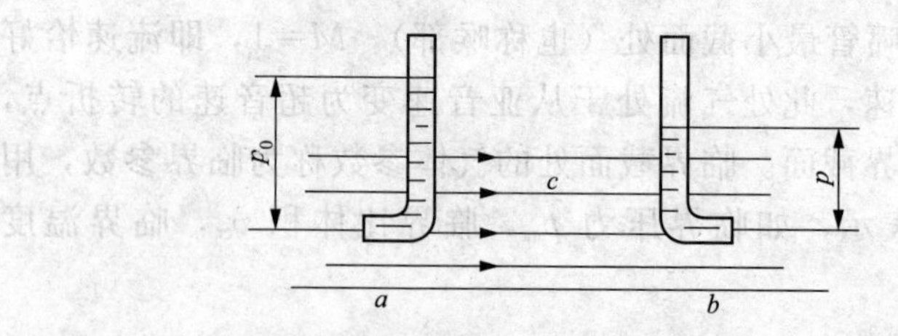

图 5-3　真实压力 p 与滞止压力 p_0 的区别

一、水蒸气的滞止参数

水蒸气的滞止参数求法比较简单，可以直接利用 h-s 图求得，如图 5-4 所示。需要注意的是在实际运算时，如果速度 c_1 的单位是 m/s，那么 $\frac{1}{2}c_1^2$ 的单位将是 J/kg，需转化为 kJ/kg，再使用 h-s 图求解。

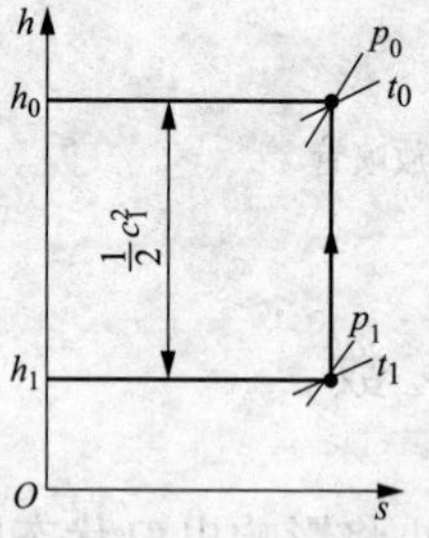

图 5-4　利用 h-s 图求水蒸气的滞止参数

二、理想气体的滞止参数

对于理想气体，如定压比热容 c_p 为定值，将 $h=c_pT$、$h_0=c_pT_0$ 代入式（5-8），则

$$c_p T_0 = c_p T + \frac{1}{2}c^2 \tag{5-9}$$

利用式（5-9）即可方便地求出滞止温度 T_0，再利用定熵方程 $\frac{p_0}{p} = \left(\frac{T_0}{T}\right)^{\frac{k}{k-1}}$，可求出滞止压力 p_0。

另外，式（5-9）两边同时除以 $c_p T$，并考虑到 $c_p = \frac{k}{k-1}R_g$、$a = \sqrt{kR_g T}$，则

$$\frac{T_0}{T} = 1 + \frac{k-1}{2}M^2 \tag{5-10}$$

可见，滞止温度 T_0 与实际温度 T 之间的差别与工质流动时的马赫数有关。工质的流速为零时，工质本身的参数就是滞止参数。当 c_1 值较小可以忽略不计时，完全可以按 $c_1=0$ 处理，不必再去计算滞止参数，而将 p_1、T_1、v_1、h_1 近似作为滞止参数。但当 $c_1 \geqslant 50\text{m/s}$，要作精确计算时，则不应忽略初速的影响。工质流速越高，工质的实际参数与滞止参数值相差越大。航天飞机、宇宙飞船返回大气层时，马赫数 M 很大，滞止温度 T_0 与实际温度 T 相比要高出很多，需要有很好的保温措施。我国的“神舟”号飞船采用的是另一种思路，即涂有一层烧蚀层，在“神舟”号飞船返回大气层时，很高的滞止温度将飞船外的烧蚀层烧掉一部分而飞船得以安全返航。

【例 5-3】 滞止温度

空气流动时马赫数分别为 $M=0.1$、$M=0.5$、$M=3$。若空气的温度 $T=290\text{K}$，绝热指数 $k=1.4$。求上述三种流态下的滞止温度 T_0。

解：(1) 当 $M=0.1$ 时，则

$$\frac{T_0}{T} = 1 + \frac{k-1}{2}M^2 = 1.001$$

$$T_0 = 1.002T_1 = 290.58\text{K}$$

（2）当 $M=0.5$ 时，则

$$\frac{T_0}{T}=1+\frac{k-1}{2}M^2=1.05$$

$$T_0=1.05T=304.5\text{K}$$

（3）当 $M=3$ 时，则

$$\frac{T_0}{T}=1+\frac{k-1}{2}M^2=2.8$$

$$T_0=2.8T=812\text{K}$$

可见，当马赫数较小时，滞止温度和气体的温度差别较小，但当马赫数较大时，这一差别就很大了。

【例 5-4】 水银温度计测温

实际温度为 100℃的空气以 200m/s 的速度沿着管路流动，用水银温度计来测量空气的温度，假定气流在温度计周围完全滞止，求温度计的读数。

解： 高速气流在温度计表面处速度降为 0，温度计读出的温度是气流的滞止温度，则

$$c_pT_0=c_pT+\frac{1}{2}c^2 \quad \text{或} \quad c_pt_0=c_pt+\frac{1}{2}c^2$$

其中，空气的 $c_p=1004\text{J/(kg}\cdot\text{K)}$，可得

$$1004t_0=1004\times100+\frac{1}{2}\times200^2$$

解之得，温度计读数为

$$t_0=119.9℃$$

第四节 喷管的计算

一、气体的出口流速

喷管出口处气体的流速 c_2 是喷管计算的核心问题。根据能量方程，即

$$h_0=h+\frac{1}{2}c^2=h_1+\frac{1}{2}c_1^2=h_2+\frac{1}{2}c_2^2 \tag{5-11}$$

可得喷管出口处气体流速的计算公式为

$$c_2 = \sqrt{2(h_0 - h_2)} \tag{5-12}$$

式中 h_0、h_1、h_2——滞止焓、喷管入口截面处的焓值和喷管出口截面处的焓值。

式（5-12）是由能量守恒原理导出的，对工质种类及过程是否可逆并无限制，可适用于任何流体的可逆或不可逆绝热流动过程。

对于理想气体，则

$$\begin{aligned} c_2 &= \sqrt{2(h_0 - h_2)} \\ &= \sqrt{2c_p(T_0 - T_2)} \\ &= \sqrt{2\frac{k}{k-1}R_g(T_0 - T_2)} \\ &= \sqrt{2\frac{k}{k-1}R_g T_0\left[1-\left(\frac{p_2}{p_0}\right)^{\frac{k-1}{k}}\right]} \\ &= \sqrt{2\frac{k}{k-1}p_0 v_0\left[1-\left(\frac{p_2}{p_0}\right)^{\frac{k-1}{k}}\right]} \end{aligned} \tag{5-13}$$

由式（5-13）可知，当滞止参数一定时，出口流速 c_2 仅随喷管出口截面压力 p_2 与滞止压力 p_0 之比 $\frac{p_2}{p_0}$ 而变，而且随着 $\frac{p_2}{p_0}$ 降低而升高。

二、临界压力比

前面的分析已指出，$M=1$ 的截面积称为临界截面，该截面处的压力为临界压力 p_{cr}，比体积为临界比体积 v_{cr}，流速为临界流速 c_{cr}（即当地音速）。压力比 $\frac{p_{cr}}{p_0}$ 称为临界压力比，以 β_{cr} 表示，即

$$c_{cr} = a = \sqrt{2\frac{k}{k-1}p_0 v_0\left[1-\left(\frac{p_{cr}}{p_0}\right)^{\frac{k-1}{k}}\right]} = \sqrt{kp_{cr}v_{cr}}$$

求得

$$\beta_{cr}=\frac{p_{cr}}{p_0}=\left(\frac{2}{k+1}\right)^{\frac{k}{k-1}} \tag{5-14}$$

临界压力比在分析喷管流动过程中是一个很重要的数值，根据它可以很容易地算出气体的压力降到多少时流速恰好等于当地音速。一些气体的临界压力比的数值如下：

（1）双原子理想气体：$k=1.4$、$\beta_{cr}=0.528$。

（2）三原子理想气体：$k=1.3$、$\beta_{cr}=0.546$。

（3）过热水蒸气：$k=1.3$、$\beta_{cr}=0.546$。

（4）干饱和水蒸气：$k=1.135$、$\beta_{cr}=0.577$。

对于水蒸气而言，k 值不是指$\frac{c_p}{c_V}$，而是纯粹的经验数据而已。

在喷管设计计算时，通常已知工质的初态参数（p_1、t_1 和 c_1）和背压（喷管出口外的介质压力）p_B。此时，临界压力比提供了选择喷管外形的依据。欲使气流在喷管内实现完全膨胀，即喷管出口截面压力 p_2 等于背压 p_B，管形应选择如下：

$\frac{p_B}{p_0}\geqslant\beta_{cr}$时，选用减缩喷管；$\frac{p_B}{p_0}<\beta_{cr}$时，选用缩放喷管。

此外，在已有喷管的情况下，将$\frac{p_B}{p_0}$与临界压力比 β_{cr} 比较，可以判断喷管内气流是否能进行正常的完全膨胀。

三、气体的流量计算

在稳定流动中，流经任一截面的流量相同，故可取任一截面利用 $\dot{m}=\frac{Ac}{v}$来计算流量。通常取最小截面或出口截面计算气体的质量流量。

图 5-5 所示为渐缩喷管质量流量与压比的关系。当渐缩喷管出口截面积 A 和滞止参数 p_0、v_0 确定时，流量仅随$\frac{p_2}{p_0}$而改变。

当$\frac{p_2}{p_0}=1$时，喷管内没有压降，缺少力学条件，流量为零。$\frac{p_2}{p_0}$逐渐减小，流量逐渐增加，直到$\frac{p_2}{p_0}=\beta_{cr}$时，$\dot{m}$达到最大值。之后再降低背压$p_B$，出口截面的压力仍维持临界压力$p_2=p_{cr}$不变。这是因为渐缩喷管不可能使气流增速至超音速，极限是达到音速，因此，压力p_2降至临界压力p_{cr}后，将保持不变，流量保持最大值$\dot{m}_{max}$。

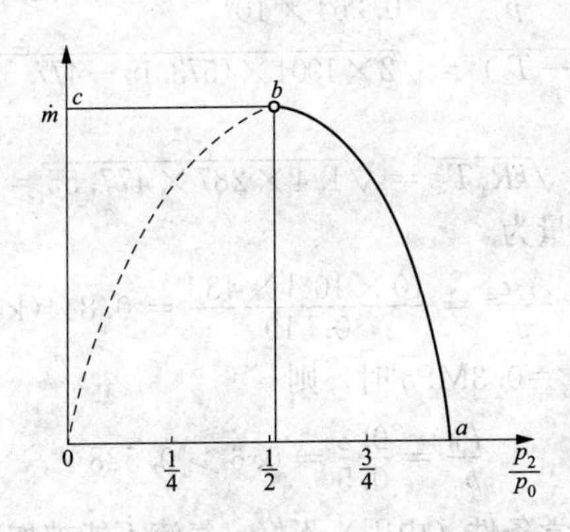

图 5-5 渐缩喷管质量流量与压比的关系

由于缩放喷管（拉伐尔喷管）一般工作在背压$p_B<p_{cr}$的情况下，其喉部截面上的压力总保持为临界压力p_{cr}，其流量总保持最大值$\dot{m}_{max}$，不随背压p_B的降低而增大。

【例 5-5】 理想气体流经渐缩喷管

$p_1=0.5$MPa、$t_1=300$℃的空气渐缩喷管流入背压为p_B的空间，出口截面积$A_2=10\text{cm}^2$，假设入口流速c_1可以不考虑。求下列情况下流经喷管的质量流量：

（1）$p_B=0.1$MPa。

（2）$p_B=0.3$MPa。

解： 将空气看成双原子理想气体，$\beta_{cr}=0.528$。

（1）当$p_B=0.1$MPa时，则

$$\frac{p_B}{p_1}=\frac{0.1}{0.5}=0.2<0.528$$

虽然背压低，但由于渐缩喷管最多只能使气流加速至音速，在喷管内部压力也只能降至临界压力。故

$$p_2=0.528p_1=0.264\text{MPa}$$

$$T_2=T_1\left(\frac{p_2}{p_1}\right)^{\frac{K-1}{K}}=573.15\times 0.528^{\frac{0.4}{1.4}}=477.55(\text{K})$$

$$v_2=\frac{R_g T_2}{p_2}=\frac{287\times 477.55}{0.264\times 10^6}=0.519(\text{m}^3/\text{kg})$$

$$c_2=\sqrt{2c_P(T_1-T_2)}=\sqrt{2\times 1004\times(573.15-477.55)}=438(\text{m/s})$$

或者

$$c_2=a_2=\sqrt{kR_g T_2}=\sqrt{1.4\times 287\times 477.55}=438(\text{m/s})$$

故质量流量为

$$\dot{m}=\frac{A_2 c_2}{v_2}=\frac{10\times 10^{-4}\times 438}{0.519}=0.844(\text{kg/s})$$

(2) 当 $p_B=0.3\text{MPa}$ 时，则

$$\frac{p_B}{p_1}=\frac{0.3}{0.5}=0.6>0.528$$

可见，力学条件（内因）不好，气流不能被加速至音速。

$$p_2=p_B=0.3\text{MPa}$$

$$T_2=T_1\left(\frac{p_2}{p_1}\right)^{\frac{k-1}{k}}=573.15\times 0.6^{\frac{0.4}{1.4}}=495.32(\text{K})$$

$$v_2=\frac{R_g T_2}{p_2}=\frac{287\times 495.32}{0.3\times 10^6}=0.474(\text{m}^3/\text{kg})$$

$$c_2=\sqrt{2c_P(T_1-T_2)}=\sqrt{2\times 1004\times(573.15-495.32)}=395.3(\text{m/s})$$

故质量流量为

$$\dot{m}=\frac{A_2 c_2}{v_2}=\frac{10\times 10^{-4}\times 395.3}{0.474}=0.834(\text{kg/s})$$

第五节　有摩擦阻力的绝热流动

前面的论述都假定气体在喷管中的流动是没有摩擦阻力的可

逆绝热流动。但实际流动中，工质内部会有扰动，工质与壁面之间也存在着摩擦，摩擦使一部分动能重新转化为热能而被工质吸收，这就造成不可逆的熵增。不可逆的程度与喷管类型、尺寸、制造精度及工质的种类有关。图 5-6 及图 5-7 中用虚线 1-2′分别表示理想气体和水蒸气在喷管中的实际有摩擦阻力的流动情况，实线 1-2 表示理想无摩擦的定熵流动。

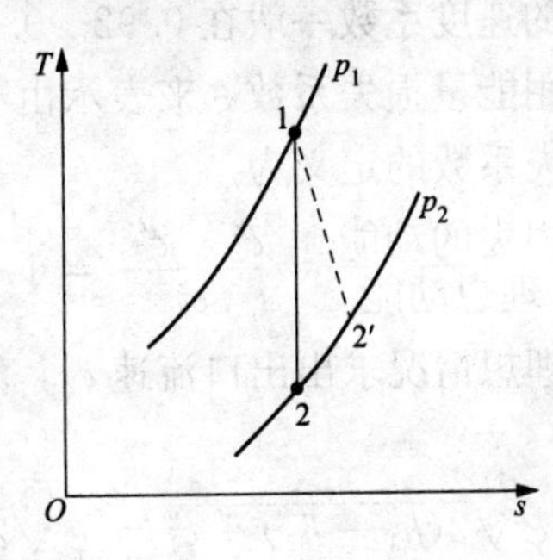

图 5-6　理想气体在喷管中的不可逆绝热流动

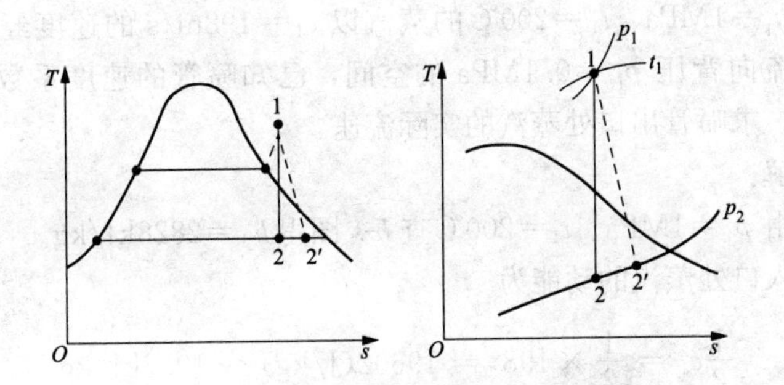

图 5-7　水蒸气在喷管中的不可逆绝热流动

由于工质在喷管中的流动速度很快，所以工质向外界的散热仍然可以忽略。满足如下能量方程，即

$$h_1 = \frac{1}{2}c_1^2 = h_2 + \frac{1}{2}c_2^2 = h_2' + \frac{1}{2}c_2'^2 \qquad (5\text{-}15)$$

式中　h_1、c_1——理想定熵流动时喷管入口处的比焓和流速；

h_2、c_2——理想定熵流动时喷管出口处的比焓和流速；

h_2'和 c_2'——实际有摩阻时喷管出口处的比焓和流速。

由于存在摩擦阻力，必有 $c_2' < c_2$。工程上常用经验系数来考虑由于摩阻等不可逆因素引起的能量损失。定义工质实际出口速度 c_2' 与理想出口速度 c_2 之比为喷管的速度系数，用 φ 表示，即

$$\varphi = \frac{c_2'}{c_2} \tag{5-16}$$

大型机组喷管的速度系数一般在 0.92～0.98 之间。

此外，还可以用能量损失系数 ξ 来表示由于摩擦阻力引起的动能减少。能量损失系数的定义为

$$\xi = \frac{\text{损失的动能}}{\text{理想动能}} = \frac{c_2^2 - c_2'^2}{c_2^2} = 1 - \varphi^2 \tag{5-17}$$

工程上常先按理想情况求出出口流速 c_2，然后再根据估定的 φ 值求得 c_2'，即

$$c_2' = \varphi c_2 = \varphi\sqrt{2(h_1 - h_2) + c_1^2} = \varphi\sqrt{2(h_0 - h_2)} \tag{5-18}$$

【例 5-6】 蒸汽流经渐缩喷管

$p_1 = 1\text{MPa}$、$t_1 = 200℃$ 的蒸汽以 $c_1 = 198\text{m/s}$ 的速度经渐缩喷管流向背压 $p_B = 0.1\text{MPa}$ 的空间，已知喷管的速度系数 $\varphi = 0.92$，求喷管出口处蒸汽的实际流速。

解：

由 $p_1 = 1\text{MPa}$、$t_1 = 200℃$ 查 h-s 图得 $h_1 = 2828\text{kJ/kg}$。

入口处蒸汽的动能为

$$\frac{1}{2}c_1^2 = \frac{1}{2} \times 198^2 = 19602(\text{J/kg}) \approx 19.6\text{kJ/kg}$$

蒸汽的滞止焓为

$$h_0 = h_1 + \frac{1}{2}c_1^2 = 2828 + 19.6 = 2847.6(\text{kJ/kg})$$

如图 5-8 所示，在 h-s 图上从点 1 出发，往上作长度为 19.6kJ/kg 的线段，读得蒸汽的滞止压力 $p_0 = 1.1\text{MPa}$，因为 $p_B/p_0 = 0.546$，所以出口处蒸汽的压力为

$$p_2 = v_{cr}p_0 = 0.546 \times 1.1\text{MPa} = 0.6\text{MPa}$$

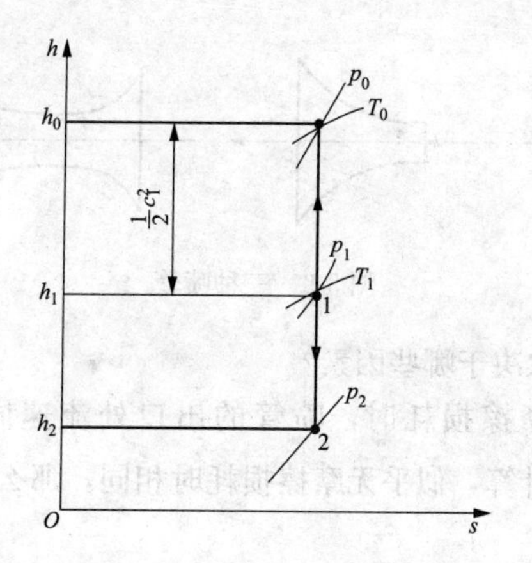

图 5-8 【例 5-6】附图

从点 1 出发，往下作直线，交 $p_2=0.6\text{MPa}$ 的定压线于点 2，读得 $h_2=2730\text{kJ/kg}$。

因此，喷管出口处蒸汽的实际流速为

$$c_2'=\varphi c_2=\varphi\sqrt{2(h_1-h_2)+c_1^2}=0.92\times\sqrt{2\times(2828-2730)\times10^3+198^2}=446.18(\text{m/s})$$

或者

$$c_2'=\varphi c_2=\varphi\sqrt{2(h_0-h_2)}=0.92\times\sqrt{2(2847.6-2730)\times10^3}=446.18(\text{m/s})$$

复　习　题

一、简答题

1. 什么是滞止参数？在给定的定熵流动中，各截面上的滞止参数是否相同？

2. 图 5-9 所示的管段，在什么情况下适合作喷管？在什么情况下适合作扩压管？

3. 促使流动改变的有力学条件和几何条件之分。两个条件之间的关系怎样？哪个是决定性因素？不满足几何条件会发生什么问题？

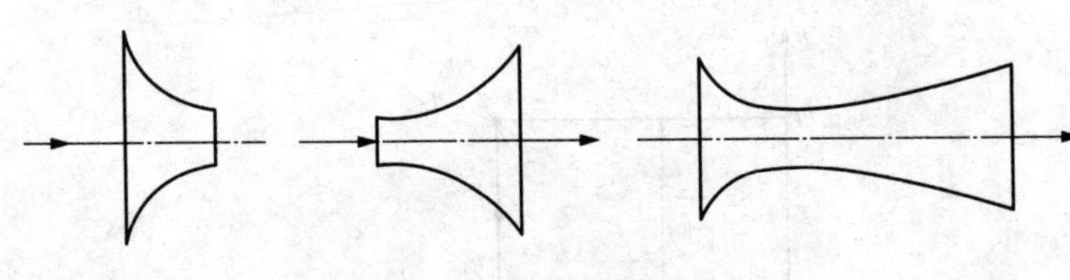

图 5-9　三种喷管

4. 音速取决于哪些因素？

5. 当有摩擦损耗时，喷管的出口处流速同样可用 $c_2=\sqrt{2(h_0-h_2)}$ 计算，似乎无摩擦损耗时相同，那么摩擦损耗表现在哪里呢？

6. 如何理解临界压力比？临界压力比在分析气体在喷管中流动情况方面起什么作用？

二、填空题

1. 质量流量的计算公式为__________。

2. 理想气体音速的计算公式为__________。

3. 空气的临界压力比为__________，过热水蒸气的临界压力比为__________。

4. 使气流连续由亚音速变为超音速应该选用__________喷管。

5. 初速不计的蒸汽流经能量损失系数为 0.19 的喷管，入口处蒸汽比焓为 2750kJ/kg，出口处蒸汽比焓为 2280kJ/kg，则该喷管的速度系数为__________，出口流速为__________ m/s。

6. 温度 $t_1=300$℃，压力 $p_1=1$MPa 初速不计的空气经出口截面积为 10cm^2 的渐缩喷管等熵流入背压 $p_b=0.2$MPa 的空间，则出口处温度为__________℃，流速为__________ m/s，质量流量为__________ kg/s。

三、判断题（正确填√，错误填×）

1. 声音在空气中的传播速度大约为 340m/s。（　）

2. 在给定的定熵流动中，各截面上的滞止参数相同。（　）

3. 气流通过渐缩喷管不可能达到超音速。（　）

4. 气流在缩放喷管喉部处一定为临界状态。（　）

5. 随着温度升高理想气体的音速增加。（　）

6. 随着压力升高理想气体的音速增加。（　）

四、计算题

1. 压力 $p_1=2.5\text{MPa}$、温度 $t_1=180℃$ 初速不计的空气流经一出口截面积 $A_2=10\text{cm}^2$ 的渐缩喷管，喷管出口处的背压 $p_B=1.5\text{MPa}$，求空气流经喷管后的速度、质量流量以及出口处空气的状态参数 v_2、t_2。

2. 进入渐缩喷管的空气的参数为 $p_1=0.5\text{MPa}$、$t_1=327℃$、$c_1=150\text{m/s}$。若喷管的背压 $p_B=270\text{kPa}$，出口截面积 $A_2=3.0\text{cm}^2$。求：

（1）空气在管内作定熵流动时，喷管出口截面上气流的温度 t_2、流速 c_2 及流经喷管的质量流量。

（2）马赫数 $M=0.7$ 处的截面积 A。

（3）简要讨论缩放喷管背压 p_B 升高（但仍小于临界压力 p_{cr}）时喷管内流动状况。

设空气可作理想气体处理，比热容取定值。

3. 空气流经一渐缩喷管，在喷管内某点处压力为 $3.43\times10^5\text{Pa}$，温度为 540℃，速度 180m/s，截面积为 0.003m^2，试求：

（1）该点处的滞止压力。

（2）该点处的音速及马赫数。

（3）喷管出口处的马赫数等于 1 时，求该出口处截面积。

4. 喷管进口处的空气状态参数 $p_1=0.15\text{MPa}$、$t_1=27℃$、流速 $c_1=150\text{m/s}$，喷管出口背压为 $p_B=0.1\text{MPa}$，喷管流量为 0.2kg/s。设空气在喷管内进行可逆绝热膨胀，试求：

（1）喷管设计为什么形状（渐缩型、渐扩型、缩放型）。

（2）喷管出口截面处的流速、截面积。

5. 空气流经渐缩喷管出口截面时，其马赫数为 1，压力 $p_2=0.12\text{MPa}$、温度 $t_2=27℃$，若喷管出口截面积 $A_2=0.4\text{cm}^2$，求流经喷管的空气的质量流量。

6. 水蒸气的初态参数为 3.5MPa、450℃，经调节阀门节流后压力降为 2.2MPa，再进入一缩放喷管内定熵流动，出口处压力为 0.8MPa，质量流量为 12kg/s，喷管入口处初速可略去不计。求：

(1) 喷管出口处的流速及温度。

(2) 喷管出口及喉部截面积。

(3) 将整个过程表示在 *h-s* 图上。

7. 蒸发量 $D=500$t/h 的锅炉，对外供给压力 $p=10$MPa，干度 $x=0.95$ 的湿饱和蒸汽。为了防备外界停止用汽时锅炉压力过高而发生事故，在汽包上共装有 2 只安全阀，要求在外界突然完全停止用汽时，足以保证将锅炉产生的蒸汽排出，从而保证锅炉内压力不变。安全阀的结构如图 5-10 所示，可以近似将安全阀当作一个拉伐尔喷管来处理。如果大气压力为 0.1MPa，并设湿饱和蒸汽的临界压比为 0.577，不计流动过程中的摩擦阻力，试求安全阀的最小截面面积。

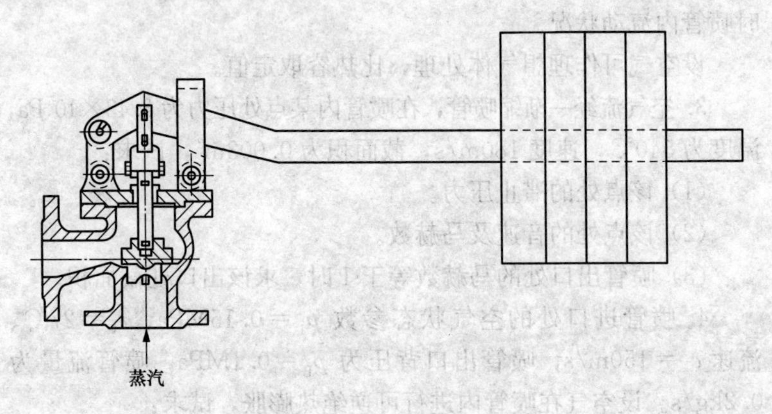

图 5-10　杠杆式安全阀

第六章

动力装置循环

第一节　基本的蒸汽动力循环——朗肯循环

朗肯循环理论的奠基者是英国科学家朗肯（W. J. M. Rankine，1820—1872 年），朗肯循环是最简单、最基本的理想蒸汽动力循环，热力发电厂的各种复杂蒸汽动力循环都是在朗肯循环的基础上予以改进而得到的，朗肯循环是各种复杂蒸汽动力循环的基础。

一、装置与流程

朗肯循环的蒸汽动力装置包括锅炉、汽轮机、凝汽器和给水泵 4 部分主要设备。其工作原理如图 6-1（a）所示：水经过给水泵绝热加压送入锅炉，在锅炉内水被定压加热汽化，形成高温高压的过热蒸汽，过热蒸汽在汽轮机中绝热膨胀做功带动发电机发电，汽轮机的排汽在凝汽器内定压放热，凝结为冷凝水，给水泵将冷凝水送入锅炉开始新的循环。

图 6-1（b）～图 6-1（d）为朗肯循环的 T-s 图、p-v 图和 h-s 图。图中：

（1）3-3′为水在水泵中的定熵压缩过程。

（2）3′-4-5-1 为水在锅炉中定压加热变为过热水蒸气过程。

（3）1-2 为过热水蒸气在汽轮机内可逆绝热膨胀（定熵）做功过程。

（4）2-3 为乏汽在凝汽器内定压凝结放热过程。

由于水的压缩性很小，水在经给水泵定熵升压后温度升高很小，在 T-s 图上，一般可以认为点 3′与点 3 重合，3′-4 线与 3-4

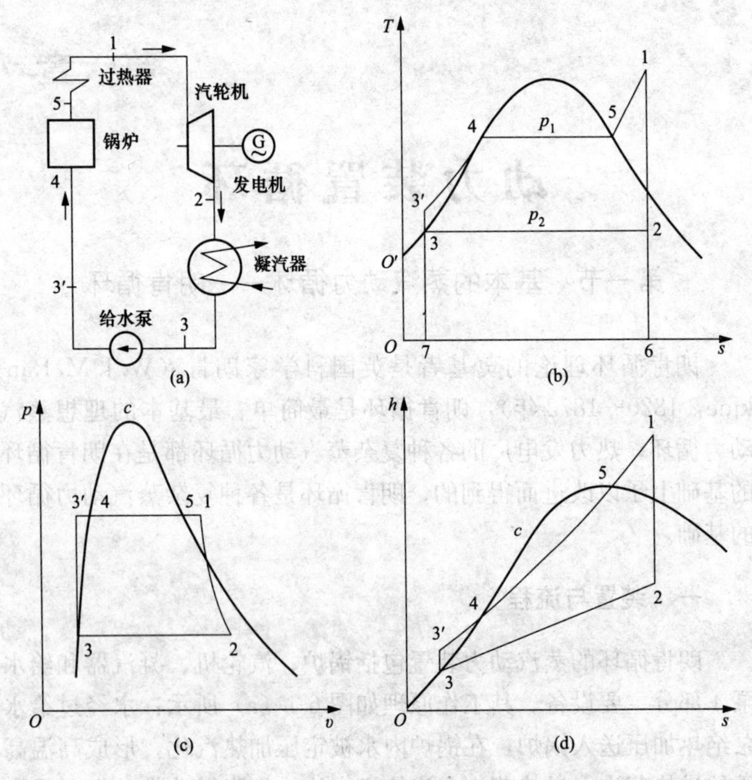

图 6-1　朗肯循环图

(a) 工作原理；(b) T-s 图；(c) p-v 图；(d) h-s 图

线重合。另外，汽轮机排汽往往是湿饱和蒸汽，在这种情况下，乏汽在凝汽器内的定压放热过程 2→3 同时也是定温凝结放热过程。

二、朗肯循环的净功及热效率

在朗肯循环中，1kg 蒸汽对外所做的净功 w_{net} 等于蒸汽流过汽轮机时所做的功 w_T 与给水在水泵内被绝热压缩消耗的功 w_P 之差。根据热力学第一定律有：

汽轮机做功为

$$w_T = h_1 - h_2$$

给水泵消耗功为

$$w_P = h_3' - h_3$$

在锅炉内吸热量为

$$q_1 = h_1 - h_3'$$

在凝汽器内放热量为

$$q_2 = h_2 - h_3$$

循环净功为

$$w_{net} = w_T - w_P = q_1 - q_2$$

根据循环热效率的定义式，可得朗肯循环的热效率为

$$\eta_t = \frac{w_{net}}{q_1} = \frac{w_T - w_p}{q_1} = \frac{(h_1 - h_2) - (h_3' - h_3)}{h_1 - h_3'} \tag{6-1}$$

或

$$\eta_t = 1 - \frac{q_2}{q_1} = 1 - \frac{h_2 - h_3}{h_1 - h_3'} \tag{6-2}$$

通常水泵耗功与汽轮机做出的功相比很小，在不要求精确计算的条件下，可以忽略水泵耗功。即

$$h_3' - h_3 \approx 0$$

这样，朗肯循环的热效率简化为

$$\eta_t = \frac{w_T}{q_1} = \frac{h_1 - h_2}{h_1 - h_3} \tag{6-3}$$

三、汽耗率、热耗率和煤耗率

工程上习惯把每产生 1kW·h 的功所消耗的蒸汽质量称为汽耗率，用符号 d_0 表示，单位 kg/(kW·h)。机组的汽耗率的计算公式为

$$d_0 = \frac{3600}{w_{net}} \tag{6-4}$$

工程上习惯把每产生 1kW·h 的功需要锅炉提供的热量称为热耗率，用 q_0 表示，单位为 kJ/(kW·h)，由于每产生 1kW·h 的功所消耗的蒸汽质量为 d_0（kg），1kg 蒸汽吸热量为 q_1（kJ/kg），

所以热耗率为

$$q_0 = d_0 q_1 = \frac{3600}{w_{net}} q_1 = \frac{3600}{\frac{w_{net}}{q_1}} = \frac{3600}{\eta_t} \tag{6-5}$$

各个煤矿生产煤的发热量不一样，为了便于分析比较，将低位发热量为 29308kJ/kg（即 7000kcal/kg）的煤称为标准煤。火力发电厂把每产生 1kW·h 电能消耗的标准煤的克数称为标准煤耗率，常常简称煤耗率，用 b_0 表示。根据热耗率的定义，有如下平衡关系式，即

$$q_0 = \frac{3600}{\eta_t} = 0.001 b_0 \times 29308$$

于是可以导出简单朗肯循环理想煤耗率为

$$b_0 = \frac{123}{\eta_t} \tag{6-6}$$

热效率、热耗率、煤耗率都是反映机组运行状态好坏的热经济指标。而汽耗率则不是直接的热经济指标，汽耗率高，不一定热效率就低。但是在功率一定的条件下，汽耗率的大小反映了设备尺寸的大小。

【例 6-1】 朗肯循环计算

某朗肯循环，新蒸汽参数为 $p_1 = 12\text{MPa}$、$t_1 = 500℃$，汽轮机排汽压力 $p_2 = 6\text{kPa}$，不计水泵功耗。求此朗肯循环的热效率、汽耗率、热耗率、煤耗率、乏汽干度。

解：朗肯循环的 T-s 图如图 6-1（b）所示。

利用 h-s 图和蒸汽参数表查得：

$p_1 = 12\text{MPa}$、$t_1 = 500℃$时，$h_1 = 3348\text{kJ/kg}$。

6kPa 对应的饱和水的焓为 $h_2' = 151.47\text{kJ/kg}$。

在 h-s 图从点 1 往下作垂线，交 $p_2 = 6\text{kPa}$ 定压线于点 2，读得

$$h_2 = 2012\text{kJ/kg} \qquad x_2 = 0.764$$

循环净功为

$$w_{net} = w_T = h_1 - h_2 = 3348 - 2012 = 1336(\text{kJ/kg})$$

吸热量为

$$q_1 = h_1 - h'_2 = 3348 - 151.47 = 3196.53(\text{kJ/kg})$$

热效率为

$$\eta_t = \frac{w_{net}}{q_1} = \frac{1336}{3196.53} = 41.8\%$$

汽耗率为

$$d_0 = \frac{3600}{w_{net}} = \frac{3600}{1336} = 2.69[\text{kg/(kW}\cdot\text{h)}]$$

热耗率为

$$q_0 = d_0 q_1 = 2.69 \times 3196.53 = 8598.67[\text{kJ/(kW}\cdot\text{h)}]$$

煤耗率为

$$b_0 = \frac{123}{\eta_t} = 294.26[\text{g/(kW}\cdot\text{h)}]$$

乏汽干度为

$$x_2 = 0.764$$

四、汽轮机相对内效率

工程上把汽轮机看成绝热系统。根据能量守恒原理，在不考虑蒸汽流入、流出汽轮机时动能和势能变化的前提下，汽轮机做出的功总是等于蒸汽的焓降量，而不论汽轮机的完善程度如何。因此，用焓降量和做功量进行对比，就无法得知汽轮机内的损失，也看不出汽轮机是否需要节能改进。为了表征汽轮机的完善程度，引入汽轮机相对内效率的概念，用 η_{ri} 表示，这个概念本质上是属于热力学第二定律范畴的。

如图 6-2 所示，1-2 为蒸汽在汽轮机内可逆绝热膨胀做功过程，$1\text{-}2_{act}$ 是蒸汽在汽轮机内的实际做功过程，实际膨胀做功过程存在不可逆性，熵增加。汽轮机相对内效率是指在汽轮机内实际做功与理论做功（定熵）的比值，即

$$\eta_{ri} = \frac{h_1 - h_{2act}}{h_1 - h_2} \tag{6-7}$$

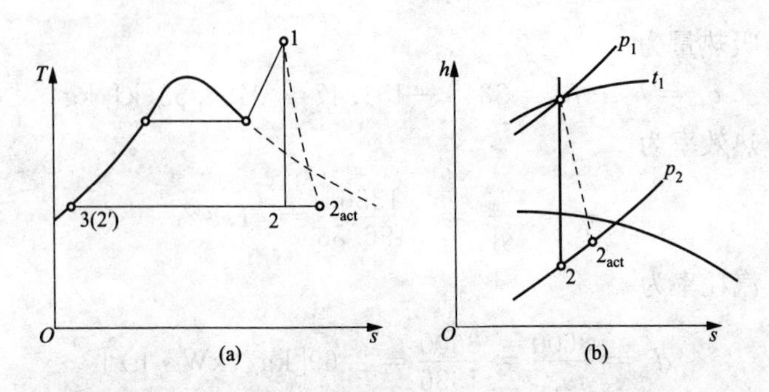

图 6-2　蒸汽在汽轮机中的不可逆绝热膨胀

(a) T-s 图；(b) h-s 图

五、提高朗肯循环热效率的途径

利用平均吸热温度和平均放热温度的概念，可以定性地分析如何提高朗肯循环的热效率。对于任何一个可逆循环，其热效率都可以用式（6-8）计算，即

$$\eta_t = 1 - \frac{\bar{T}_2}{\bar{T}_1} \tag{6-8}$$

式中　$\bar{T}_1$、$\bar{T}_2$——平均吸热温度、平均放热温度。

从图 6-3 中可见，提高主蒸汽初始温度［如图 6-3（a）所示］和初始压力［如图 6-3（b）所示］，可以提高平均吸热温度；降低乏汽的压力［如图 6-3（c）所示］，可以降低平均放热温度，这些措施都能提高朗肯循环热效率。现代大容量蒸汽动力装置，其初参数毫无例外地都是高温、高压的。火力发电厂冬季的冷却效果好，排汽压力低，其效率比夏季高。空冷发电厂的冷却效果不如水冷好，其排汽压力高，发电效率要低一些。

这里补充三点内容：

（1）提高初蒸汽温度可以提高朗肯循环的热效率、降低煤耗。但是提高初温受金属材料耐温极限的影响，不能无限制地提高。另外，耐高温材料一般价钱都很昂贵，设备的初投资要加大。在实际工程设计中要经过技术经济比较和论证才能决定。

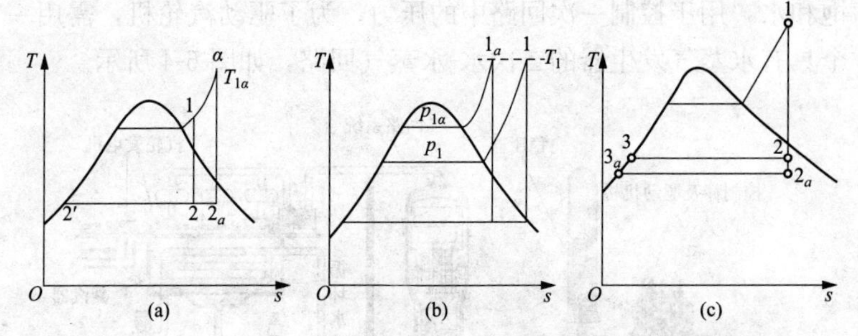

图 6-3　主蒸汽的 t_1、p_1 及乏汽压力 p_2 对朗肯循环热效率的影响

(a) t_1 对朗肯循环热效率的影响；(b) p_1 对朗肯循环热效率的影响；

(c) p_2 对朗肯循环热效率的影响

(2) 从 6-3 (b) 中可以看出，提高初压 p_1 可以提高平均吸热温度，从而提高朗肯循环的热效率，但是如果初温 t_1 不随之提高，乏汽的干度将降低，这意味着乏汽中液态水分增加，将会冲击和侵蚀汽轮机最后几级叶片，影响其使用寿命，并使汽轮机内部损失增加。工程上通常在提高初压的同时提高初温，或者采用再热措施，以保证乏汽的干度不低于 0.88。

(3) 降低乏汽压力 p_2 可以降低循环的平均放热温度，而平均吸热温度变化很小，因此循环热效率将有所提高。但是乏汽压力 p_2 主要取决于冷却水的温度（即环境温度）。有人提议在凝汽器处装一空调，人为地降低乏汽压力，理论已经证明，这种做法是得不偿失的。

六、核动力系统中的蒸汽循环

从热力学的观点来看，核电厂和常规火力发电厂之间的差别是用反应堆中的核燃料替代锅炉的矿物燃料，核电厂的常规岛部分和火力发电厂大体上相似。目前世界上核电站常用的反应堆有压水堆、沸水堆、重水堆和改进型气冷堆以及快堆等，但用得最广泛的是压力水反应堆。

在压力水反应堆（PWR，简称压水堆）中，水不沸腾，压力必须超过反应堆出口温度对应的饱和压力。因此，在一次回路中设有一个稳压水箱，该水箱的上部存有饱和水蒸气，下部存有饱和水，用于控制一次回路中的压力。为了驱动汽轮机，需用一个具有水蒸气发生器的二次水-水蒸气回路，如图 6-4 所示。

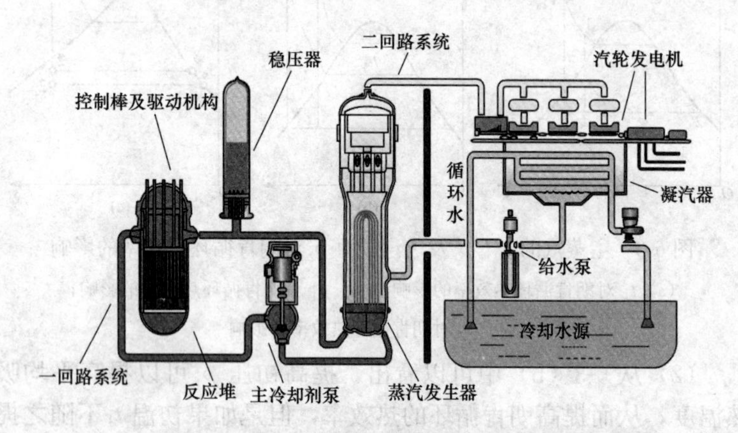

图 6-4　压力水反应堆系统

在沸腾水反应堆（BWR，简称沸水堆）中，只有一个回路，反应堆核心中的水允许沸腾，用一个蒸汽分离器从水中分离出饱和蒸汽。由于允许水沸腾，所以 BWR 中的压力较低，一般约为 PWR 一次回路压力的 1/2。与常规火力发电厂不同的是 BWR 机组蒸汽进入汽轮机时处于饱和状态，而不是过热状态，如图 6-5 所示。

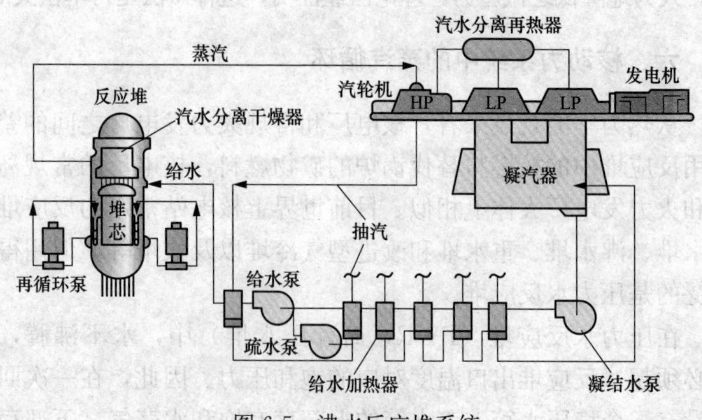

图 6-5　沸水反应堆系统

第二节　再　热　循　环

所谓再热循环就是蒸汽在汽轮机内做了一部分功后，将它抽出来，通过管道送回锅炉再热器中，使之再加热后又送回到汽轮机低压缸里继续膨胀做功的循环。再热循环的工作原理图和 T-s 图如图 6-6 所示。

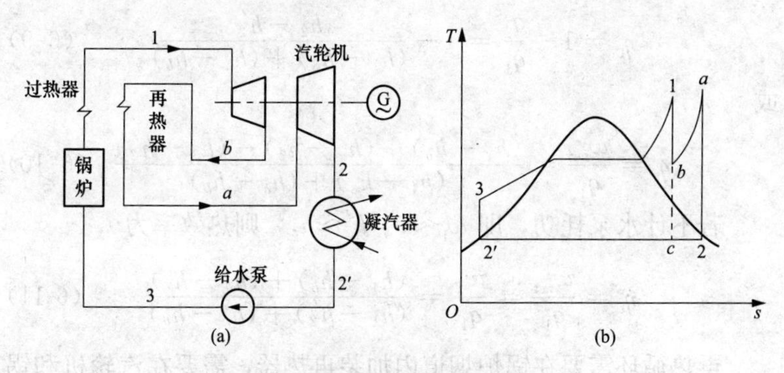

图 6-6　再热循环的工作原理图和 T-s 图

（a）工作原理图；（b）T-s 图

采用再热循环主要是因为在提高蒸汽初压时，往往会使乏汽的湿度过大。如图 6-6（b）所示，如果不采用再热，蒸汽在汽轮机中将沿 1-b 线往下继续膨胀至 c 点，湿度较大。若采用再热，蒸汽膨胀到 b 点后送回锅炉再热器内定压加热至 a 点，再送回汽轮机膨胀至 2 点处，这样就解决了单独提高初压 p_1 引起乏汽湿度过大的问题。

采用再热后，每千克蒸汽吸收的热量增加了，循环汽耗率较无再热时减少。另外，采用再热不一定能提高循环的热效率，关键看中间再热压力的选择。一般选择中间再热压力为初压的 20%～30%，可使循环热效率提高 2%～3.5%。

下面分析再热循环热效率的计算方法，从再热循环的 T-s 图中可以分析出：

循环吸热量为

$$q_1=(h_1-h_3)+(h_a-h_b)$$

对外放热量为

$$q_2=h_2-h_2'$$

循环净功为

$$w_{net}=w_T-w_P=(h_1-h_b)+(h_a-h_2)-(h_3-h_2')$$

循环热效率为

$$\eta_t=1-\frac{q_2}{q_1}=1-\frac{h_2-h_2'}{(h_1-h_3)+(h_a-h_b)} \tag{6-9}$$

或

$$\eta_t=\frac{w_{net}}{q_1}=\frac{(h_1-h_b)+(h_a-h_2)-(h_3-h_2')}{(h_1-h_3)+(h_a-h_b)} \tag{6-10}$$

若不计水泵耗功，即 $w_P\approx0$、$h_2'\approx h_3$，则热效率为

$$\eta_t=\frac{w_{net}}{q_1}=\frac{w_T}{q_1}=\frac{(h_1-h_b)+(h_a-h_2)}{(h_1-h_2')+(h_a-h_b)} \tag{6-11}$$

再热循环需要在锅炉烟道内加装再热器，需要在汽轮机和锅炉之间加设往返蒸汽管道，这样会增加设备一次投资费用，增大散热损失和压损，使系统运行变得更加复杂。因此，对于压力不高的小机组不宜采用再热。我国的情况是在机组功率大于125MW时采用再热循环。

核电厂普遍采用再热技术，但其再热并不是将高压缸排汽送回蒸汽发生器内加热，蒸汽发生器产生的蒸汽一路送到汽轮机中做功，一路送往汽水分离再热器中加热高压缸排汽产生再热作用。

随着我国火电技术的发展，在超临界机组中有的已经采用了二次再热系统，如图6-7所示。相对于700℃超超临界机组对材料的极高要求而言，现有的材料就可以满足二次再热机组，不存在明显的技术瓶颈，但是二次再热技术的热力系统相对复杂，带来相对高昂的初期建设投资，运行和操作相对传统一次再热机组也更为复杂。

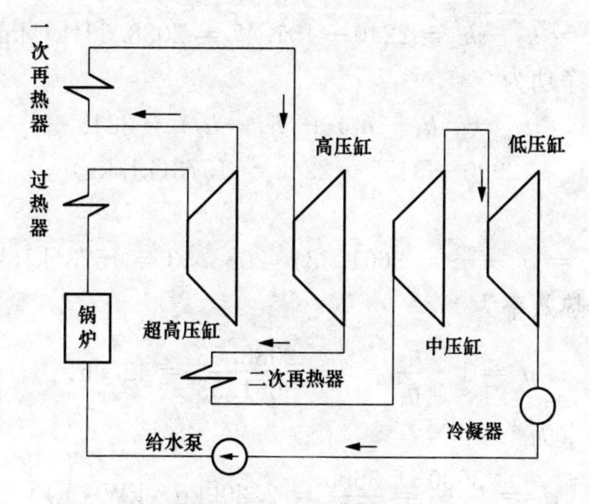

图 6-7　二次再热系统

【例 6-2】 再热循环计算

某再热循环，新蒸汽参数为 $p_1=12\text{MPa}$、$t_1=500℃$，再热压力为 $p_b=3\text{MPa}$，再热后的温度 $t_a=500℃$，乏汽压力 $p_2=6\text{kPa}$，不计水泵功耗。求此再热循环的热效率、汽耗率、乏汽干度。

解：此再热循环的 T-s 图如图 6-6（b）所示。

利用 h-s 图和蒸汽参数表查得：

$p_1=12\text{MPa}$、$t_1=500℃$时，$h_1=3348\text{kJ/kg}$。

$p_a=p_b=3\text{MPa}$、$t_a=500℃$时，则 $h_a=3455\text{kJ/kg}$。

6kPa 对应饱和水的焓 $h_2'=151.47\text{kJ/kg}$。

从 1 点向下作垂直线（定熵线）和 $p_b=3\text{MPa}$ 定压线交于 b 点，读得 $h_b=2990\text{kJ/kg}$

从 a 点向下作垂直线（定熵线）和 $p_2=6\text{kPa}$ 定压线交于 2 点，读得 $h_2=2240\text{kJ/kg}$、$x_2=0.86$

循环吸热量为

$$q_1=(h_1-h_2')+(h_a-h_b)=3348-151.47+3455-2990=3661.53(\text{kJ/kg})$$

循环放热量为

$$q_2 = h_2 - h_2' = 2240 - 151.47 = 2088.53(\text{kJ/kg})$$

循环净功为

$$w_{net} = (h_1 - h_b) + (h_a - h_2) = 3348 - 2990 + 3455 - 2240 = 1573(\text{kJ/kg})$$

或

$$w_{net} = q_1 - q_2 = 3661.53 - 2088.53 = 1573(\text{kJ/kg})$$

循环热效率为

$$\eta_t = 1 - \frac{q_2}{q_1} = 1 - \frac{2088.53}{3661.53} = 42.96\%$$

汽耗率为

$$d_0 = \frac{3600}{w_{net}} = \frac{3600}{1573} = 2.29[\text{kg/(kW·h)}]$$

对比【例 6-1】可知，在相同的初、终参数条件下，采用再热措施后，汽耗率降低，乏汽干度提高，这有利于机组的安全运行。同时，由于再热压力选择合适，循环热效率也提高了。

第三节 回 热 循 环

一、回热循环

所谓回热即利用在汽轮机内做过部分功的蒸汽来加热锅炉给水。因为回热循环提高了循环平均吸热温度，故能提高循环热效率。回热循环是现代蒸汽动力循环普遍采用的循环。

图 6-8 所示为两级抽汽回热循环工作原理图、*T-s* 图。设有 1kg 过热蒸汽进入汽轮机内膨胀做功。当压力降至 p_6 时，从汽轮机内抽出 α_1（kg）蒸汽送入一号回热加热器，其余的（$1-\alpha_1$）kg 蒸汽在汽轮机内继续膨胀，当压力降至 p_8 时再抽出 α_2（kg）蒸汽送入二号回热加热器；剩余的（$1-\alpha_1-\alpha_2$）kg 蒸汽则继续膨胀，直到压力降至 p_2 时进入凝汽器。乏汽在凝汽器内凝结放热变为凝结水，凝结水依次通过二号、一号回热加热器，分别和 α_2（kg）压力为 p_8、α_1（kg）压力为 p_6 的抽汽混合，最后给水

被加热到 t_7，然后再通过水泵送入锅炉吸热。从 T-s 图上可以看出，如果不采用回热，给水在锅炉内的吸热过程是 3-1；采用回热后，吸热过程是 7-1，平均吸热温度升高了，从而使循环热效率提高。因此，几乎所有火力发电厂中的蒸汽动力装置都采用这种抽汽回热循环，有的甚至有七、八级抽汽。

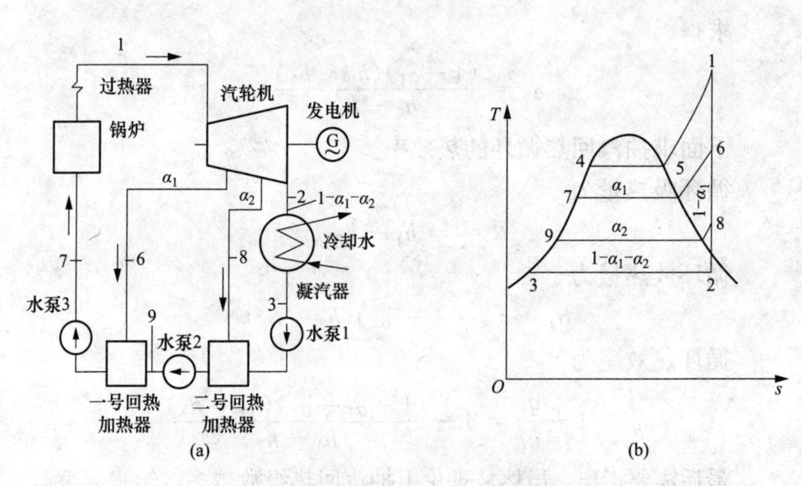

图 6-8 两级抽汽回热循环工作原理图、T-s 图
(a) 工作原理图；(b) T-s 图

回热加热器有两种，一种是表面式的，抽汽与凝结水不直接接触，通过换热器壁面交换热量；另一种是混合式的，抽汽与凝结水接触换热、回热加热器的出口温度达到抽汽压力下的饱和温度。为了分析方便，图 6-8 中的回热器都是混合式的。实际上，电厂除了除氧器，其他回热器大多是表面式的。

二、回热循环计算

回热循环计算首先要确定抽汽率 α_1、α_2。为了分析方便，这里不考虑水泵耗功。

对于一号回热加热器列热平衡方程式有

$$\alpha_1 h_6 + (1-\alpha_1)h_9 = h_7$$

求得

$$\alpha_1 = \frac{h_7 - h_9}{h_6 - h_9}$$

再对二号回热加热器列热平衡方程式有

$$\alpha_2 h_8 + (1 - \alpha_1 - \alpha_2) h_3 = (1 - \alpha_1) h_9$$

求得

$$\alpha_2 = \frac{(1 - \alpha_1)(h_9 - h_3)}{h_8 - h_3}$$

下面求抽汽回热循环的热效率。

循环吸热量为

$$q_1 = h_1 - h_7$$

循环放热量为

$$q_2 = (1 - \alpha_1 - \alpha_2)(h_2 - h_3)$$

循环热效率为

$$\eta_t = 1 - \frac{q_2}{q_1} = 1 - \frac{(1 - \alpha_1 - \alpha_2)(h_2 - h_3)}{h_1 - h_7}$$

最后需要指出，虽然从理论上抽汽回热级数越多，给水温度越高，从而平均吸热温度越高。但是，级数越多，设备和管路越复杂，而每增加一级抽汽的获益越少。因此，回热抽汽级数不宜过多。例如，国产 300、600MW 等机组采用“3 高 4 低 1 除氧”的抽汽安排，即有 3 个高压回热加热器，4 个低压回热加热器，1 个除氧器。

【例 6-3】 抽汽回热循环计算

某理想抽汽回热循环，新蒸汽参数为 $p_1 = 12\text{MPa}$、$t_1 = 500℃$，采用一级抽汽，抽汽压力为 $p_2 = 1.5\text{MPa}$，汽轮机排汽压力 $p_3 = 6\text{kPa}$，不计水泵功耗。求此抽汽回热循环的热效率、汽耗率、热耗率。

解： 该一级理想抽汽回热循环的 T-s 图如图 6-9 所示。

利用 h-s 图和蒸汽参数表查得：

$p_1 = 12\text{MPa}$、$t_1 = 500℃$时，$h_1 = 3348\text{kJ/kg}$。

从点 1 往下作垂直线交 $p_2 = 1.5\text{MPa}$ 压力线于点 2，读得 $h_2 =$

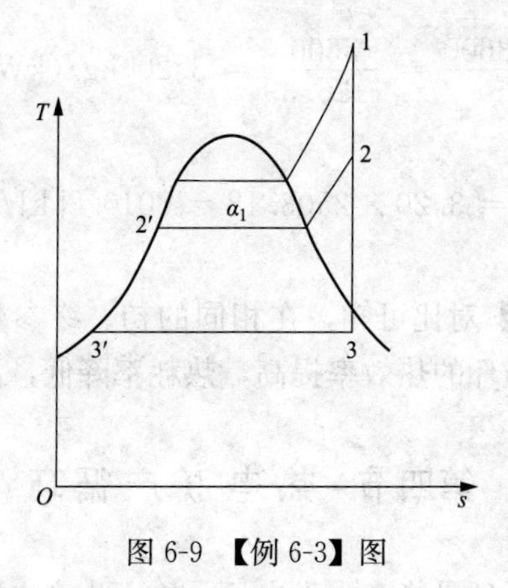

图 6-9　【例 6-3】图

2816kJ/kg；

继续往下作垂直线交 6kPa 压力线于点 3，读得 h_3 = 2012kJ/kg。

1.5MPa 对应的饱和水的焓 h_2' = 844.82kJ/kg。

6kPa 对应的饱和水的焓 h_3' = 151.47kJ/kg。

对回热器列热平衡方程式为

$$\alpha_1 h_2 + (1-\alpha_1)h_3' = h_2'$$

$$\alpha_1 \times 2816 + (1-\alpha_1) \times 151.47 = 844.82$$

解得

$$\alpha_1 = 0.26$$

循环吸热量为

$$q_1 = h_1 - h_2' = 3348 - 844.82 = 2503.18(\text{kJ/kg})$$

循环放热量为

$$q_2 = (1-\alpha_1)(h_3 - h_3') = (1-0.26) \times (2012 - 151.47) = 1376.79(\text{kJ/kg})$$

循环净功为

$$w_{net} = q_1 - q_2 = 2503.18 - 1376.79 = 1126.39(\text{kJ/kg})$$

循环热效率为

$$\eta_t = 1 - \frac{q_2}{q_1} = 1 - \frac{1376.79}{2503.18} = 45.0\%$$

汽耗率为

$$d_0 = \frac{3600}{w_{net}} = \frac{3600}{1126.39} = 3.20[kg/(kW \cdot h)]$$

热耗率为

$$q_0 = d_0 q_1 = 3.20 \times 2503.18 = 8010.2[kJ/(kW \cdot h)]$$

与【例 6-1】对比可知，在相同的初、终参数条件下，采用抽汽回热后，循环的热效率提高，热耗率降低，汽耗率增加。

第四节　热电联产循环

热电联产循环是指火力发电厂一方面生产电能，同时向热用户提供热能的蒸汽动力循环。这种既发电又供热的电厂叫作热电厂。在北方寒冷地区或者有固定热量消耗的大型工厂，热电联产的方式得到了广泛应用，是国家鼓励发展的节能方式。

一、热电联产的方式

热电联产循环大体分为两种类型，一种最简单的方式是采用背压式汽轮机，如图 6-10 所示。所谓背压式汽轮机，即蒸汽在汽轮机中不像纯凝汽式汽轮机那样一直膨胀到接近环境温度，而是膨胀到某一较高的压力和温度（依热用户的要求而定），然后将汽轮机全部排汽直接供给热用户。这种热电联合循环的优点是不用通过凝汽器向环境放热，能量利用率高，理论上蒸汽能量的利用率可达 100%。能量利用率的定义式为

$$K = \frac{Q_1}{Q_2} \tag{6-12}$$

式中　Q_1——已经利用的能量；

Q_2——工质从热源得到的能量。

实际上，由于各种损失及热、电负荷间不协调造成的浪费，一般 $K=70\%$左右。

背压式汽轮机热电联产循环的不足之处是供热与供电相互影

响，不能随意调节热、电供应比例。例如，如果热用户不需要供热了，那么整个机组就得停下。

工程实际中用的较多的是另一种热电联产方式——抽汽调节式热电联产循环，如图 6-11 所示。这种方式的循环，供热与供电之间相互影响较小，同时可以调节抽汽压力和温度，以满足不同用户的需求。随着供热式机组的发展，又出现了单级调节抽汽机组和双级调节抽汽机组。这类机组与纯凝汽式机组在外形上一样，只是在相应于供热参数的抽汽点后面加装一调节隔板。这是因为一般汽轮机通流部分各点上的蒸汽压力随着汽轮机的进汽量的变化而变化。当汽轮机的输出功率降低时，各抽汽点的压力都随之降低，这点对于回热加热抽汽来说，是无所谓的，因为回热加热对蒸汽参数并没有特定的要求。但对于外界需要的热负荷来说就不同了，因为供热抽汽必须满足热用户对蒸汽参数的要求。当汽轮机负荷降低时，抽汽压力随之降低，为了满足热用户的要求，不使这级抽汽压力过低，就把这级抽汽后面的调节隔板的流通孔关小，以减少穿过调节隔板的蒸汽流量而维持抽汽压力。反之，如果汽轮机功率增加，这级抽汽压力也将增加，这也不符合热用户要求，

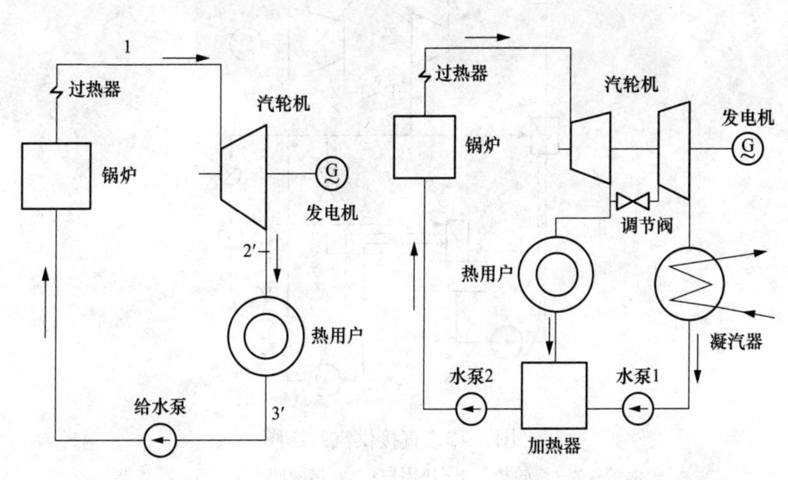

图 6-10　背压式热电联产循环　　图 6-11　抽汽调节式热电联产循环

因此，就将此调节隔板的流通孔开大，以降低这级抽汽的参数。

二、供热方式

热电厂的供热系统根据载热介质的不同可分为水热网（也称水网）和汽热网（也称汽网）。

水热网是通过热网换热器，将热电厂蒸汽的热量传递给循环水供热系统。水网的优点是输送热水的距离较远，可达 30km 左右，在绝大部分供暖期间可以使用压力较低的汽轮机抽汽，从而提高了热电厂的经济性。水网的蓄热能力较汽网高，与有返回水的汽网相比，金属消耗量小，投资及运行费用少。水网的缺点是输送热水要消耗电能，水网的水力工况的稳定和分配较为复杂；由于水的密度大，事故时水网的泄漏是汽网的 20～40 倍。

汽网供热的特点是通用性好，可满足各种用热形式的需要，特别是某些生产工艺用热必须用蒸汽。汽网有直接供汽系统和间接供汽两种方式，分别如图 6-12 和图 6-13 所示。

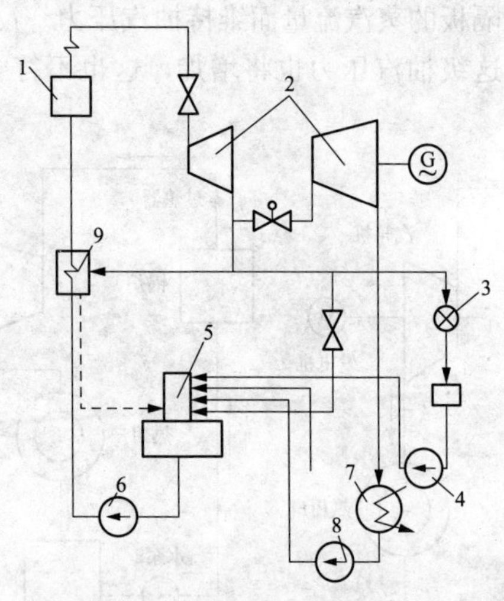

图 6-12　直接供汽系统图

1—锅炉；2—汽轮机；3—热用户；4—热网回水泵；5—除氧器；6—给水泵；7—凝汽器；8—凝结水泵；9—高压加热器

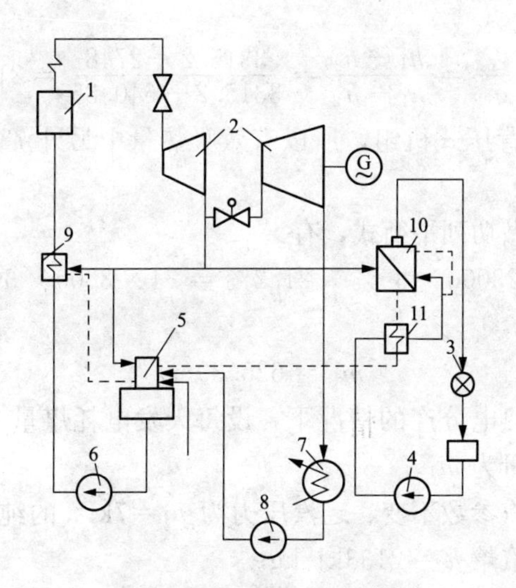

图 6-13 间接供汽系统图

1—锅炉；2—汽轮机；3—热用户；4—热网回水泵；5—除氧器；6—给水泵；7—凝汽器；8—凝结水泵；9—高压加热器；10—蒸汽发生器；11—蒸汽给水预热器

【例 6-4】 热电联产节约用煤

某热电厂发电功率为 30MW，使用理想背压式汽轮机，$p_1 =$ 5MPa、$t_1 = 450℃$，排汽压力 $p_2 = 0.5\text{MPa}$，排汽全部用于供热，p_2 对应的饱和水送回锅炉吸热。假设煤的低位发热值为 23000kJ/kg，计算电厂的循环热效率及每天耗煤量（t/d），设锅炉热效率为 85%。如果热、电分开生产，电由主蒸汽参数不变、乏汽压力为 $p_2 = 7\text{kPa}$ 的凝汽式汽轮机生产，热能（0.5MPa、160℃的蒸汽）由热效率为 85% 的锅炉单独供应，其他条件同上，试比较其耗煤量。不计水泵耗功。

解：（1）在热电联产的情况下，设每天耗煤量为 m_1。

$p_1 = 5\text{MPa}$、$t_1 = 450℃$ 时，查得 $h_1 = 3315.2\text{kJ/kg}$。

$p_2 = 0.5\text{MPa}$ 时，查得排汽的焓 $h_2 = 2748\text{kJ/kg}$。

0.5MPa 对应的饱和水的焓 $h_2' = 460.35\text{kJ/kg}$。

则循环热效率为

$$\eta_t = \frac{w_{net}}{q_1} = \frac{h_1 - h_2}{h_1 - h_2'} = \frac{3315.2 - 2748}{3315.2 - 640.35} = 21.2\%$$

由于是背压式机组，所以有效吸热量中另外 78.8%的部分对外供热。

对每天做功列平衡式，有

$$m_1 \times 10^3 \times 23000 \times 85\% \times 21.2\% = 24 \times 3600 \times 30 \times 10^3 (\text{kJ})$$

解得

$$m_1 = 625.39(\text{t})$$

（2）在热电分产的情况下，设每天发电耗煤量为 m_2，设每天供热耗煤量为 m_3。

在主蒸汽参数不变、乏汽压力为 p_2=7kPa 的纯凝汽式情况下，查得乏汽焓 h_2=2133kJ/kg。

7kPa 对应的饱和水的焓 h_2'=163.31kJ/kg。

则循环热效率为

$$\eta_t = \frac{w_{net}}{q_1} = \frac{h_1 - h_2}{h_1 - h_2'} = \frac{3315.2 - 2133}{3315.2 - 163.31} = 37.51\%$$

分别对做功和供热列平衡式，有

$$m_2 \times 10^3 \times 23000 \times 85\% \times 37.51\% = 24 \times 3600 \times 30 \times 10^3$$

$$m_3 \times 10^3 \times 23000 \times 85\% = 625.39 \times 10^3 \times 23000 \times 85\% \times 78.8\%$$

解得

$$m_2 = 353.46(\text{t})$$

$$m_3 = 492.81(\text{t})$$

热电联产与热电分产相比，每天少烧煤的量为

$$\Delta m = m_2 + m_3 - m_1 = 353.46 + 492.81 - 625.39 = 220.88(\text{t})$$

从【例 6-4】可以看出，热电联产方式的确可以节约大量能源。2016 年修订的中华人民共和国《节约能源法》第三十一条中明确规定："国家鼓励工业企业采用高效、节能的电动机、锅炉、窑炉、风机、泵类等设备，采用热电联产、余热余压利用、洁净煤以及先进的用能监测和控制等技术。"第三十二条规定："电网企业应当按照国务院有关部门制定的节能发电调度管理的

规定，安排清洁、高效和符合规定的热电联产、利用余热余压发电的机组以及其他符合资源综合利用规定的发电机组与电网并网运行，上网电价执行国家有关规定。”第七十八条规定：“电网企业未按照本法规定安排符合规定的热电联产和利用余热余压发电的机组与电网并网运行，或者未执行国家有关上网电价规定的，由国家电力监管机构责令改正；造成发电企业经济损失的，依法承担赔偿责任。”

第五节　燃气轮机装置循环

一、概述

燃气轮机装置是一种以空气和燃气为工质的热动力设备。1872 年，侨居美国的英国工程师布雷登（G. Brayton）提出了一种把压缩缸和膨胀做功缸分开的往复式煤气机，采用定压加热循环，它与燃气轮机的简单循环是一样的，因此，不少论著中把燃气轮机循环称为布雷登循环。

现代燃气轮机技术是从 1939 年德国的 Hinkel 工厂研制成功第一台航空涡轮喷气发动机和瑞士 BBC 公司研制成功第一台工业发电用燃气轮机开始的。随着人们对气体动力学等基础科学认识的深化，冶金水平、冷却技术、结构设计和工艺水平的不断提高和完善，通过提高燃气初温、增大压气机增压比、充分利用燃气轮机的排气余热、与其他类型动力机械的联合使用等途径，使得燃气轮机的性能在最近几十年中取得了巨大进步，燃气轮机发电在世界电力结构中的比例不断增加。美国早在 1987 年燃气轮机装置的生产总量就已经超过蒸汽轮机生产总量。

简单的定压燃气轮机装置主要由压气机、燃烧室和燃气轮机（透平）3 大部件构成。图 6-14 所示为最简单的定压加热开式循环燃气轮机及其工作示意图。压气机连续地吸入空气并使之增压（空气温度也相应提高），送到燃烧室的空气与燃料混合燃烧，形成高温高压的燃气；燃气在燃气轮机（透平）中膨胀做功，带动压气机和外负荷；从燃气轮机中排出的乏气排至环境中放热。

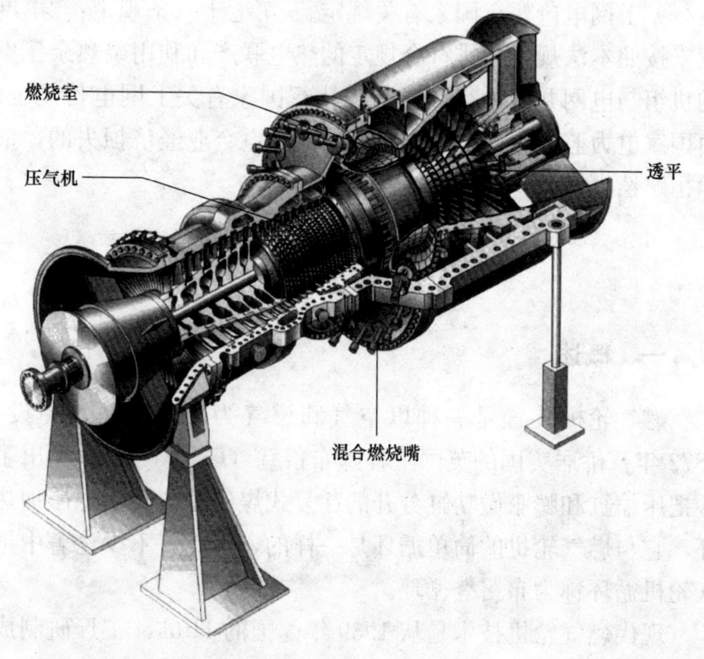

图 6-14　燃气轮机装置

采用燃气轮机装置发电的主要优点有：

（1）启停快捷，调峰性能好，作为电网中的应急备用电源或负荷调峰机组是完全必要的。

（2）循环效率高。燃气-蒸汽联合循环发电效率可达 60% 左右。

（3）采用油或天然气为燃料，燃烧效率高，污染小。

（4）无须煤场、输煤系统、除灰系统，厂区占地面积比燃煤火力发电厂小很多。

（5）耗水量少。一般燃气轮机单循环只需燃煤火力发电厂 2%～10%的用水量，联合循环也只需同容量燃煤火力发电厂 1/3 的用水量，这对于缺水地区建电厂尤为重要。

（6）建厂周期短。燃气轮机在制造厂完成了最大可能装配后才集装运往现场，施工安装简便。

采用燃气轮机装置发电也有不足之处。首先，是我国的能源结构是以煤为主，油和天然气资源相对短缺，直接烧油或天然气发电成本高；其次，是目前我国在重型燃气轮机方面的技术水平落后，主要设备需进口，需要做出艰苦的努力，走“引进、吸收、跨越”的发展道路。

二、燃气轮机定压加热理想循环分析

为了对燃气轮机装置进行热力学分析，首先要对实际循环进行以下理想化处理：

（1）假定工质是比热容为定值的理想气体，燃烧之前或之后成分不变，都当作是空气。

（2）工质经历的所有过程都是可逆过程。

（3）在压气机和燃气轮机中皆为绝热过程。

（4）工质在燃烧室中经历的是定压加热过程。

（5）工质向环境放热是定压放热过程，放热后进入压气机入口，构成闭式循环。

经过上述简化后，就可以得到燃气轮机定压加热理想循环，又称为布雷登循环，这个循环的 p-v 图和 T-s 图如图 6-15 所示。图中 1-2 为空气在压气机中的可逆绝热压缩过程（定熵）；2-3

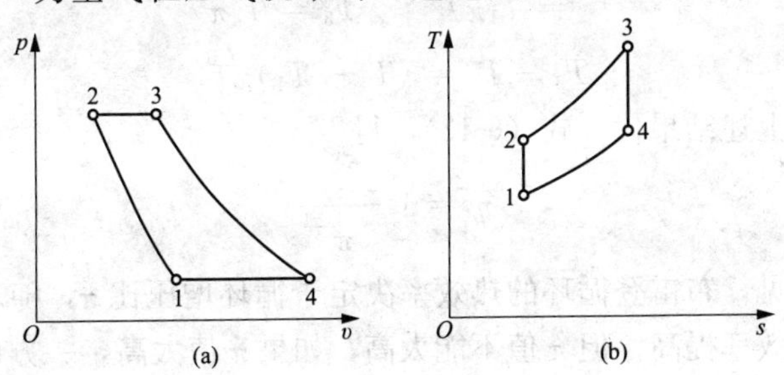

图 6-15　燃气轮机定压加热理想循环

（a）p-v 图；（b）T-s 图

为空气在燃烧室中的可逆定压加热过程；3-4 为燃气在燃气轮机中的可逆绝热膨胀过程（定熵）；4-1 为乏气在环境中的可逆定压放热过程。

下面分析燃气轮机定压加热理想循环的热效率

循环中工质的吸热量为

$$q_1 = c_p(T_3 - T_2)$$

工质对外界放出的热量为

$$q_2 = c_p(T_4 - T_1)$$

循环的热效率为

$$\eta_t = 1 - \frac{q_2}{q_1} = 1 - \frac{T_4 - T_1}{T_3 - T_2} \tag{6-13}$$

因为 1-2 和 3-4 都是可逆绝热过程，故有

$$\frac{T_2}{T_1} = \left(\frac{p_2}{p_1}\right)^{\frac{k-1}{k}}$$

$$\frac{T_3}{T_4} = \left(\frac{p_3}{p_4}\right)^{\frac{k-1}{k}}$$

所以

$$\frac{p_2}{p_1} = \frac{p_3}{p_4} = \pi$$

式中 $\pi = \frac{p_2}{p_1}$，称为燃气轮机的循环增压比。

$$T_2 = T_1\pi^{\frac{k-1}{k}} \qquad T_3 = T_4\pi^{\frac{k-1}{k}}$$

$$T_3 - T_2 = (T_4 - T_1)\pi^{\frac{k-1}{k}}$$

将上述结果代入式（6-13），得

$$\eta_t = 1 - \frac{1}{\pi^{\frac{k-1}{k}}} \tag{6-14}$$

可见，布雷登循环的热效率决定于循环增压比 π，随着 π 增大，热效率提高。但 π 值不能太高，如果 π 值太高，一方面使压气机消耗的功增加，另一方面进入燃烧室的空气的温度 T_2 也太高，在允许进入燃气轮机的温度 T_3 一定的情况下，工质在燃烧

室吸收的热量减少，最后会影响机组输出的净功。

【例 6-5】 理想燃气轮机循环

某燃气轮机装置理想循环，增压比 $\pi=13$，燃气轮机入口温度 $T_3=1500\text{K}$，压气机入口状态为 0.1MPa、20℃，认为工质是空气，且比热容为定值，$c_p=1.004\text{kJ/(kg}\cdot\text{K)}$，$k=1.4$。试求燃气轮机排气温度 T_4、循环的热效率、压气机耗功、燃气轮机做功及循环净功。

解：循环 T-s 图见图 6-15。

压力机理想出口温度为

$$T_2 = T_1\left(\frac{p_2}{p_1}\right)^{\frac{k-1}{k}} = 293.15\times 13^{\frac{1.4-1}{1.4}} = 610.04(\text{K})$$

燃气轮机理想出口温度为

$$T_4 = T_3\left(\frac{p_4}{p_3}\right)^{\frac{k-1}{k}} = 1500\times\left(\frac{1}{13}\right)^{\frac{1.4-1}{1.4}} = 720.81(\text{K})$$

循环热效率为

$$\eta_t = 1-\frac{1}{\pi^{\frac{k-1}{k}}} = 1-\frac{1}{13^{\frac{1.4-1}{1.4}}} = 51.95\%$$

压气机耗功为

$$w_c = c_p(T_2-T_1) = 1.004\times(610.04-293.15) = 318.16(\text{kJ/kg})$$

燃气轮机做功为

$$w_T = c_p(T_3-T_4) = 1.004\times(1500-720.81) = 782.31(\text{kJ/kg})$$

循环净功为

$$w_{net} = w_T - w_c = 782.31-318.16 = 464.15(\text{kJ/kg})$$

可见，在燃气轮机装置循环中，压气机消耗了相当的功，是不能忽略的。

三、燃气轮机实际循环

燃气轮机实际循环的各个过程都存在着不可逆因素。这里主要考虑压缩过程和膨胀过程中存在的不可逆性。如图 6-16 所示，虚线 1-2′表示压气机中的不可逆绝热压缩过程，虚线 3-4′表示燃气轮机中的不可逆绝热膨胀过程。这两个过程的共同特点都是朝熵增加方向偏移。

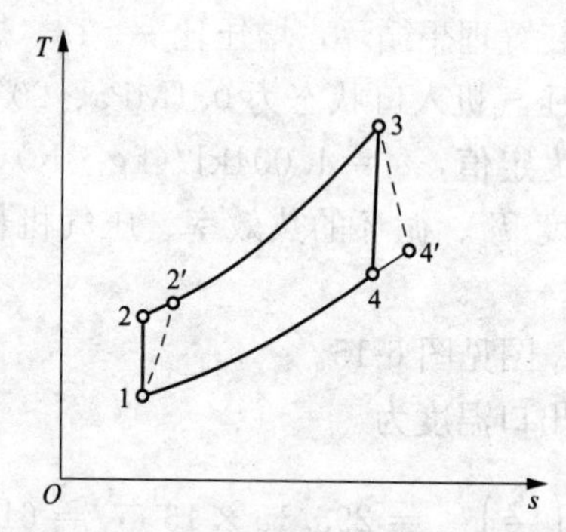

图 6-16　燃气轮机装置实际循环的 T-s 图

第三章已定义了压气机的绝热效率，即

$$\eta_{c,s} = \frac{w_{c,s}}{w_c'} = \frac{h_2 - h_1}{h_2' - h_1}$$

所以，压气机实际耗功为

$$w_c' = h_2' - h_1 = \frac{1}{\eta_{c,s}}(h_2 - h_1) \tag{6-15}$$

燃气轮机的不可逆性用相对内效率来表示，其定义和蒸汽轮机的相对内效率是一样的，即

$$\eta_{ri} = \frac{w_T'}{w_T} = \frac{h_3 - h_4'}{h_3 - h_4} \tag{6-16}$$

式中　w_T'——实际膨胀做出的功；

w_T——理想循环做出的功。

所以燃气轮机实际做功为

$$w_T' = h_3 - h_4' = \eta_{ri}(h_3 - h_4)$$

实际循环的循环净功为

$$w_{net}' = w_T' - w_c'$$

实际循环中气体的吸热量为

$$q_1 = h_3 - h_2'$$

因而实际循环的热效率为

$$\eta_t = \frac{w'_{net}}{q_1} = \frac{w'_T - w'_c}{h_3 - h'_2} \tag{6-17}$$

关于燃气轮机定压加热实际循环热效率的公式就推导到这里，不求详细结果，有兴趣的读者可以参考有关文献。这里只介绍相关结论：压气机中压缩过程和燃气轮机中的膨胀过程不可逆损失越小，即 $\eta_{c,s}$、η_{ri} 越大，则实际循环热效率越高；循环增温比（T_3/T_1）越大，实际循环热效率也越高；当增温比（T_3/T_1）及 $\eta_{c,s}$、η_{ri} 一定时，随着增压比 π 增大，实际循环的热效率先增大，到某一最高效率后又开始下降。

【例 6-6】 燃气轮机装置实际循环

燃气轮机定压加热实际循环，压气机的入口温度为 290K，压力为 95kPa，流量为 60kg/s，循环的最高温度为 1500K，最高压力为 950kPa，压气机的绝热效率为 $\eta_{CS}=0.85$，燃气轮机相对内效率 $\eta_{ri}=0.87$，空气的定压质量比热 $c_p=1.004\text{kJ/(kg}\cdot\text{K)}$，空气的绝热指数 $k=1.4$。求：

（1）压气机和燃气轮机的实际出口温度。

（2）循环的热效率。

（3）净输出功率。

解：（1）该循环的 T-s 图如图 6-16 所示

压力机理想出口温度为

$$T_2 = T_1\left(\frac{p_2}{p_1}\right)^{\frac{k-1}{k}} = 290 \times \left(\frac{950}{95}\right)^{\frac{1.4-1}{1.4}} = 559.9(\text{K})$$

燃气轮机理想出口温度为

$$T_4 = T_3\left(\frac{p_4}{p_3}\right)^{\frac{k-1}{k}} = 1500 \times \left(\frac{95}{950}\right)^{\frac{1.4-1}{1.4}} = 776.9(\text{K})$$

根据压气机绝热效率的定义，有

$$\eta_{c,s} = \frac{T_2 - T_1}{T_{2'} - T_1} = \frac{559.9 - 290}{T_{2'} - 290} = 0.85$$

解之得压气机实际出口温度为

$$T'_2 = 607.5\text{K}$$

根据燃气轮机相对内效率的定义，有

$$\eta_{ri}=\frac{T_3-T_{4'}}{T_3-T_4}=\frac{1500-T_{4'}}{1500-776.9}=0.87$$

解之得燃气轮机实际出口温度为

$$T_{4'}=870.9(\mathrm{K})$$

（2）循环热效率为

$$\eta_t=1-\frac{q_2}{q_1}=1-\frac{c_p(T_{4'}-T_1)}{c_p(T_3-T_{2'})}=1-\frac{870.9-290}{1500-607.5}=34.91\%$$

（3）净输出功率。单位质量工质的循环净功为

$$w_{net}=w_T-w_C=c_p[(T_3-T_{4'})-(T_{2'}-T_1)]=$$
$$1.004\times[(1500-870.9)-(607.5-290)]=312.8(\mathrm{kJ/kg})$$

机组净输出功率为

$$P=\dot{m}w_{net}=60\times312.8=18770(\mathrm{kW})$$

或者

$$P=\dot{Q}_1\eta_t=60\times1.004\times(1500-607.5)\times34.91\%=18770(\mathrm{kW})$$

四、燃气-蒸汽联合循环

由【例6-6】可知，简单燃气轮机装置实际循环热效率并不高。而燃气-蒸汽联合循环就是以燃气轮机装置作为顶循环，蒸汽动力装置作为底循环，分别有燃气、水蒸气两种工质做功的联合循环，如图6-17所示。燃气轮机的排气送入余热锅炉加热水，使之变为水蒸气，驱动底循环，余热锅炉内一般不用另加燃料。当然也有在余热锅炉内加燃料补燃的情况。

在理想情况下，燃气轮机装置的定压放热量 Q_{41} 可以完全被余热锅炉加以利用，产生水蒸气，实际上，由于存在传热端差，仅有过程4-5排放的热量得到利用，过程5-1仍为向大气放热。故联合循环的热效率为

$$\eta_t=1-\frac{Q_2}{Q_1}=1-\frac{Q_{bc}+Q_{51}}{Q_{23}} \tag{6-18}$$

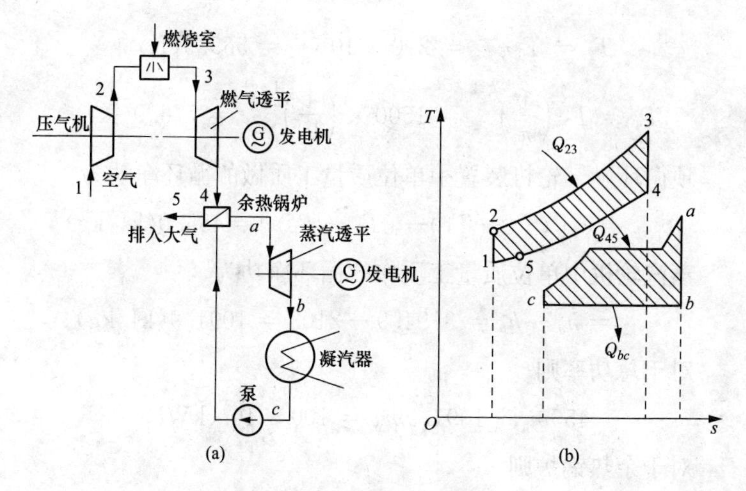

图 6-17　燃气-蒸汽联合循环

(a) 设备图；(b) T-s 图

【例 6-7】　燃气-蒸汽联合循环

一理想燃气-蒸汽联合循环装置，总输出功率为 100MW，顶循环为理想布雷顿循环，空气进入压气机的压力 $p_1=0.1\text{MPa}$、温度 $T_1=290\text{K}$，压气机的增压比 $\pi=10$，燃气轮机废气离开余热锅炉的温度 $T_5=380\text{K}$，燃气轮机进口温度 $T_3=1500\text{K}$。底循环为理想朗肯循环，余热锅炉出口蒸汽温度 $t_a=400℃$、压力 $p_a=5\text{MPa}$，凝汽器中压力 $p_b=p_c=0.01\text{MPa}$，为了便于计算，燃气轮机循环工质看作空气，$c_p=1.004\text{kJ/(kg·K)}$，$k=1.4$，不考虑余热锅炉的散热损失，水泵耗功也不计。求：

（1）空气的流量和水蒸气的流量。

（2）顶循环和底循环的功率。

（3）联合循环的总效率。

解： 本题燃气-蒸汽联合循环的 T-s 图见图 6-17（b）。

（1）设空气的流量为 m_a（kg/s），水蒸气的流量为 m_w（kg/s）。

$t_\text{a}=400℃$，$p_\text{a}=5\text{MPa}$ 时，查水蒸气表得，$h_\text{a}=3194.9\text{kJ/kg}$。

乏汽的焓 $h_b=2103\text{kJ/kg}$，凝结水的焓 $h_c=191.76\text{kJ/kg}$。

$$T_2 = T_1 \pi^{\frac{k-1}{k}} = 290 \times 10^{\frac{1.4-1}{1.4}} = 559.9(\mathrm{K})$$

$$T_4 = T_3 \left(\frac{1}{\pi}\right)^{\frac{k-1}{k}} = 1500 \times \left(\frac{1}{10}\right)^{\frac{1.4-1}{1.4}} = 776.9(\mathrm{K})$$

顶循环燃气轮机装置中单位质量工质做的循环净功为

$$w_{\mathrm{net1}} = c_p[(T_3 - T_4) - (T_2 - T_1)] = 455.0(\mathrm{kJ/kg})$$

蒸汽轮机中单位质量工质作的循环净功为

$$w_{\mathrm{net2}} = h_a - h_b = 3194.9 - 2103 = 1091.9(\mathrm{kJ/kg})$$

对于总功率则

$$455 m_{\mathrm{a}} + 1091.9 m_{\mathrm{w}} = 100 \times 10^3 (\mathrm{kW})$$

对于余热锅炉则

$$m_{\mathrm{a}} c_p (T_4 - T_5) = m_{\mathrm{w}} (h_a - h_c)$$

联立求解以上两方程，得

$$m_{\mathrm{a}} = 166.7\mathrm{kg/s} \qquad m_{\mathrm{w}} = 22.12\mathrm{kg/s}$$

（2）顶循环的功率为

$$P_1 = m_{\mathrm{a}} w_{\mathrm{net1}} = 166.7 \times 455 = 75848.5(\mathrm{kW}) \approx 76\mathrm{MW}$$

底循环的功率为

$$P_2 = m_{\mathrm{w}} w_{\mathrm{net2}} = 22.12 \times 1091.9 = 24152.8(\mathrm{kW}) \approx 24\mathrm{MW}$$

（3）总的付出为

$$Q_1 = m_{\mathrm{a}} c_p (T_3 - T_2) = 166.7 \times 1.004 \times (1500 - 559.9) = 157341.5(\mathrm{kW})$$

因此，联合循环的总效率为

$$\eta_{\mathrm{t}} = \frac{100 \times 10^3}{157341.5} = 63.56\%$$

可见，燃气-蒸汽联合循环装置的效率是很可观的。其中燃气轮机装置发电占大部分。

由于燃气轮机装置和蒸汽动力装置在技术上都很成熟，因此，实现燃气-蒸汽联合循环并无困难。目前，实际联合循环的净发电效率可达50%以上。

复　习　题

一、简答题

1. 在相同温限之间卡诺循环的热效率最高，为什么蒸汽动力循环不采用卡诺循环？

2. 背压式供热循环没有凝汽器，它是否违反了热力学第二定律？

3. 朗肯循环由哪几个过程组成？这些热力过程分别在哪些热力设备中怎样完成的？

4. 试画出燃气-蒸汽联合循环的系统设备图（标明设备名称）及 T-s 图。

5. 中间再热的主要作用是什么？如何选择再热压力才能使再热循环的热效率比初终参数相同而无再热的机组效率高？

6. 蒸汽动力循环热效率不高的原因是凝汽器对环境放出大量的热，能否取消凝汽器，而直接将乏汽升压再送回锅炉加热，这样不就可以大幅度地提高循环的热效率吗？

7. 回热是什么意思？为什么回热能提高循环的热效率？

8. 能否在汽轮机中将全部蒸汽逐级抽出来用于回热，这样就可以取消凝汽器，从而提高循环的热效率？

二、填空题

1. 汽耗率的单位是__________，热耗率的单位是__________，煤耗率的单位是__________。

2. 在其他条件相同下，提高朗肯循环主蒸汽压力，会使循环热效率__________，煤耗率__________，乏汽干度__________。

3. 背压式热电联产机组理论上能量利用效率可到达__________。

4. 采用再热后，汽耗率__________；采用回热后汽耗率__________。

5. 和亚临界机组不同，超临界机组的锅炉没有__________，必定要使用直流锅炉。

6. 核电厂的再热器和火力发电厂的再热器不同，称为__________。

7. 世界运行的核电站主要包括两种堆型：__________和__________。

8. 燃气轮机装置循环又称为__________循环。

9. 当今世界发电效率最高的循环是__________循环。

三、判断题（正确填√，错误填×）

1. 蒸汽动力循环可以采用卡诺循环。（　）

2. 朗肯循环的热效率越高，汽耗率越低。（　）

3. 朗肯循环的热效率越高，煤耗率越低。（　）

4. 燃气轮机定压加热理想循环的热效率决定于增压比，与循环最高温度无关。（　）

5. 采用再热后，必定能提高循环热效率。（　）

6. 采用回热后，必定能提高循环热效率。（　）

7. 燃气-蒸汽联合循环中，燃气发电大于蒸汽发电。（　）

8. 背压式热电联产机组能量利用效率高，但不灵活。（　）

四、计算题

1. 朗肯循环中，汽轮机入口参数为 $p_1=12$MPa、$t_1=540$℃。试计算乏汽压力分别0.005、0.01MPa时的循环热效率，通过比较计算结果，说明什么问题？

2. 朗肯循环中，汽轮机入口初温 $t_1=540$℃，乏汽压力为0.008MPa，试计算当初压 p_1分别为5MPa和10MPa时的循环热效率及乏汽干度。

3. 某再热循环，其新汽参数为 $p_1=12$MPa、$t_1=540$℃，再热压力为5MPa，再热后的温度为540℃，乏汽压力为 $p_2=6$kPa，设汽轮机功率为125MW，循环水在凝汽器中的温升为10℃。不计水泵耗功。求循环热效率、蒸汽流量和流经凝汽器的循环冷却水的流量。

4. 水蒸气绝热稳定流经一汽轮机，入口 $p_1=10$MPa、$t_1=$

510℃，出口 $p_2=10$kPa，$x_2=0.9$，如果质量流量为 100kg/s，求汽轮机的相对内效率及输出功率。

5. 汽轮机理想动力装置，其新汽参数为 $p_1=12$MPa、$t_1=480$℃，采用一次再热，再热压力为 $p_a=3$MPa，再热后的温度为 480℃，乏汽压力为 $p_2=4$kPa，蒸汽流量为 500t/h，不计水泵耗功。求循环热效率及机组的功率。

6. 汽轮机理想动力装置，功率为 125MW，其新汽参数为 $p_1=10$MPa、$t_1=500$℃，采用一次抽汽回热，抽汽压力为 2MPa，乏汽压力为 $p_2=10$kPa，不计水泵耗功。求循环热效率、主蒸汽流量、理想热耗率、煤耗率。

7. 按照朗肯循环运行的电厂装有一台功率为 5MW 的背压式汽轮机，其蒸汽初、终参数为 $p_1=5$MPa、$t_1=450$℃、$p_2=0.6$MPa。排汽送到用户，返回时变成 p_2 下的饱和水送回锅炉。若锅炉效率 $\eta_b=0.85$，燃料低位发热量为 26000kJ/kg，试求锅炉每小时的燃料消耗量及每小时供热量。

8. 某热电厂装有一台功率为 100MW 的调节抽汽式汽轮机。已知其进汽参数为 $p_1=10$MPa、$t_1=540$℃，凝汽器中的压力 $p_2=5$kPa。在 $p_0=0.5$MPa 压力下，从汽轮机中抽出一部分蒸汽，送往某化工厂作为工艺加热之用，假定凝结水全部返回热电厂，其温度为 40℃。若该化工厂需从热电厂获得 7×10^7kJ/h 的供热量，试求该供热式汽轮机功率理论上每小时需要的蒸汽量。

9. 某燃气轮机装置理想循环，已知工质的质量流量为 15kg/s，增压比 $\pi=10$，燃气轮机入口温度 $T_3=1200$K，压气机入口状态为 0.1MPa、20℃，认为工质是空气，且比热容为定值，$c_p=1.004$kJ/(kg·K)，$k=1.4$。试求循环的热效率、输出的净功率及燃气轮机排气温度。

10. 有人建议利用来自海洋的甲烷气体来发电，甲烷气作为燃气-蒸汽联合循环的燃料。此装置建在海面平台上，可以将废热排入海洋中，设计条件如下：

(1) 压气机入口空气条件：0.1MPa、20℃。

（2）压气机增压比：$\pi=10$。

（3）燃气轮机入口温度：1200℃。

（4）蒸汽轮机入口参数：6MPa、320℃。

（5）蒸汽冷凝温度：15℃。

（6）压气机效率：0.87。

（7）燃气轮机相对内效率：0.9。

（8）汽轮机相对内效率：0.92。

（9）余热锅炉中废气排出温度：100℃。

（10）机组功率：100MW。

试计算联合循环的热效率、空气和水蒸气的质量流量（t/h）。如果在 0.1MPa，20℃下燃料的低位发热量为 38000kJ/m^3，试计算为了满足输出功率，需要 1.0MPa，50℃下燃料体积流量是多少（m^3/h）？

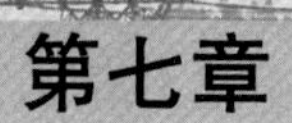

第七章 制冷与热泵循环

第一节 概 述

在生产、生活实践中，为了贮存医药、食品，或是为了满足某些生产工艺的特殊要求，就需要使冷藏室获得并维持低于外界环境的温度。因此，必须设法使热能不断地从低温物体排向高温物体，这就是制冷过程。制冷是通过制冷装置来实现的。

根据热力学第二定律，制冷过程不能自发进行，完成制冷必须付出代价，这个代价就是消耗机械能或高温热能。消耗机械能的即为压缩式制冷循环，分为压缩气体制冷循环和压缩蒸汽制冷循环两大类。消耗高温热能的主要是吸收式制冷循环和蒸汽喷射式制冷循环。以上是本章的主要内容。此外，还有吸附式制冷循环、半导体制冷等。

完成制冷任务的工质称为制冷剂，它可以是气体，也可以是蒸汽。目前世界上运行的制冷装置绝大部分采用压缩蒸汽制冷。此外，各种对环境无害的制冷方式，如压缩气体制冷、吸收式制冷正越来越受到重视。

在第二章里知道，最理想的制冷循环是逆向卡诺循环，其制冷系数为

$$\varepsilon_C = \frac{q_2}{q_1 - q_2} = \frac{T_2}{T_1 - T_2} \tag{7-1}$$

式中 T_2——冷藏室里维持的温度；

T_1——制冷装置周围的环境温度。

由式（7-1）可知，在环境温度 T_1 一定的条件下，T_2 越高，制冷系数 ε 越大，消耗的功越少。2006 年 8 月 6 日公布的《国务

院关于加强节能工作的决定》第 27 条规定：所有公共建筑内的单位，包括国家机关、社会团体、企事业组织和个体工商户，除特定用途外，夏季室内空调温度设置不低于 26 摄氏度。

在工程上，制冷系数常用 *COP* 符号表示，*COP* 是 coefficient of performance 的缩写。

热泵循环（供热循环）和制冷循环在热力学原理上相同，都是消耗外部能量的逆向循环，但使用的目的和工作温度范围不同。

第二节　压缩空气制冷循环

以空气为工质的制冷循环称为压缩空气制冷循环。它由压气机、冷却器、膨胀机和冷藏室 4 部分组成，如图 7-1 所示。压缩空气制冷循环的 p-v 图和 T-s 图见图 7-2，其中 T_0 为环境温度，T_C为冷藏室温度。1-2 为空气在压气机中的绝热压缩过程；2-3 为热空气在冷却器中的定压放热过程，理论上可以将空气冷却到环境温度，即 $T_3=T_0$；3-4 为空气在膨胀机中可逆绝热膨胀过程，4 点温度低于冷藏室温度；4-1 为空气在冷藏室中定压吸热过程。

下面分析压缩空气制冷循环的制冷系数。

1kg 工质向高温热源排放的热量为

$$q_1 = h_2 - h_3$$

1kg 工质从冷藏室中吸收的热量（即制冷量）为

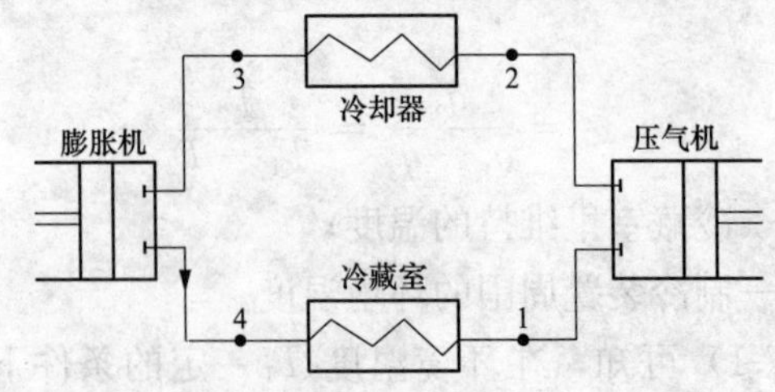

图 7-1　压缩空气制冷循环的系统图

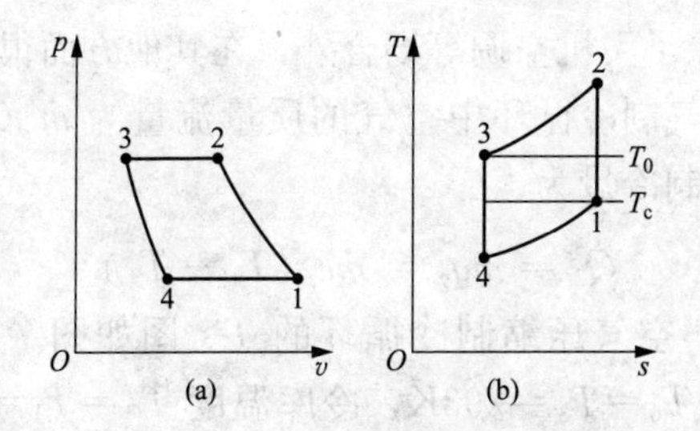

图 7-2　压缩空气制冷循环的 p-v 图和 T-s 图
（a）p-v 图；（b）T-s 图

$$q_2 = h_1 - h_4$$

故制冷系数为

$$\varepsilon = \frac{q_2}{q_1 - q_2} = \frac{h_1 - h_4}{(h_2 - h_3) - (h_1 - h_4)} \tag{7-2}$$

如果把空气视为理想气体，并且比热容为定值，则

$$\varepsilon = \frac{T_1 - T_4}{(T_2 - T_3) - (T_1 - T_4)} \tag{7-3}$$

因 1-2 和 3-4 过程都是定熵的，且 $p_2 = p_3$，$p_1 = p_4$，故有

$$\frac{T_2}{T_1} = \left(\frac{p_2}{p_1}\right)^{\frac{k-1}{k}} = \pi^{\frac{k-1}{k}} = \left(\frac{p_3}{p_4}\right)^{\frac{k-1}{k}} = \frac{T_3}{T_4}$$

式中　$\pi = \dfrac{p_2}{p_1}$——循环增压比。

$$T_2 = T_1 \pi^{\frac{k-1}{k}} \qquad T_3 = T_4 \pi^{\frac{k-1}{k}}$$

$$T_2 - T_3 = (T_1 - T_4)\pi^{\frac{k-1}{k}}$$

将上式代入式（7-3），有

$$\varepsilon = \frac{1}{\pi^{\frac{k-1}{k}} - 1} \tag{7-4}$$

由式（7-4）可知，循环增压比 π 越低，制冷系数越大。但是增压比减小会使单位质量工质的制冷量 q_2 减小。再加上活塞式压缩机和膨胀机的循环工质的质量流率 $\dot{m}$ 不能太大，因此，压缩空气制冷循环的制冷量很小。这种制冷循环在普冷范围（t_C >

−50℃)内，除了飞机空调等场合外，在其他方面很少应用。

若压缩空气制冷循环中空气的质量流量为 $\dot{m}$（kg/s），则单位时间循环的制冷量为

$$\dot{Q}_2 = \dot{m}q_2 = \dot{m}c_p(T_1 - T_4) \tag{7-5}$$

【例 7-1】 空气压缩制冷循环的 T-s 图如图 7-2（b）所示。已知大气温度 $T_0 = T_3 = 293\text{K}$，冷库温度 $T_C = T_1 = 263\text{K}$，压气机增压比 $\pi = \frac{p_2}{p_1} = 3$。试求：

（1）压气机消耗的理论功。

（2）膨胀机做出的理论功。

（3）单位质量空气的理论制冷量。

（4）理论制冷系数。

解： $$T_2 = T_1\left(\frac{p_2}{p_1}\right)^{\frac{k-1}{k}} = 263 \times 3^{\frac{1.4-1}{1.4}}\text{K} = 359.98\text{K}$$

$$T_4 = T_3\left(\frac{p_4}{p_3}\right)^{\frac{k-1}{k}} = 293 \times \left(\frac{1}{3}\right)^{\frac{1.4-1}{1.4}}\text{K} = 214.07\text{K}$$

（1）压气机消耗的理论功为

$$w_C = h_2 - h_1 = c_p(T_2 - T_1) = 1.004 \times (359.98 - 263) = 97.37(\text{kJ/kg})$$

（2）膨胀机做出的理论功为

$$w_T = h_3 - h_4 = c_p(T_3 - T_4) = 1.004 \times (293 - 214.07) = 79.25(\text{kJ/kg})$$

（3）单位质量空气的理论制冷量为

$$q_2 = h_1 - h_4 = c_p(T_1 - T_4) = 1.004 \times (263 - 214.07) = 49.13(\text{kJ/kg})$$

（4）理论制冷系数为

$$\varepsilon = \frac{q_2}{w_{net}} = \frac{q_2}{w_C - w_T} = \frac{49.13}{97.37 - 79.25} = 2.71$$

或者 $$\varepsilon = \frac{1}{\pi^{\frac{k-1}{k}} - 1} = \frac{1}{3^{\frac{1.4-1}{1.4}} - 1} = 2.71$$

第三节 压缩蒸汽制冷循环

与压缩空气制冷循环相比，压缩蒸汽制冷循环有两个显著的优点：一是饱和蒸汽定压吸热和放热过程都同时是定温的，因而它更接近于逆向卡诺循环，制冷系数较高；二是蒸汽的汽化热很大，因而单位质量工质的制冷量大，可以采用尺寸较小的设备。

图 7-3 所示为压缩蒸汽制冷循环装置示意图。与压缩空气制冷循环相比，该循环装置有两点不同：一是用节流阀取代了膨胀机。从能量利用的角度看，这是不经济的，少回收了部分机械功。但是，这是不得已的办法，因为从冷凝器出来后，工质为液态，液态工质膨胀变为湿蒸汽状态的膨胀机难以设计。采用节流阀后，虽然损失了一部分机械功，但系统变得简单了，投资减少，同时也使冷藏室的温度调节变得十分方便。第二个不同点是虽然设备功能没有变化，但是名称发生了变化。冷却器变成了冷凝器，冷库又习惯上称为蒸发器，这是由于发生相变的缘故。

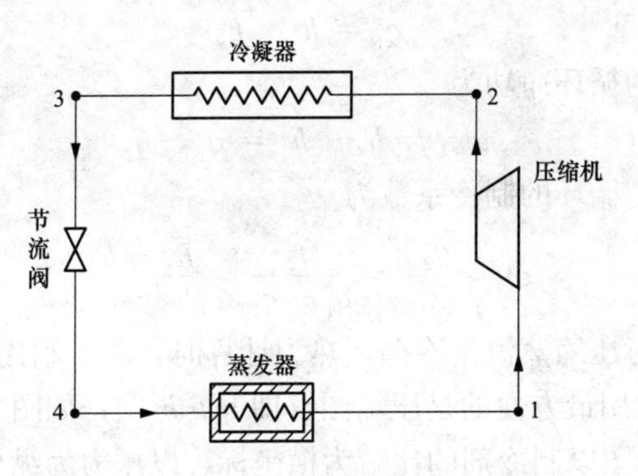

图 7-3 压缩蒸汽制冷循环装置示意图

图 7-4 所示为理想压缩蒸汽制冷循环在 T-s 图上的表示。1-2 为从蒸发器中出来的蒸汽在压缩机中被可逆绝热压缩的过程，熵不变；2-3 为过热蒸汽在冷凝器中定压放热冷凝的过程；3-4 为饱和液体在节流阀中节流、降压、降温过程，因为是不可逆过

程，故用虚线表示，节流前后焓不变，$h_3=h_4$；4-1 为湿饱和蒸汽在冷库（蒸发器）中定压吸热、汽化的过程。

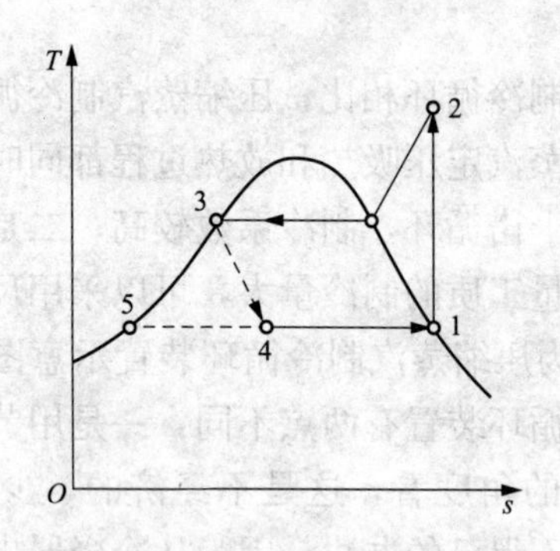

图 7-4　压缩蒸汽制冷循环的 T-s 图

下面分析压缩蒸汽制冷循环的制冷系数。

单位工质在冷库（蒸发器）中吸收的热量为制冷量，即

$$q_2 = h_1 - h_4 = h_1 - h_3$$

单位制冷工质在冷凝器中向环境放出的热量为

$$q_1 = h_2 - h_3$$

消耗的循环净功为

$$w_{net} = h_2 - h_1 = q_1 - q_2$$

所以，循环的制冷系数为

$$\varepsilon = \frac{q_2}{w_{net}} = \frac{q_2}{q_1 - q_2} = \frac{h_1 - h_3}{h_2 - h_1} \tag{7-6}$$

在进行压缩蒸汽制冷循环热力计算时，除了利用有关工质的 T-s 图，使用最方便的是压焓图，即 $\lg p$-h 图，如图 7-5 所示。

$\lg p$-h 图以制冷剂的比焓为横坐标，以压力为纵坐标，但是，为了缩小图面，压力不是等刻度分格，而是采用对数分格（需要注意：从图 7-5 中读的仍是压力值，而不是压力的对数值）。图 7-5 上绘出了制冷剂的 6 种状态参数线簇，即定比焓线、定压线、定温线、定比体积线、定比熵线及定干度线。与水蒸气表类似，在 $\lg p$-h 图上也绘有饱和液体（$x=0$）线和干饱和蒸汽

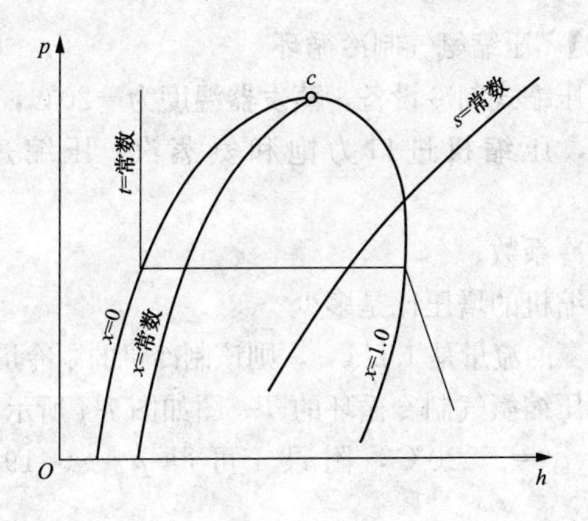

图 7-5　制冷剂的 lg*p*-*h* 图

(x=1) 线，两者汇合于临界点 C。饱和液体线左侧为未饱和液体区，干饱和蒸汽线右侧为过热蒸汽区，x=0 线和 x=1 线之间为湿蒸汽区。附录 I、附录 J 提供了氨和 R134a 的压焓图。

将压缩蒸汽制冷循环表示在 lg*p*-*h* 图上，如图 7-6 所示。1-2 为定熵压缩过程，2-3 为定压放热过程，3-4 为绝热节流过程 ($h_3=h_4$)，4-1 为定压吸热过程。可见循环制冷量 (h_1-h_4)、冷凝放热量 (h_2-h_3)，以及压缩所需的功 (h_2-h_1) 都可以用图中线段的长度表示，十分方便。

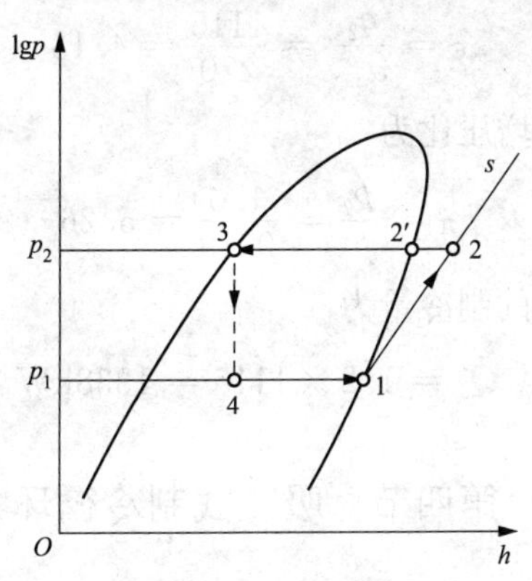

图 7-6　压缩蒸汽制冷循环 lg*p*-*h* 图

【例 7-2】 压缩氨气制冷循环

一台氨压缩式制冷设备，蒸发器温度为－20℃，冷凝器压力为 1.0MPa，压缩机进口为饱和氨蒸汽，压缩过程可逆绝热。求：

（1）制冷系数。

（2）压缩机的增压比是多少？

（3）若氨的流量是 1.2kg/s，则该制冷机的制冷量是多少 kW？

解： 该压缩氨气制冷循环的 T-s 图如图 7-4 所示。

由 $t_4 = t_1 = -20$℃，附录 I 可得 $p_1 = 0.19$MPa、$h_1 = 1430$kJ/kg。

经过点 1 的定比熵线和 $p_2 = 1.0$MPa 的定压线交于点 2，读得 $h_2 = 1700$kJ/kg。

$p_2 = 1.0$MPa 的定压线交 $x = 0$ 的饱和液体线于点 3，读得 $h_3 = h_4 = 315$kJ/kg。

（1）1kg 氨气在蒸发器中的吸热量（制冷量）为

$$q_2 = h_1 - h_4 = 1430 - 315 = 1115(\text{kJ/kg})$$

1kg 氨气在压缩机中消耗的功为

$$w_{\text{net}} = h_2 - h_1 = 1700 - 1430 = 270(\text{kJ/kg})$$

所以，制冷系数为

$$\varepsilon = \frac{q_2}{w_{\text{net}}} = \frac{1115}{270} = 4.13$$

（2）压缩机增压比为

$$\pi = \frac{p_2}{p_1} = \frac{1.0}{0.19} = 5.26$$

（3）制冷机的制冷量为

$$\dot{Q}_2 = 1.2 \times 1115 = 1338\text{kW}$$

第四节　吸收式制冷循环

无论在压缩空气制冷循环还是在压缩蒸汽制冷循环中，均需要通过外界向压缩机输入机械功。随着人们生活水平的提高，空调已经进入千家万户，其中绝大部分是通过压缩蒸汽制冷的，每到夏季高温时节，电网的负荷会达到高峰。而吸收式制冷主要以消耗热能达到制冷的目的。

图 7-7 所示是氨吸收式制冷装置系统图。在此系统中氨是制冷剂，水是吸收剂。氨气极易且极快溶于水，常温时，1 体积水大约溶解 700 体积氨气，随着温度升高，水中能溶解的氨气减少。在氨气发生器中，浓氨水溶液被加热，饱和氨气从溶液中分离出来进入冷凝器，在冷凝器中被冷却为饱和液态氨。液态氨经过节流阀降压降温变为湿饱和蒸汽，然后进入蒸发器中吸热变为干饱和氨蒸汽，然后进入吸收器被稀氨水溶液溶解吸收，溶解时放出的热量被冷却水带走。吸收氨气之后的浓氨水溶液经过溶液泵加压进入氨气发生器继续下一个循环。在发生器中分解出氨气之后的稀氨水溶液经减压阀再回吸收器被继续利用。

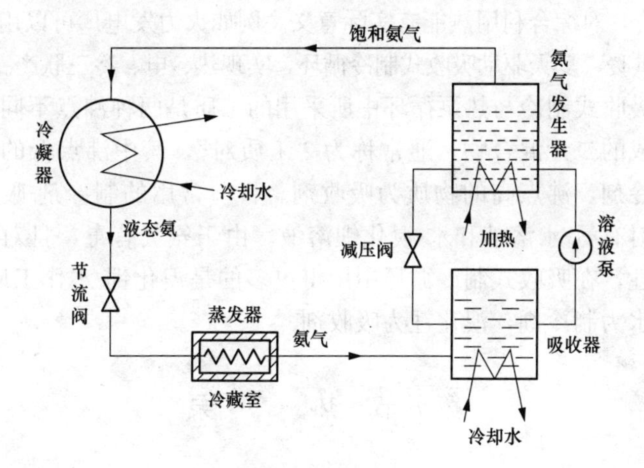

图 7-7　氨吸收式制冷装置系统图

吸收式制冷机根据热能利用程度，分单效、双效、多效。根据热源不同，分热水型、蒸汽型、直燃型。

在吸收式制冷循环中，工质在发生器中从高温热源获得热量，在蒸发器中从低温热源获得热量，在吸收器和冷凝器中向外界环境放出热量，而溶液泵消耗的机械功很小。对于理想的吸收式制冷循环，如忽略溶液泵的机械功和其他热损失，则由热力学第一定律有，加入机组中的热量等于机组向外放出的热量，则热平衡关系式为

$$Q_2 + Q_1 = Q_a + Q_k \tag{7-7}$$

式中　Q_2——蒸发器中吸收的热量（即制冷量）；

Q_1——所消耗的高温热能，即供给发生器的热量；

Q_a——吸收器中释放的热量；

Q_k——冷凝器中对环境放出的热量。

吸收式制冷循环的性能系数用热能利用系数ξ表示，即

$$\xi = \frac{Q_2}{Q_1} \tag{7-8}$$

吸收式制冷装置的性能系数不高，但因构造简单，造价低廉，消耗功少，可以利用温度不是很高的热能，因此在有余热可以利用的场合，对综合利用热能有实际意义。例如火力发电厂可以用抽汽冬天供暖，夏天驱动吸收式制冷循环，实现热、电、冷三联产。

吸收式制冷与热泵循环中所采用的工质是两种沸点不同的物质组成的二元混合物，通常称为“工质对”，其中沸点低的物质为制冷剂，沸点高的物质为吸收剂。目前常用的制冷剂-吸收剂工质对有氨-水溶液和水-溴化锂溶液。由于氨气有毒，且对铜有腐蚀性，在吸收式制冷循环中用得更多的是溴化锂-水作工质对，其中水为制冷剂，溴化锂为吸收剂。

第五节　热　　泵

热泵装置与制冷装置的工作原理相同，都按逆向循环工作，都消耗一部分高品质能量作为补偿，所不同的是它们工作的温度范围和要求的效果不同，制冷装置是将低温物体的热量传递给自然环境，以形成低温环境；热泵则是从自然环境中吸取热量，并把它输送到人们所需要温度较高的场所中去。

（1）根据热泵的驱动方式，热泵可分为：

1）电驱动热泵：以电能驱动压缩机工作的蒸汽压缩式或空气压缩式热泵。

2）燃料发动机驱动热泵：以燃料发动机，如柴（汽）油机、燃气发动机及蒸汽透平驱动压缩机工作的机械压缩式热泵。

3）热能驱动热泵：有第一类和第二类吸收式热泵，以及蒸汽喷射式热泵。

（2）根据热泵吸取热量的低温热源种类的不同，热泵可分为：

1）空气源热泵：低温热源为空气，热泵从空气中吸取热量。

2）水源热泵：低温热源为水，热泵从水中吸取热量。水源可以是地表水、地下水、生活与工业废水、中水等。

3）土壤源热泵：低温热源为土壤，热泵通过地埋管从土壤中吸取热量。

4）太阳能热泵：以太阳能作为低温热源

图 7-8 所示为一电驱动压缩式水源热泵工作原理和 T-s 图。

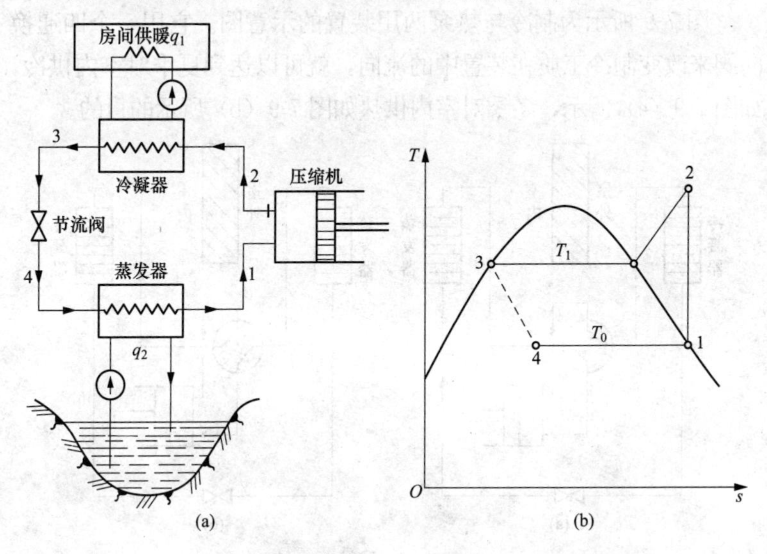

图 7-8　压缩式水源热泵工作原理图和 T-s 图

（a）工作原理图；（b）T-s 图

图 7-8 中，过程 4-1 为工质在蒸发器中吸收自然水源中的热能而变为干饱和蒸汽；1-2 为蒸汽在压缩机中被可逆绝热压缩的过程；2-3 为过热蒸汽在冷凝器中放热而凝结成饱和液体的过程，工质放出的热量被送到热用户用作采暖或热水供应等；3-4 为饱和液体在节流阀中的降压降温过程。这样就完成了一个热泵循环。

热泵循环的经济性用供热系数（热泵系数、供暖系数）来表示，即

$$\varepsilon' = \frac{q_1}{w_{\text{net}}} = \frac{q_1}{q_1 - q_2} = \frac{h_2 - h_3}{h_2 - h_1} \tag{7-9}$$

可见，热泵的供热系数恒大于 1，相对于直接燃烧燃料或用电炉取暖来说，热泵是一种有效的节能技术。但是，对于工业欠发达国家或地区，热泵装置的价格往往比其他采暖设备高出很多，如果能量价格便宜，就会造成“节能不省钱”的局面，这也影响了热泵的推广与使用。另外，在特别寒冷的地区，需要的供热量很大，但热泵的供热系数将不高，热泵难以满足用户的供热要求。

图 7-9 所示为制冷与热泵两用装置的示意图。它用一个四通换向阀来改变制冷工质在装置中的流向，就可以达到夏季对室内供冷，如图 7-9（a）所示，冬季对室内供热如图 7-9（b）所示的目的。

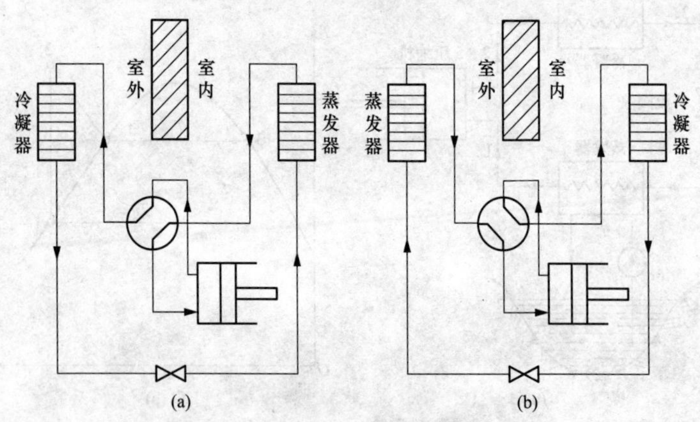

图 7-9　制冷与热泵两用装置的示意图

（a）供冷；（b）供热

复　习　题

一、简答题

1. 压缩蒸汽制冷循环与压缩空气制冷循环相比有哪些优点？为什么有些时候还要用压缩空气制冷循环？

2. 压缩空气制冷循环中能否用节流阀来取代膨胀机而达到降温的目的？

3. 对逆向卡诺循环而言，冷、热源温差越大，制冷系数是越大还是越小？为什么

4. 如图7-4所示，设想压缩蒸汽制冷循环按1-3-5-1运行，与循环1-2-3-4-1相比，循环的净耗功未变，仍为（h_2-h_1），而制冷量却从（h_1-h_4）增加到（h_1-h_5），这看起来是有利的。这种考虑错误何在？

二、填空题

1. 理想压缩空气制冷循环，若循环增压比为5，则制冷系数为＿＿＿＿＿。

2. 理想压缩空气制冷循环，压气机入口温度为5℃，出口温度为80℃，则制冷系数为＿＿＿＿＿。

3. 在吸收式制冷循环中，通常采用氨气和＿＿＿＿＿构成工质对，其中＿＿＿＿＿是吸收剂；也可以采用溴化锂和＿＿＿＿＿构成工质对，其中＿＿＿＿＿是吸收剂。

三、判断题（正确填√，错误填×）

1. 为了节约能源，夏季空调房内温度不宜设置过低。（　　）

2. 理想压缩空气制冷循环中，增压比越大，制冷系数越高。（　　）

3. 压缩空气制冷循环不能用节流阀取代膨胀机达到制冷效果。（　　）

4. 压缩蒸汽制冷循环需要的设备尺寸比压缩空气制冷循环要小。（　　）

5. 火力发电厂可以实现冷、热、电三联产。（　　）

四、计算题

1. 一制冷机工作在250K和300K之间，制冷率$\dot{Q}_2=20\text{kW}$，制冷系数是同温限逆向卡诺循环制冷系数的50%，试计算该制冷机耗功率P？

2. 一压缩空气制冷循环，已知压气机入口$t_1=-10℃$、$p_1=0.1\text{MPa}$，增压比$\pi=5$，冷却器出口$t_3=20℃$，设$c_p=1.004\text{kJ/(kg·K)}$，$k=1.4$。求循环的制冷系数$\varepsilon$和制冷量$q_2$。

3. 某压缩蒸汽制冷循环，用氨作制冷剂。制冷量为10^5kJ/h，循环中压缩机的绝热压缩效率$\eta_{cs}=0.8$，冷凝器出口为氨饱和液体，其温度为300K，节流阀出口温度为260K。试求：

（1）1kg氨的吸热量。

（2）氨的流量。

（3）压气机消耗的功率。

（4）压气机工作的压力范围。

（5）实际循环的制冷系数。

4. 一台氨压缩式制冷设备，蒸发器温度为－20℃，冷凝器压力为1.2MPa，压缩机进口为饱和氨蒸汽，压缩过程可逆绝热。求：

（1）制冷系数。

（2）若要求制冷量1.26×10^6kJ/h，则制冷循环氨的流量是多少（kg/h）？

5. 氨蒸汽压缩式制冷循环，其中蒸发器的压力为0.3MPa，冷凝器的压力为1.2MPa，压缩过程可逆绝热，压缩机进口为氨的过热蒸汽，过热度为2℃；节流阀进口为饱和液氨。试计算循环制冷量和循环制冷系数。

6. 某制热制冷两用空调机用R134a作制冷剂。压缩机进口为蒸发温度下的干饱和蒸汽，出口为2.2MPa、105℃的过热蒸汽，冷凝器出口为饱和液体，蒸发温度为－10℃。当夏季室外温度为35℃时给房间制冷，当冬季室外温度为0℃供暖，均要求室温能维持在20℃。若室内外温差每1℃时，通过墙壁等的传热量为 1100kJ/h。求：

（1）将该循环示意图画在 lg$p$-h 图上。

（2）制冷系数。

（3）室外温度为 35℃时，制冷所需的制冷剂流量。

（4）供暖系数。

（5）室外温度为 0℃时，供暖所需的制冷剂流量。

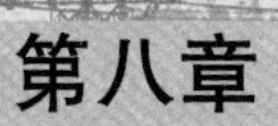

第八章

传热与换热器

第一节　传热的基本概念

从工程热力学知道，要把热量转变为功需要利用工质完成循环来实现，火力发电厂就是利用水蒸气为工质，将煤炭燃烧的热量转变为汽轮机输出的轴功，再通过发电机转变为电能的工厂，所以火力发电厂生产的“产品”是电能，使用的“原料”是热能。除了烧煤，也可以采用其他热源，如核电站，热量是由核反应堆来提供的。太阳能热电站，通过聚光的太阳能集热器获取热能。地热电站则直接利用地球内部的热能来发电。工程热力学研究热量转变为功的规律，但是不研究过程实现的细节，显然，要搞清楚如何实现高温热源对工质加热、工质对低温热源放热、汽轮机抽汽对锅炉给水回热等过程，还要研究热量是如何传递的。

一、温差和热阻

传热也就是热量传递，传热学就是研究由于温度差引起的热量传递规律的科学。热力学第二定律总结了热力过程进行的方向性，热量总是自发地从高温处传向低温处。两个物体之间的温度差或一个物体不同部位之间的温度差是热量传递过程的推动力。热量的传递也有阻力，比如衣服穿的厚一些，可以增大人体和环境之间传热的阻力，起到保暖的作用。我国北方的建筑普遍使用保温层，也是为了增加传热的阻力，节约供暖和空调的能耗。此外，天热的时候，扇扇子或吹风会觉得凉快一些，天冷的时候有风会觉得更冷，这说明人向空气传热的时候，空气的流动会减小传热的阻力。与电路理论中的欧姆定律做类比，将传热的温差称为温压，传热的阻力则称为热阻。研究传热问题的目的可以分成两类，一类是增强传热，也就是减小热阻；另一类是隔热保温，也就是增大热阻。传热的增强与减弱是传热学研究的主要工程实际问题，如内燃机的水冷系统，锅炉内的过热器、再热器、省煤器、空气预热器，汽轮机系统的回热加热器、凝汽器，都需要良好的传热。而对于蒸汽管道、飞船返回舱、贮液氮的容器等，则需要良好的隔热保温。

单位时间通过单位面积传递的热量称为热流密度，用 q 表示，单位是 W/m^2。通常热流密度与温差 Δt 成正比，与热阻 R 成反比，即

$$q=\frac{\Delta t}{R} \tag{8-1}$$

式中温差的单位是℃，R 是单位面积的热阻，单位是 ℃/(W/m^2)，在数值上，单位面积的热阻等于形成单位热流密度所需要的温差。单位时间内通过面积为 A 的界面传递的热量称为热流量，用 Q 表示，单位是 W，即

$$Q=qA=\frac{\Delta t}{R/A} \tag{8-2}$$

传热现象较为复杂，影响因素较多。就热量传递的机理而言，可以把传热分成三种基本方式：导热（热传导）、对流换热和热辐射。实际工程中的传热问题往往是由几种基本传热方式以不同的主次组合而成的。

二、导热

如果物体各部分之间不发生宏观的相对位移，而由分子、原子、自由电子等微观粒子的热运动产生的热量传递现象，称为导热。一般而言，固体和静止液体中完全依靠导热传递热量。在有温差的条件下，对于流动的液体以及流动或静止的气体，导热虽然总是存在，但对流（有时还有热辐射）经常起主导作用。

考虑通过一块规则平壁的稳态导热（见图 8-1），假设温差只

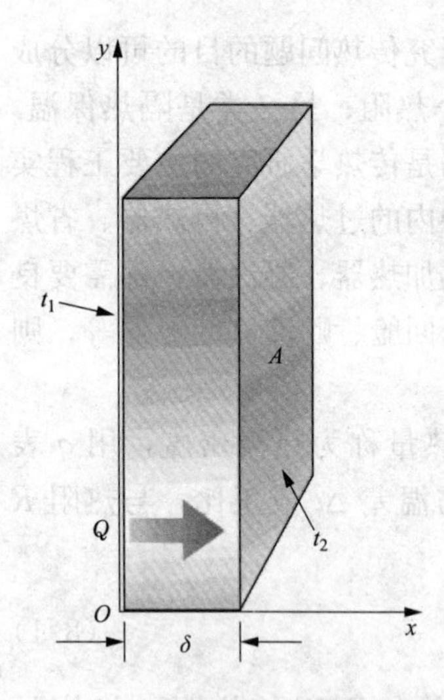

图 8-1　通过平壁的导热

存在于垂直板面的方向。温差 $\Delta t = t_1 - t_2$ 是热量传递的驱动力，平壁的热阻和厚度 δ 成正比，同时与平壁材料的导热性能有关，写为 $R=\dfrac{\delta}{\lambda}$，通过平壁的热流密度为

$$q=\frac{\Delta t}{\delta/\lambda}=\lambda\frac{\Delta t}{\delta} \qquad (8\text{-}3)$$

λ 是材料的热导率（导热系数），单位是 W/(m·℃)，是材料本身的物理性质。各种材料的热导率在实验室中测定，使用的时候可以查传热学手册。显然，金属材料的热导率一般大于木材、塑料等材料的热导率。空气的热导率也很小，如果空气不流动，是很好的保温材料。实际上，很多保温材料都是具有孔隙的多孔介质。同一种材料的热导率一般与温度有关，但在应用中一般将某种材料的热导率看作定值。

【例 8-1】　一锅炉炉墙厚 24cm，总面积 $20m^2$，平均导热系数为 1.04W/(m·℃)，内、外壁温分别是 750℃和 50℃。求通过炉墙的热损失。

解：利用平壁热流密度的计算式可得

$$Q=Aq=A\lambda\frac{\Delta t}{\delta}=20\times1.04\times\frac{750-50}{0.24}=60667(\text{W})$$

三、对流换热

对流是指流体中温度不同的各个部分之间由于相对的宏观运动而形成的热量传递现象。工程上常见的是流体与所接触的固体壁面之间的热量交换，称为对流换热。如锅炉过热器管路、烟气在管外流动、对管外壁加热是对流换热。管内壁对管内流动的蒸汽加热也是对流换热。对流换热的传热温差是壁面温度 t_w 和流

体温度 t_f 之差，热阻则与流体流动有关。按照 1701 年牛顿提出的牛顿冷却公式，对流换热的热流密度为

$$q = h(t_w - t_f) = \frac{\Delta t}{\frac{1}{h}} \tag{8-4}$$

式中　$\Delta t = t_w - t_f$——壁面与流体的温差，℃；

h——表面传热系数（convection heat-transfer coefficient）或对流换热系数，表示对流换热的强度，W/(m^2·℃)。

式（8-4）表明，单位面积的对流换热热阻为 $\frac{1}{h}$，单位为℃·m^2/W。由于对流换热现象比较复杂，很多时候都需要借助实验的方法确定表面传热系数 h。

【例 8-2】 外直径 $d = 5$cm，壁面温度保持 50℃的钢管水平穿过一个大房间，房间内壁和室内空气的温度都是 20℃。钢管表面与周围空气的表面传热系数是 6.5W/(m^2·℃)。求单位长度钢管壁的热损失。

解： 钢管表面与周围空气之间进行对流换热，单位长度钢管的外表面面积为 $A = \pi \cdot d$，可得

$$Q_l = Aq = h \cdot (\pi d) \cdot (t_w - t_f)$$
$$= 6.5 \times \pi \times 0.05 \times (50 - 20) = 30.63 (\text{W/m})$$

四、热辐射

物体向外发射电磁波称为辐射。物体会因各种原因向外辐射，其中因为转化本身的热能向外发射电磁辐射能的现象称为热辐射。物体发射热辐射的能力与温度有关，同时也与物体的性质与表面状况有关。

凡固体、液体和一部分气体（如二氧化碳、水蒸气等）都具有对外发射热辐射的能力，同时也具有吸收外来热辐射的能力。另一部分气体（如氧气、氮气等）则不具有辐射和吸收的能力。物体之间通过发射和吸收辐射而传递热量的现象称为辐射换热。

在导热和对流两种传热方式中，传热只能在物质媒介内进行，而辐射换热则可以在真空的条件下进行。同时，辐射换热还伴随着热能→电磁波能→热能的能量形式转换。

相同温度下辐射能力和吸收能力最强的理想物体称为黑体，它对外发射辐射的能力和其热力学温度的四次方成正比，和辐射表面积成正比，即

$$Q_e = \sigma A T^4 \tag{8-5}$$

式中　σ——黑体辐射常数或称为斯蒂芬－玻尔兹曼常数，取 5.67×10^{-8} W/(m^2 · K^4)；

A——辐射表面积，m^2；

T——辐射表面的热力学温度，K。

式（8-5）即为斯蒂芬－玻尔兹曼（Stefan-Boltzmann）定律或黑体辐射的四次方定律。实际物体发射辐射的能力也近似与热力学温度的四次方成正比，但不如黑体发射辐射的能力强。同时对外来辐射也不能全部吸收，其发射和吸收辐射的能力与物体的材料性质、表面状况等因素有关。

两个物体表面之间进行辐射换热的净热流量不仅与两表面的状况、材料性质有关，还与两表面之间的空间位置关系有关，但总与表面热力学温度的 4 次方之差成正比，即

$$Q \propto \sigma (T_1^4 - T_2^4) \tag{8-6}$$

比较简单的情况是当一个面积为 A_1，热力学温度为 T_1 的凸表面被置于一个热力学温度为 T_2，面积非常大的封闭表面内的情况，此时两表面之间的辐射换热量为

$$Q = \varepsilon_1 A_1 \sigma (T_1^4 - T_2^4) \tag{8-7}$$

其中，ε_1 表示表面 1 发射辐射的能力与同温度黑体表面发射辐射能力的比值，称为表面 1 的发射率，也称为黑度。

在一般的热工计算中，是将辐射换热按照对流换热的方式来处理的，也就是将辐射换热的热流密度写为

$$q = \frac{Q}{A_1} = \frac{t_1 - t_2}{\left(\frac{1}{h_r}\right)} = h_r (t_1 - t_2) \tag{8-8}$$

式中　h_r——辐射换热系数，与两个换热表面的温度有关。

当对流换热和辐射换热同时存在的时候，称为复合传热过程，如图 8-2 所示。将对流换热的表面传热系数写为 h_c，则总换热系数写为

$$h = h_r + h_c \tag{8-9}$$

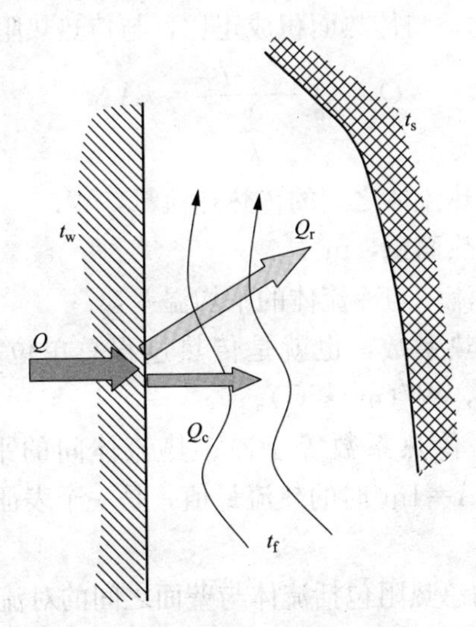

图 8-2　复合传热

这样复合传热过程就可以按照单纯的对流换热过程来处理。在后面的叙述中都将壁面与流体之间的换热表述为对流换热，用表面传热系数来表示换热的性能，但要注意此时的表面传热系数也可以是复合传热过程的总的换热系数

第二节　传　热　过　程

一、传热方程

上面简要介绍了传热的 3 种基本方式，工程中的传热问题常常是几种基本方式同时作用的结果。如在锅炉的炉膛中，高温烟气通过辐射和对流把热量传给水冷壁外壁，以导热方式传给水冷

壁内壁，再以对流换热的方式传给管内的水。这种壁面一侧的高温流体通过固体壁面，把热量传递给壁面另一侧的低温流体的过程，称为传热过程。传热过程是工程技术中的一种典型热量传递过程，将在本书中进行专门的讨论。

对于传热过程，热流量（即单位时间内的传热量）与冷热流体的温差成正比，与传热面积成正比，与传热热阻成反比，即

$$Q = A\frac{t_{f1} - t_{f2}}{\frac{1}{k}} = kA\Delta t \tag{8-10}$$

式中 Q——冷热流体之间的传热热流量，W；

A——传热面积，m^2；

Δt——热流体与冷流体的平均温差，℃；

k——传热系数，也就是传热过程总单位面积热阻的倒数，W/(m^2 · ℃)。

在数值上，传热系数等于冷、热流体间的平均温差 $\Delta t=$ 1℃、传热面积 $A=1m^2$时的热流量值，是一个表征传热过程强烈程度的物理量。

传热过程的总热阻包括流体与壁面之间的对流换热热阻和壁面的导热热阻。

二、通过平壁的传热过程

热流体通过一个平壁把热量传给冷流体，就构成了一个简单的通过平壁的传热过程，如图 8-3 所示。这个传热过程由热流体与平壁表面之间的对流换热过程、平壁内的导热过程和冷流体与平壁表面之间的对流换热过程组成。设热、冷流体的温度分别为 t_{f1} 和 t_{f2}，表面传热系数分别为 h_1 和 h_2，平壁的厚度为 δ，导热系数为 λ，则通

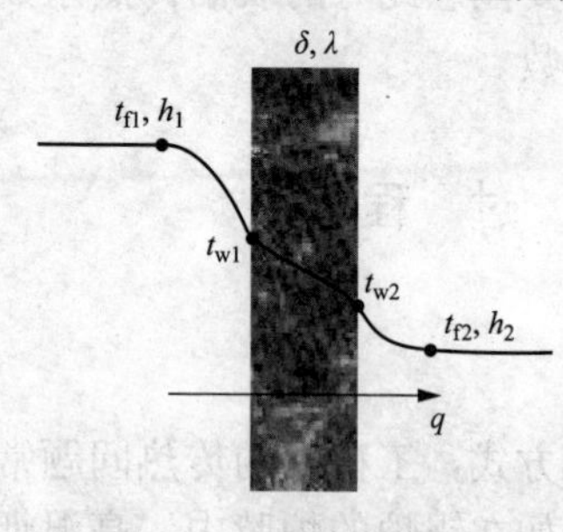

图 8-3 通过平壁的传热过程

过平壁的热流量为

$$Q=\frac{t_{f1}-t_{f2}}{\frac{1}{h_1}+\frac{\delta}{\lambda}+\frac{1}{h_2}}A=kA(t_{f1}-t_{f2}) \tag{8-11}$$

式中　$k=\dfrac{1}{\frac{1}{h_1}+\frac{\delta}{\lambda}+\frac{1}{h_2}}$——通过平壁的传热系数 W/(m^2·℃)。

$\dfrac{1}{kA}$——通过平壁的传热过程的总热阻。

对于通过多层平壁的稳态传热过程，若各层材料的导热系数分别为 λ_1、λ_2、…、λ_n 且为常数，各层厚度分别为 δ_1、δ_2、…、δ_n，则通过多层平壁的传热热流量为

$$Q=\frac{t_{f1}-t_{f2}}{\frac{1}{h_1}+\sum_{i=1}^{n}\frac{\delta_i}{\lambda_i}+\frac{1}{h_2}}A=kA\Delta t \tag{8-12}$$

其中，传热系数为

$$k=\frac{1}{\frac{1}{h_1}+\sum_{i=1}^{n}\frac{\delta_i}{\lambda_i}+\frac{1}{h_2}} \tag{8-13}$$

三、通过圆筒壁的传热过程

圆管是输送水、蒸汽和其他流体的最广泛使用的部件，管内流体与管外流体就是通过圆筒壁的传热过程，由管内流体与圆筒壁内表面之间的对流换热、圆筒壁内的导热和管外流体与圆筒壁外表面的对流换热过程组成（见图 8-4）。

与平板不同的是，圆筒壁内外对流换热面积不同，通过圆筒壁的导热也很复杂。工程上，对于比较薄的圆筒壁，即$\dfrac{d_2}{d_1}<2$时，可以按照平壁来计算，取内外壁面的平均面积作为等价平壁的面积。设热、冷流体的温度分别为 t_{f1} 和 t_{f2}，表面传热系数分别为 h_1 和 h_2，圆筒壁的内、外直径以及长度分别 d_1、d_2 和 l，

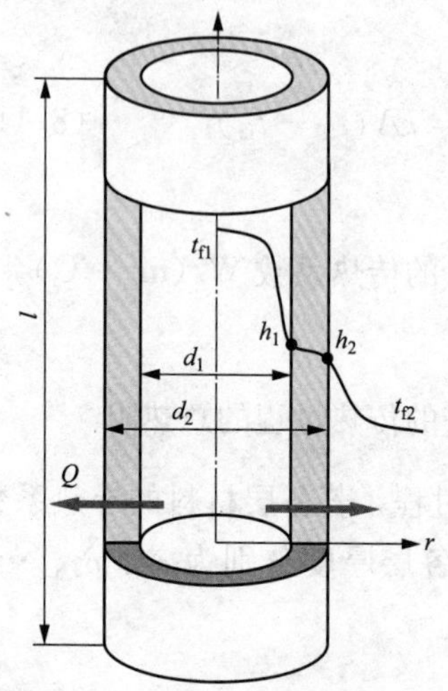

图 8-4 通过圆筒壁的传热过程

圆筒壁内、外壁面的温度分别为 t_{w1} 和 t_{w2}。在稳态条件下通过圆筒壁的传热过程包括对流换热、导热和对流换热三个环节，热流量等于总的温差和热阻的比值，即

$$Q=\frac{t_{f1}-t_{f2}}{\frac{1}{h_1}+\frac{\delta}{\lambda}+\frac{1}{h_2}}\pi d_m l=k\pi d_m l(t_{f1}-t_{f2}) \tag{8-14}$$

式中 $d_m=\frac{d_1+d_2}{2}$ 是圆筒壁的平均直径，$\delta=\frac{d_2-d_1}{2}$ 是圆筒壁的厚度。用上述方法计算，计算误差一般在 4%以内，工程上是允许的。但如果圆筒壁比较厚，即 $\frac{d_2}{d_1}\geqslant 2$ 时，采用平壁公式计算的误差较大，可以采用下面的公式，即

$$Q=\frac{t_{f1}-t_{f2}}{\frac{d_2}{d_1 h_1}+\frac{d_2}{2\lambda}\ln\frac{d_2}{d_1}+\frac{1}{h_2}}\pi d_2 l=k\pi d_2 l(t_{f1}-t_{f2}) \tag{8-15}$$

式（8-15）是选择圆筒壁外壁的面积作为传热面积时的传热方程，传热面积 $A=\pi d_2 l$，以圆筒壁外壁面面积为基准的传热系数为

$$k=\frac{1}{\frac{d_2}{d_1 h_1}+\frac{d_2}{2\lambda}\ln\frac{d_2}{d_1}+\frac{1}{h_2}} \tag{8-16}$$

【例 8-3】 有一个平板式气体加热器，传热面积为 10m²，平板壁厚为 1mm，平板的导热系数为 45W/(m·℃)；被加热气体与壁面之间的表面传热系数为 80W/(m²·℃)，加热介质为热水，热水与壁面之间的表面传热系数 5000W/(m²·℃)；热水与气体的温差为 60℃，试计算该气体加热器的传热系数和传热热

流量。

解：通过单层平壁的传热系数为

$$k=\frac{1}{\frac{1}{h_1}+\frac{\delta}{\lambda}+\frac{1}{h_2}}$$

代入数据，得

$$k=\frac{1}{\frac{1}{80}+\frac{0.001}{45}+\frac{1}{5000}}=\frac{1}{0.0125+0.000022+0.0002}$$

$$=78.6[\mathrm{W/(m^2\cdot ℃)}]$$

气体加热器的传热热流量为

$$Q=kA\Delta t=78.6\times 10\times 60=47160(\mathrm{W})$$

分析各层的热阻可知，传热热阻最大的环节是平壁壁面与气体之间的对流换热热阻。要减小该环节的热阻需要增大壁面与气体之间的表面传热系数或增大传热面积。增大表面传热系数可以通过加快气体的流动速度来实现，但这样需要增加气体流动的驱动力，增加设备的运行费用；也可以通过增大气体流过壁面时的扰动来实现。比较常用的方法是增加换热面积，即在气体侧加装肋片，可以有效地提高换热热流量。

四、传热的增强和削弱

1. 强化传热

传热的增强也称为强化传热，是指在温差不变的条件下增大热流量 Q，也就是提高传热系数 k 和传热面积 A。提高传热系数 k 的措施有很多，如提高流体的流速、增强流体的湍流程度、改良流体物性，都可以提高流体和壁面的对流换热系数，从而提高传热系数。强化传热的基本的原则是减小传热过程中热阻最大传热环节的局部热阻值。实际工程应用中，壁面导热热阻通常很小，甚至可以忽略不计。这样，通过平壁的传热过程的总热阻就等于平壁两侧的流体与壁面之间的热阻之和，即

$$\frac{1}{k}=\frac{1}{h_1}+\frac{1}{h_2}\tag{8-17}$$

假设可以将其中一个热阻降低到原来的 1/2，即对流换热系数增大到原来的 2 倍，在不同条件下传热系数 k 的变化见表 8-1。

表 8-1

工况	气侧对流换热系数 [W/(m²·℃)]	水侧对流换热系数 [W/(m²·℃)]	传热系数 [W/(m²·℃)]
原来的情况	$h_1=10$	$h_2=1000$	$k=9.901$
增大 h_1	$h_1=20$	$h_2=1000$	$k=19.608$
增大 h_2	$h_1=10$	$h_2=2000$	$k=9.95$

可见，当两个对流换热环节的对流换热系数相差较大时，将较小的对流换热系数提高一倍，可以显著提高传热系数 k，而将较大的对流换热系数提高一倍，则对传热系数 k 的贡献并不明显。

当壁面两侧的流体有一侧为气体，而另一侧为液体时，气体侧的对流换热热阻往往很大。在对流换热系数较小的一侧壁面上加装肋片从而增大换热面积也是经常采用的强化换热的有效措施（见图 8-5）。

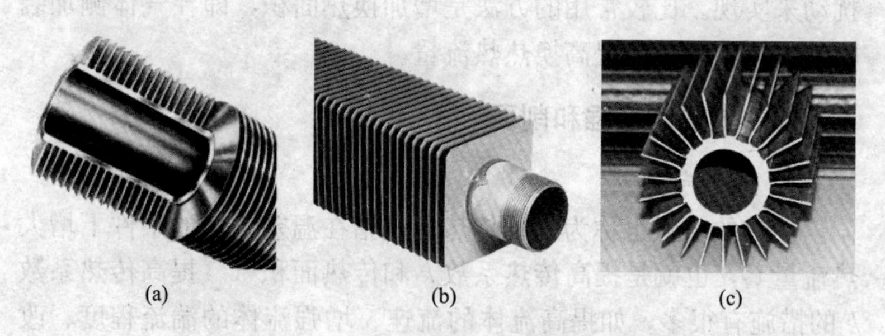

图 8-5　加装肋片的圆管换热元件

(a) 圆管圆形肋片；(b) 圆管方形肋片；(c) 圆管直肋片

换热面的合理安排也是强化换热的方法，如锅炉内的管束，采用叉排的方式换热效果优于顺排的方式。此外，换热设备在运行一段时间之后，可能出现结垢（水侧）或积灰（气侧），结垢层或积灰层的导热系数远小于金属壁面的导热系数，因此会显著增大传热热阻，减小传热系数。避免壁面结垢或积灰，定期清洗、清扫换热壁面，也是强化换热的措施。

【例 8-4】 一种锅炉省煤器由蛇形管路组成，未加装肋片时，圆管外直径 $d_2=50\text{mm}$，管壁厚 $\delta=3\text{mm}$，导热系数 $\lambda=60\text{W/(m}\cdot\text{℃)}$，管内水侧对流换热系数 $h_1=5000\text{W/(m}^2\cdot\text{℃)}$，管外烟气侧对流换热系数 $h_2=50\text{W/(m}^2\cdot\text{℃)}$。

（1）如果要强化换热，需要在哪个环节采取措施?

（2）如果管外积灰，厚度 $\delta_s=2\text{mm}$，积灰层的导热系数 $\lambda_s=0.08\text{W/(m}\cdot\text{℃)}$，对换热有什么影响?

解：（1）圆管的外、内直径比为

$$\frac{d_2}{d_2-2\delta}=\frac{50}{50-6}=1.136<2$$

可以按平壁传热过程来计算。3 个环节的传热热阻分别为：

1）烟气与管外壁为

$$\frac{1}{h_2}=\frac{1}{50}=2\times10^{-2}[(\text{m}^2\cdot\text{℃})/\text{W}]$$

2）管壁为

$$\frac{\delta}{\lambda}=\frac{0.003}{60}=5\times10^{-5}[(\text{m}^2\cdot\text{℃})/\text{W}]$$

3）管内壁与水为

$$\frac{1}{h_1}=\frac{1}{5000}=2\times10^{-4}[(\text{m}^2\cdot\text{℃})/\text{W}]$$

可见，烟气与管外壁的热阻远大于管壁的导热热阻和管内水侧的对流换热热阻，强化换热需要改善这个环节的换热，实际的锅炉省煤器通常在烟气侧加装肋片（见图 8-6）。

（2）积灰层也是圆管，外直径 $d_3=d_2+2\delta_s$，外、内直径比为

$$\frac{d_3}{d_2}=\frac{d_2+2\delta_s}{d_2}=\frac{54}{50}<2$$

仍然可以按照平壁来计算。积灰的导热热阻为

$$\frac{\delta_s}{\lambda_s}=\frac{0.002}{0.08}=5\times10^{-5}=2.5\times10^{-2}[(\text{m}^2\cdot\text{℃})/\text{W}]$$

其他环节热阻不变。此时，最大的传热热阻是积灰的热阻，

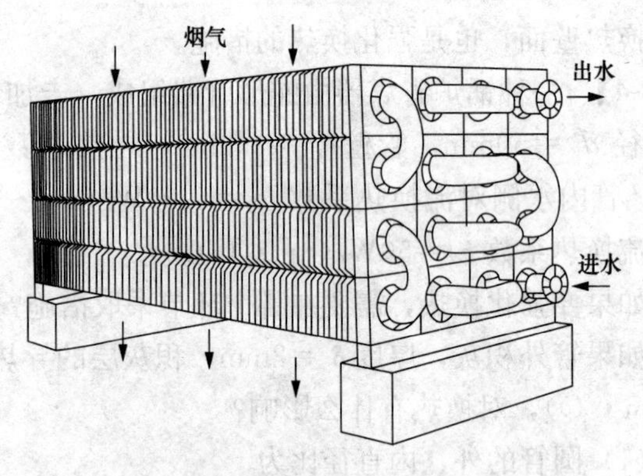

图 8-6 一种锅炉省煤器

严重影响省煤器的换热效果，减小热阻的方法是清除积灰。

2. 传热的削弱

传热的削弱也称为热绝缘或隔热保温。火力发电厂的热水、蒸汽管道和锅炉、汽轮机、换热器等热力设备都需要进行隔热保温，因为这些管道和热力设备的散热通常都造成能量的损失。隔热保温也就是增大传热过程的热阻，一般的方法是在壁面加装保温层。

对于平壁，加装保温层总是可以增大传热热阻，起到隔热保温的作用。对于圆管，在管外加装保温层时，传热过程的导热热阻增加，但管外壁面的面积增大了，管外壁面与外界流体的对流换热热阻会减小，极端情况下甚至加装保温层之后总的热阻会减小，起不到隔热保温的作用。不过对于一般火力发电厂的管道，在管外加装保温层是可以增大传热热阻的。

火力发电厂的强化传热或隔热保温通常是为了实现经济目的，也就是减小传热温差、减小过程不可逆性、减小因为向环境散热造成的损失，所以强化传热和隔热保温会带来经济收益，但同时也会增大成本，如强化传热时，加装肋片就会增加投资成本，提高流体的流速则需要更大功率的泵或风机，会增加投资和运行成本。对于隔热保温，加装保温层总要增加投资成本。因此，传热的增强和削弱是个技术经济优化的问题。

以管外加装保温层为例，投资费用与保温层的厚度有关，保温效果也与保温层的效果有关，那么如何确定最佳的保温层厚度呢？对于圆管，在当前厚度条件下，增加 1mm 保温层厚度的成本（边际成本）是递增的，而增加 1mm 保温层厚度获得的收益（边际收益）通常是递减的，如果边际收益大于边际成本，就增加保温层厚度，否则就减小保温层厚度，直到两者相等，就是保温层厚度的最优值（见图 8-7）。

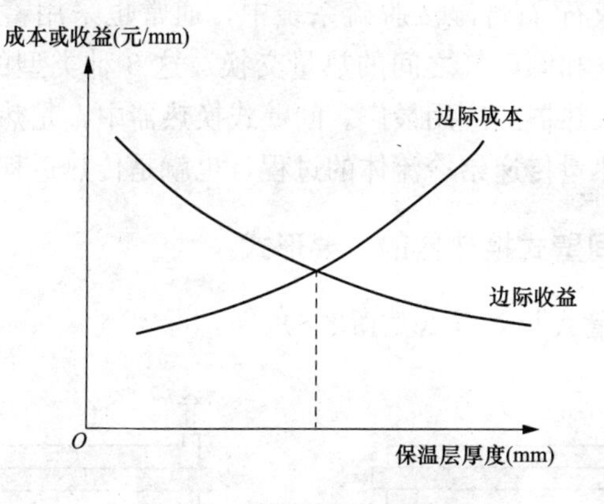

图 8-7　保温层最佳厚度

第三节　换　热　器

用来实现把热量从热流体传递到冷流体，从而满足规定的工艺要求的装置统称为换热器。电站锅炉就是一个复杂的换热器，也可以看成是多个换热器的组合。我国北方冬季供暖使用的暖气也是换热器，称为对流式散热器，其功能是用暖气内流过的热水加热室内空气。换热器的应用十分广阔，种类也很多，按照换热器的工作原理，总体上可以分为间壁式、混合式和蓄热式 3 个大类。间壁式换热器是冷、热流体被固体壁面分开，分别在壁面两侧流动而不能互相混合的换热设备，如火力发电厂汽轮机系统中采用的回热加热器和核电站使用的蒸汽发生器等，通常都是间壁式换热器；混合式换热器中冷、热流体通过互相参混实现热量和质量的交换，典型的如火力发电厂使用的除氧器、水冷塔以及海勒式空冷系统中使用的凝汽器等；蓄热式（也称为回热式）换热器则是冷、热流体依次交替通过蓄热介质达到热量交换的目的，这种换热器中的热量传递过程不是稳态的，典型设备是火力发电厂中的空气预热器，锅炉烟气和空气分别在蓄热转盘的两个半圆或四分之一圆内流过，通过蓄热转盘的转动实现热量交换。目前，在石灰石-石膏湿法脱硫系统中，通常也采用蓄热式换热器实现净烟气和原烟气之间的热量交换。这 3 种类型的换热器中，以间壁式换热器的应用最广。间壁式换热器中，是热流体通过固体壁面把热量传递给冷流体的过程，也就是传热过程。

一、间壁式换热器的主要形式

1. 套管式换热器（见图 8-8）

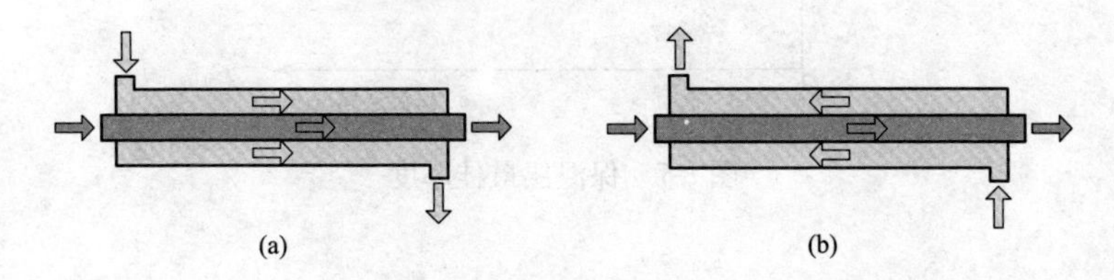

图 8-8　套管式换热器

(a) 顺流；(b) 逆流

套管式换热器是结构最简单的一种间壁式换热器，可用于传热量不大或流体流量较小的情形。按照两种流体的流动方向不同可以分为顺流式和逆流式两种运行方式。顺流式是冷流体和热流体都在换热器的同一端进入换热器，在换热器内同向流动，换热后在另一端流出。在流动过程中，热流体温度逐步降低，冷流体温度逐步升高，但在换热器出口，冷流体温度仍然低于热流体温度。逆流式则是冷热流体分别从换热器的两端进入，在换热器内逆向流动，冷流体出口的温度有可能高于热流体出口的温度。

2. 交差流换热器

交叉流换热器是间壁式换热器的另一种主要形式。根据换热表面结构的不同，又可分为管束式、肋片管式（管翅式）和板翅式等几个子类。管束式交叉流换热器是将管束横置于流体通道内，管外流体横掠管束流动，如火力发电厂锅炉装置中使用的过热器、再热器、省煤器等，都是将管束横置于烟道内进行换热的。肋片管式交叉流换热器是由带肋片的管束构成的换热装置（见图 8-9），适用于管内液体和管外气体之间换热，且两侧表面传热系数相差较大的场合。如高层建筑供暖系统采用的钢管散热器，就常采用肋片管式换热器的形式。

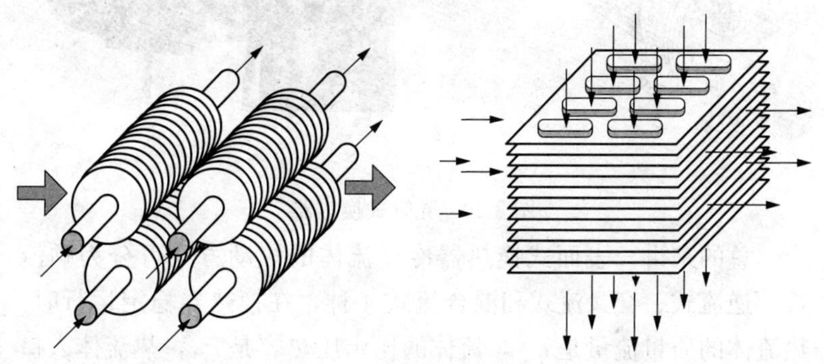

图 8-9　交叉流换热器

交叉流换热器的冷热流体流动方式称为交叉流。

3. 壳管式换热器

壳管式换热器是由外壳和置于其中的管束构成的，管束采用管板和折流板固定在外壳内，一种流体在管内流动，另一种在壳内（管外）流动。管内流体从换热器一端流入，到达另一端，称为一个管程，若是直接在换热器另一端流出，就是单管程换热器；若是折回到流入端流出，则是 2 管程换热器，依次类推。壳内流体从一端流入，沿折流板依次横掠管束，在另一端流出，称为一个壳程。工程上根据需要可以将壳管式换热器串联使用，形成多管程、多壳程的壳管式换热器。

图 8-10 所示的换热器中，一端的封头内加装了隔板，构成

了两管程的结构，称为1-2型换热器，即壳程数为1、管程数为2的壳管式换热器。这种换热器的管束采用U形管，其最大的优点是管束都在换热器一端固定，在另一端可以自由伸缩，可以避免管束受热膨胀产生的热应力。这种换热器内冷热流体的流动方式称为混合流，是顺流、逆流和交叉流的混合。

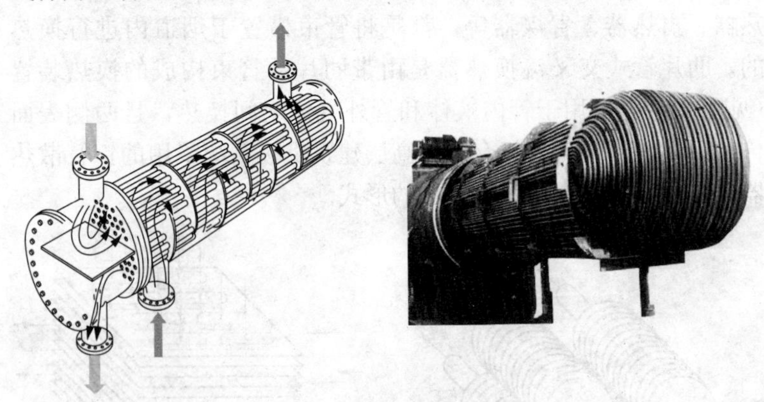

图8-10　壳管式换热器

总的来讲，表面式换热器冷热流体的流动方式可分为顺流式、逆流式、交叉流式和混合流式4种，在换热器稳定运行时，热流体的质量流量是q_{m1}，流体的比定压热容是c_{p1}，热流体入口温度是t_1'，出口温度是t_1''。冷流体的质量流量是q_{m2}，流体的比定压热容是c_{p2}，冷流体入口温度是t_2'，出口温度是t_2''，见图8-11。

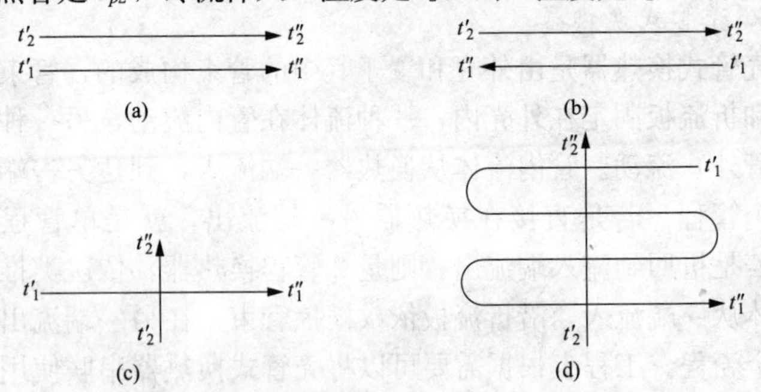

图8-11　表面式换热器冷热体的流动方式

（a）顺流；（b）逆流；（c）交叉流；（d）混合流

二、换热器的计算

(一) 热平衡方程式

换热器稳定运行时，换热器内冷热流体之间单位时间的传热量是Q，若换热器对外绝热，Q也是单位时间内热流体的放热量和冷流体的吸热量。

换热器中热流体放出的热量为

$$Q = q_{m1} c_{p1} (t_1' - t_1'') \tag{8-18}$$

换热器内冷流体吸收的热量为

$$Q = q_{m2} c_{p2} (t_2'' - t_2') \tag{8-19}$$

式中，流体质量流量q_{m1}、q_{m2}的单位是kg/s，流体比定压热容c_{p1}、c_{p2}的单位是J/(kg·℃)，热流体入口温度为t_1'，出口温度为t_1''，冷流体入口温度为t_2'，出口温度为t_2''的单位是℃，传热量Q的单位是W。换热器的传热方程为

$$Q = kA(t_1 - t_2) \tag{8-20}$$

式中$(t_1 - t_2)$是换热器内冷热流体的换热温差。考虑一个简单而具有典型意义的套管式换热器，如图8-12所示。从图8-12中可以看出，它是一个单流程顺流式换热器，其流动和换热构成一个典型的传热过程。在换热器内，热流体沿程放出热量温度不断下降，冷流体沿程吸收热量温度不断上升，因此冷、热流体之间的换热温差Δt_x是沿程不断变化的。当利用传热方程计算整个传热面上的换热量时，换热温差必须采用整个换热面积上的平均温差（也称为平均温压），记为Δt_m。换热器的传热方程一般写为

$$Q = kA\Delta t_m \tag{8-21}$$

即平均传热温差的定义式为

$$\Delta t_m = \frac{Q}{kA} \tag{8-22}$$

(二) 平均温差的计算

对于简单顺流式换热器（见图8-12），热流体入口端的温差

$\Delta t'=t_1'-t_2'$，热流体出口端的温差 $\Delta t''=t_1''-t_2''$。对于简单逆流式换热器（见图 8-13），热流体入口端的温差 $\Delta t'=t_1'-t_2''$，热流体出口端的温差 $\Delta t''=t_1''-t_2'$。工程上常用以下两种方法计算换热器的平均温差。

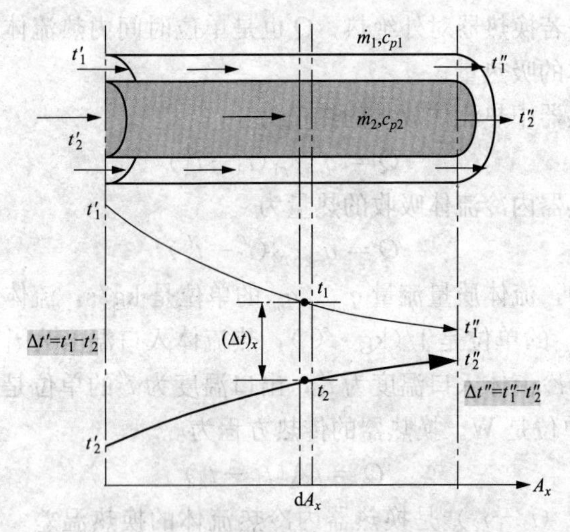

图 8-12　简单顺流式换热器的温差

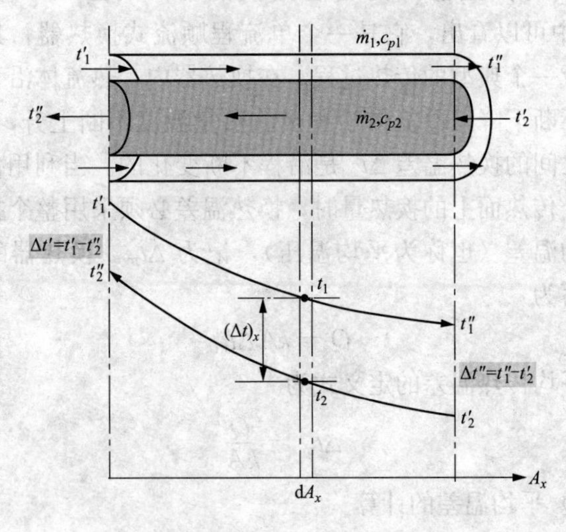

图 8-13　简单逆流式换热器的温差

1. 算数平均温差

如果换热器两端的温差 $\Delta t'$、$\Delta t''$ 相差不大，即 $0.5<\left|\frac{\Delta t'}{\Delta t''}\right|<2$ 时，可以按算术平均温差计算，即

$$\Delta t_{\mathrm{m}}=\frac{\Delta t'+\Delta t''}{2} \tag{8-23}$$

此时的计算误差不超过4%，在工程上是可以接受的。

2. 对数平均温差

按照平均温差的定义，经过数学推导，不论是顺流式还是逆流式，换热器平均温差都可以表示为

$$\Delta t_{\mathrm{m}}=\frac{\Delta t'-\Delta t''}{\ln\dfrac{\Delta t'}{\Delta t''}} \tag{8-24}$$

如果用 $\Delta t_{\max}$ 表示 $\Delta t'$ 和 $\Delta t''$ 中的大者，而用 $\Delta t_{\min}$ 表示 $\Delta t'$ 和 $\Delta t''$ 中的小者，式（8-24）也可以写成

$$\Delta t_{\mathrm{m}}=\frac{\Delta t_{\max}-\Delta t_{\min}}{\ln\dfrac{\Delta t_{\max}}{\Delta t_{\min}}} \tag{8-25}$$

采用式（8-24）计算平均温差在数学推导上是严格的，不过也需要注意，当 $\Delta t_{\max}$ 和 $\Delta t_{\min}$ 十分接近时，在实际计算过程中可能会出现比较大的计算误差，特别是在利用计算机编程计算时需要注意这一点，此时应该使用算术平均温差。

顺流和逆流是两种比较极端的流动形式，在冷、热流体进口温度相同的条件下，逆流布置的平均温差最大，冷流体出口温度甚至可以高于热流体出口温度，而顺流布置的平均温差最小，冷流体出口温度总是低于热流体出口温度，因此，从强化传热的角度考虑，采用逆流布置方式是有利的。不过实际的布置方式还要考虑各种条件限制。逆流布置的缺点是冷热流体的高温侧 t_1' 和 t_2'' 在换热器的同一端，低温侧 t_1'' 和 t_2' 则都在换热器的另一端，换热器的总体温度分布和热应力分布不均匀，特别是对于流体温度较高的情况，不利于换热器的安全可靠运行。对于其他布置方式的

换热器，平均温差的分析过程比较复杂，其流动形式可以看作介于顺流和逆流之间。

【例 8-5】 一台换热器，用重油来加热含水石油。重油的进口温度为 290℃，出口温度降到 180℃，含水石油的进口温度为 10℃，出口温度为 150℃。试分别计算两种流体顺流布置和逆流布置时换热器的平均温差。

解： 两种流体顺流布置时为

$$\Delta t_{\max} = \Delta t' = 290 - 10 = 280(℃)$$

$$\Delta t_{\min} = \Delta t'' = 180 - 150 = 30(℃)$$

则有

$$\Delta t_{m} = \frac{\Delta t_{\max} - \Delta t_{\min}}{\ln \dfrac{\Delta t_{\max}}{\Delta t_{\min}}} = \frac{280 - 30}{\ln \dfrac{280}{30}} = 111.9(℃)$$

两种流体逆流布置时为

$$\Delta t_{\max} = \Delta t'' = 180 - 10 = 170(℃)$$

$$\Delta t_{\min} = \Delta t' = 290 - 150 = 130(℃)$$

则有

$$\Delta t_{m} = \frac{\Delta t_{\max} - \Delta t_{\min}}{\ln \dfrac{\Delta t_{\max}}{\Delta t_{\min}}} = \frac{170 - 130}{\ln \dfrac{170}{130}} = 149.1(℃)$$

由于逆流布置时 $\Delta t_{\max}/\Delta t_{\min}=170/130=1.308$，也可以采用算术平均温差，即

$$\Delta t_{m} = \frac{\Delta t_{\max} + \Delta t_{\min}}{2} = \frac{170 + 130}{2} = 150(℃)$$

可见，对于相同的冷、热流体入、出口温度，采用逆流布置方式可以强化换热，或者在相同换热量的条件下可以减少换热面积。而采用算术平均温差计算有一定的误差，比实际平均温差略高。

（三）换热器的传热计算

换热器的传热计算通常可以分为两种类型：设计计算和校核计算。设计计算的目的是设计一个新的换热器，需要根据设计的

冷热流体流量和入、出口温度确定换热器所需的换热面积；校核计算是针对已有的换热器进行校核，以检验换热器的冷热流体出口温度和换热量是否能够满足运行工艺要求。

在进行设计计算时，按照生产工艺的要求，典型的情况是给出需设计换热器冷热流体的质量流量和比热，即热容量 $q_{m1}c_{p1}$、$q_{m2}c_{p2}$，冷热流体进、出口温度中的 3 个如 t_1'、t_1''、t_2'，传热系数 k，计算另一个温度 t_2''、换热量 Q 以及传热面积 A，即

$$A=\frac{Q}{k\Delta t_{\mathrm{m}}} \tag{8-26}$$

在校核计算时，已定的参数是换热面积 A、冷热流体的热容量 $q_{m1}c_{p1}$、$q_{m2}c_{p2}$ 以及冷热流体的进口温度 t_1'、t_2'，需要计算换热量 Q 和冷热流体的出口温度 t_1''、t_2''，达到核实换热器性能的目的。

采用平均温差法进行换热器设计计算的具体步骤如下：

（1）根据给定的条件，由换热器热平衡方程计算出换热器进、出口温度中待求的那一个温度。

（2）由冷热流体的 4 个进、出口温度确定其平均温差 Δt_{m}。

（3）按传热方程求出所需的换热面积 A。

复　习　题

一、简答题

1. 平壁的导热热阻与哪些因素有关？分别写出单位面积平壁的导热热阻和面积为 A 的平壁的导热热阻的表达式。

2. 说明暖水瓶的玻璃真空内胆内的热水与外界空气之间的热量传递过程和暖水瓶玻璃真空内胆的保温原理。

3. 室内供暖的对流式散热器通常放置在较低的位置，而分体式空调的室内机则往往安装在较高的位置，为什么？如果将供暖的散热器放置在高处，而将空调室内机放置在较低的地方，室内供暖和制冷是否会受到影响？

4. 在深秋晴朗无风的夜晚，气温略高于 0℃，清晨时草地上

会出现白霜，如果是阴天或者有风，同样气温下草地上却不会出现白霜。为什么?

5. 在寒冷的冬季，北方供暖房间内的室内温度为22℃时，在室内穿毛衫仍会觉得凉。但在炎热的夏季，室内采用空调制冷，也维持室内温度为22℃时，在室内只要穿短袖衬衫就不会觉得冷。同样的室内温度，人的感觉为什么会不一样?

二、填空题

1. 研究传热问题的目的可以分成两类，一类是__________，另一类是__________。

2. 就热量传递的机理而言，可以把传热分成3种基本方式：__________、__________和__________。实际工程中的传热问题往往是由几种基本传热方式以不同的主次组合而成的。

3. 物体各部分之间不发生宏观的相对位移，而由分子、原子、自由电子等微观粒子的热运动产生的热量传递现象称为__________。

4. 流体与所接触的固体壁面之间的热量交换称为__________。

5. 物体因为转化本身的热能向外发射电磁辐射能的现象称为__________。

6. 传热过程的总热阻包括流体与壁面之间的__________和壁面的__________。

7. 工程上，对于通过圆筒壁的传热过程，如果圆筒壁比较薄，即__________时，可以按照通过平壁的传热过程来计算。

8. 强化传热的基本的原则是减小传热过程中热阻__________（最大或最小）的传热环节的局部热阻值。

9. 通过平壁的传热过程中，两侧流体与壁面的对流换热系数分别为h_1和h_2，如果h_1远大于h_2，要提高传热系数应该设法增大__________，否则效果不大。

10. 换热器按其工作原理可以分为__________、__________和__________3个大类。

11. 表面式换热器冷热流体的流动方式可分为__________、__________、__________和__________ 4 种。

12. 工程上常用以下两种方法计算换热器的平均温差：__________；__________。

三、计算题

1. 一大平壁的厚度为 250mm，面积为 $12m^2$，导热系数为 $\lambda=1.5W/(m\cdot℃)$，两侧表面的温度分别为 $t_1=25℃$ 和 $t_2=-5℃$，而且分别保持均匀分布，计算该大平壁的热阻、热流量和热流密度。

2. 玻璃窗上的单层玻璃，高 1.5m、宽 1.2m，玻璃厚度为 $\delta=5mm$，导热系数 $\lambda=1.05W/(m\cdot℃)$。冬季时测得玻璃内外表面的温度分别为 15℃和 5℃，试求通过玻璃窗的热损失。

3. 夏天的阳光照射在一厚为 30mm 的木门外表面上，用温度计测得木门外表面温度为 36℃，内表面温度为 30℃。用热流计测得木门内表面的热流密度为 $15W/m^2$。试估算此木门在沿厚度方向上的导热系数。

4. 金属板上放置一个小型加热炉，为减少炉底对板面的热损失，其间放置一块导热系数为 $0.06W/(m\cdot℃)$ 的隔板，隔板上、下表面温度分别保持为 85℃和 30℃。为使每平方米隔板的热损失小于 $220W/m^2$，试计算隔板所需的厚度。

5. 某种机动车中机油冷却器的表面积为 $0.15m^2$，外表面温度为 65℃。机动车在匀速行驶的过程中，温度为 28℃的空气流过机油冷却器的外表面，空气与机油冷却器外表面之间的表面传热系数为 $45W/(m^2\cdot℃)$。试计算机油冷却器的散热热流量。

6. 空气横向掠过一根外直径 $d=15mm$、长度为 100mm 的导线，导线的发热功率为 9W，导线外表面的平均温度 $t_w=60℃$，空气的温度 $t_f=20℃$。假设导线的发热量全部通过对流换热的方式散失到空气中，试求导线外表面与空气之间的平均表面传热系数。

7. 一台换热器采用内、外直径 $d_1=20mm$，$d_2=23mm$ 的黄

铜圆管作为换热表面，黄铜的导热系数为 $\lambda=109$W/(m·℃)。管外表面与外侧流体之间的表面传热系数 $h_2=3200$W/(m²·℃)，管内表面与内侧流体之间的表面传热系数为 $h_1=500$W/(m²·℃)，试计算换热器传热系数 k。

8. 已知换热器冷热流体的入、出口温度 $t_1'=200$℃，$t_1''=120$℃，$t_2'=20$℃，$t_2''=80$℃，分别计算流体按下列型式布置时，换热器的对数平均温差：

（1）顺流布置。

（2）逆流布置。

9. 一台水-水换热器，热水流量为 2000kg/h，冷水流量为 3000kg/h；热水进口温度 $t_1'=120$℃，冷水进口温度 $t_2'=10$℃。现要将冷水加热到 $t_2''=50$℃，试分别计算按顺流和逆流布置时换热器的对数平均温差。

10. 用一台逆流布置的壳管式换热器来冷却 11 号润滑油。冷却水在管内流动，$t_2'=20$℃，$t_2''=50$℃，流量为 3kg/s；热油入口温度为 100℃，出口温度为 60℃，$k=350$W/(m²·℃)。试计算：

（1）油的流量。

（2）所传递的热量。

（3）所需的传热面积。

第九章

导　　热

用温度表示物体的冷热程度，本质上，温度的高低表示的是物体中的微观粒子做不规则热运动的激烈程度。温度不同的物体相互接触，或同一个物体温度不均匀时，就处于不平衡的状态。在自然界中，不平衡的状态具有向平衡状态转化的自发趋势，微观上，就是运动激烈程度不同的微观粒子相互碰撞的时候，能量多的微观粒子会把能量传递给能量低的微观粒子，使邻近的微观粒子能量趋于平衡。这里的碰撞不是粒子的直接接触，而是相互进入作用力范围。从宏观来看，物体间或物体内温度不同，引起了能量的传递。这种依靠微观粒子的相互作用以及自由电子流动所进行的热量传递，就是导热。

实际的导热过程通常比较复杂，比如，将一个原本处于室温的长金属棒的一端放在火焰上加热（见图 9-1），开始时未加热的一端感觉不到温度变化，过一段时间才会感觉到逐渐变热，然后越来越热。在这个过程中，金属棒中的温度是逐渐变化的，其中的导热称为非稳态导热。金属棒温度升高后，会与周围空气对流换热，也会向外界发射热辐射。如果金属棒足够长，慢慢地未加热一端的温度会趋于稳定，加热端吸收的热量等于金属棒向周围空气的对流散热和辐射散热量之和，这个时候金属棒内一端温度高，为 t_H；另一端温度低，为 t_L，金属棒内每个截面都有导热发生，但各个部位的温度不随时间变化了，这种导热状态就称为稳态导热。本章主要介绍导热基本定律以及通过平壁和圆筒壁的稳态导热。

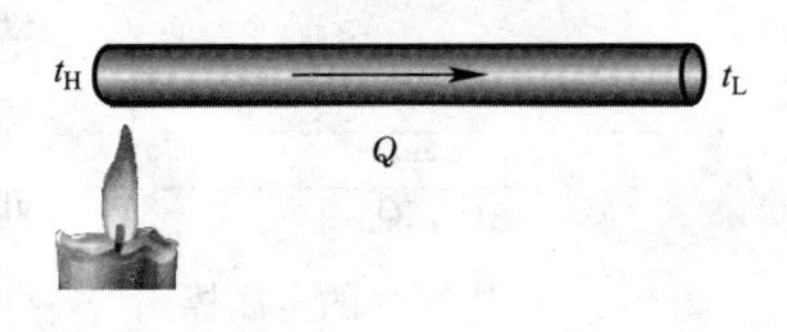

图 9-1　一端被加热的金属棒内的导热

第一节　导热基本定律

一、傅里叶定律

导热基本定律又称为傅里叶定律，是法国数学家、物理学家傅里叶（Fourier，1768—1830 年）通过实践和分析提出来的，是研究导热问题最基本的定律。该定律指出：在导热体内进行单纯导热的现象中，促成热量传递的原因是温度差，所以热流量的大小总是和温度的空间变化率成正比，也和导热的面积成正比，热流的方向总是指向温度降低的方向。物体中温度的变化率就是在温度变化最快的方向上，相距单位距离的两点之间的温度差，即温度梯度。导热基本定律可以写为

$$q=\frac{Q}{A}=-\lambda gra\,\mathrm{d}t \tag{9-1}$$

式中，q 是热流密度，Q 是热流量，A 是传热面积，比例系数 λ 表示材料的导热性能，称为导热系数。$grad t$ 是物体内的温度梯度。

一般情况下，物体中的热流密度是空间点的函数，形成热流密度场，每个空间点的热流密度大小和方向可能不相同，同一个空间点的热流密度还可能随时间变化。但工程中的很多问题可以简化为热流密度只沿一个方向，而且不随空间和时间变化的情况。比如在一段时间内，冬季供暖的房间内温度基本保持恒定，室外温度也可以视作恒定，此时墙壁内外表面的温度也基本不变，墙壁内的热流密度的大小和方向都是恒定的。

图 9-1 所示的金属棒内，热流密度的方向是从高温端指向低温端，但因为金属棒有散热，金属棒内的热流密度是逐渐减小的。如果金属棒周边绝热（见图 9-2），左右两端温度分别保持恒定的 t_H、t_L，则金属棒内每个截面的

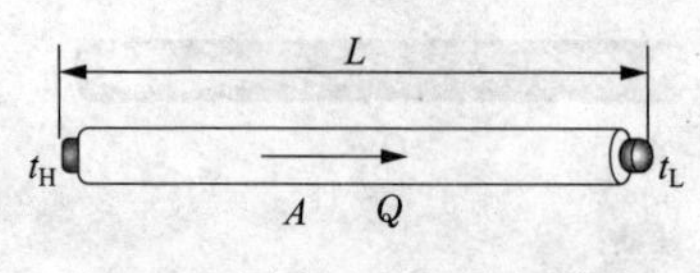

图 9-2　周边绝热的金属棒内的一维导热

热流量都相等，有

$$Q = \lambda \frac{t_H - t_L}{L} A \qquad (9\text{-}2)$$

式中　A——金属棒的截面积；

L——金属棒的长度；

$\frac{t_H - t_L}{L}$——金属棒内的温度梯度的绝对值，也就是单位长度的温度差，℃/m。

此时，热量持续不断地从金属棒的左端流向右端，但左、右两端的温度不变。需要注意，图 9-1 中金属棒内的热流量不能使用这个公式计算，因为沿程有散热，分析起来比较复杂，需要取微元体建立微分方程来求解。

二、导热系数

导热系数 λ 是表征物质导热能力的物性参数。由傅里叶定律的数学表达式，有

$$\lambda = \frac{q}{|gra\,\mathrm{d}t|} \qquad (9\text{-}3)$$

式（9-3）是导热系数的定义式。该式表明，导热系数在数值上等于在单位温度梯度作用下，物体内所产生的热流密度。导热系数主要取决于材料的成分、内部结构、密度、湿度和含湿量等，通常由实验测定。如果是金属棒内一维稳态导热的情形，可以写成

$$\lambda = \frac{Q}{A \cdot \frac{t_H - t_L}{L}} \qquad (9\text{-}4)$$

式（9-4）也是通常测定导热系数的表达式。比如，要测量图 9-2 中金属棒的导热系数，在金属棒左端放置一个可调节功率的热源，发热功率为 Q，右端连接散热装置，系统其他部位保持绝热，然后测量出金属棒左、右两端的温度差 $t_H - t_L$、金属棒的截面积 A 和长度 L，即可计算出这个金属棒的导热系数 λ。

各种材料导热系数的差别很大，按此可以把物质区分为热的良导体、非良导体和保温材料。表9-1列出了一些典型材料在常温下的导热系数数值，读者可对不同类型材料的导热系数的量级有所了解。

表9-1　几种典型材料在20℃时的导热系数数值

材料名称	λ[W/(m·℃)]	材料名称	λ[W/(m·℃)]	材料名称	λ[W/(m·℃)]	材料名称	λ[W/(m·℃)]
金属（固体）		非金属（固体）		液体		气体（1个大气压）	
纯银	427	石英晶体（0℃，平行于轴）	19.4	水（0℃）	0.551	空气	0.0257
纯铜	398	石英玻璃（0℃）	1.13	水银（汞）	7.90	氮气	0.0256
黄铜	109	大理石	2.70	变压器油	0.124	氢气	0.177
纯铝	236	玻璃	0.65～0.71	柴油	0.128	水蒸气（0℃）	0.183
铝合金（87%Al，30%Si）	162	松木（垂直木纹）	0.15	润滑油	0.146		
纯铁	81.1	松木（平行木纹）	0.35				
碳钢（约0.5%C）	49.8	冰（0℃）	2.22				

注　表中标出温度的按表中温度。

与固体相比，气体的分子距离大，依靠分子碰撞交换能量的能力差，故其导热系数也小。一般气体多为热的不良导体，导热系数在0.01～0.6W/(m·℃)之间，同一气体的温度越高，分子运动速度越快，导热能力越大，导热系数值也大。例如，在常压下，空气在0℃和500℃时，导热系数值分别为0.0244和0.0574W/(m·℃)，而氢的导热系数相应为0.1675和0.375W/(m·℃)。氢气是气体中导热系数最大的物质，火力发电厂中的发电机一般采用氢气进行冷却。

液体的分子密度比气体大得多，导热系数也相应大一些，其值多在0.06～0.7W/(m·℃)之间，一般液体的导热系数随着温度升高而减小，但甘油和0～120℃的水例外。

固体中的非导电体的导热系数一般较低，并且变化范围较大，在0.025～3W/(m·℃)之间，因为是该类材料的多孔型所致。即使同样的物质，由于其结构、密度、多孔度以及湿度不同而又有很大的差异。湿度大的材料的导热系数大于湿度小的。金属材料中的自由电子在导热过程中起主要作用，因此其导热系数都比非金属材料的大。温度升高时，金属晶格阻碍自由电子的运动，因而使导热系数减小。金属中掺入少许杂质，导热系数值会降低得多。而在低温下，纯金属具有非常高的导热系数，如在10K的温度下，纯铜的导热系数可达1200W/(m·℃)；在15K的温度下，纯铝的导热系数达700W/(m·℃)。纯金属的导热系数随温度升高而减小，而一般合金的导热系数随温度升高而增大。

比较水蒸气、水和冰的导热系数可以发现，同一种物质，处于气态、液态和固态时的导热系数是不同的，处于固态时的导热系数大于处于液态时的导热系数，处于液态时的导热系数大于处于气态时的导热系数。

GB/T 4272—2008《设备及管道绝热技术通则》中规定，平均温度为289K（25℃）时热导率不大于0.08W/(m·℃)的材料称为保温材料（或绝热材料），如膨胀塑料、膨胀珍珠岩、矿渣绵等。常温下空气的热导率为0.0257W/(m·℃)，是很好的保温材料。冬季穿的棉衣、羽绒服等，起保温作用的主要是空气，羽绒和棉花的作用主要是锁住空气，减少空气的流动。

三、导温系数

导热问题中还经常使用另一个组合物性参数，即

$$a=\frac{\lambda}{\rho c}$$

a 称为导温系数，也称为热扩散率（Thermal Diffusivity），m^2/s。导温系数是导热系数 λ、密度 ρ 和质量比热容 c 的组合。分母 ρc 表示单位体积的物质温度升高1℃所需要吸收的热量，也就是容积比热容。导温系数 a 比较大，相当于物体的导热系数 λ 较大，容积比热容 ρc 较小。导热系数 λ 较大，说明在相同的温差下可以传导更多的热量；容积比热容 ρc 较小，说明相同的热量可以引起较大的温度变化，a 越大，表示物体内部温度扯平的能力越大，热量扩散的越快，因此称为热扩散率。同时，这也表示物体内温度变化传播的速度越快，范围越广，因而也称为导温系数。

第二节　通过平壁和圆筒壁的一维稳态导热

导热微分方程是求解导热问题的普遍的数学工具，不过对于很多工程实际问题，导热微分方程的求解困难，本书对导热微分方程不做介绍。对一些较为简单而又常见的、一维稳态无内热源的导热问题，也可以直接应用傅里叶定律来求解。在动力工程中，热力设备大部分时间处于稳定运行的状态，此时其部件内发生的导热过程为稳态导热，因此分析稳态导热的规律具有重要意义。下面的分析限于几何形状简单、壁温保持均匀一致的平壁和圆筒壁中的一维稳态导热。

一、通过平壁的稳态导热

一般锅炉炉墙、建筑物墙壁内的导热都可以看作通过平壁的稳态导热。取一厚度均匀的平壁，表面积为 A，厚度为 δ，平壁两表面的温度恒定、均匀，分别为 t_1 和 t_2，假设 $t_1>t_2$。如果平壁为无限大或平壁的侧边绝热，则平壁内的导热是一维的（在工程实际中，当平壁的长、宽都大于其厚度的10倍时，可视为无限大平壁），此时热流方向垂直于平壁表面。

建立如图9-3所示的直角坐标系，则平壁导热的傅里叶定律表达式可以写为

$$q = -\lambda \frac{dt}{dx} \qquad (9\text{-}5)$$

边界条件为

$x = 0$ 时，$t = t_1$

$x = \delta$ 时，$t = t_2$

稳态导热时 q 为常量。对式（9-5）进行积分可得

$$q = \frac{\lambda}{\delta}(t_1 - t_2) = \frac{t_1 - t_2}{\frac{\delta}{\lambda}} \qquad (9\text{-}6)$$

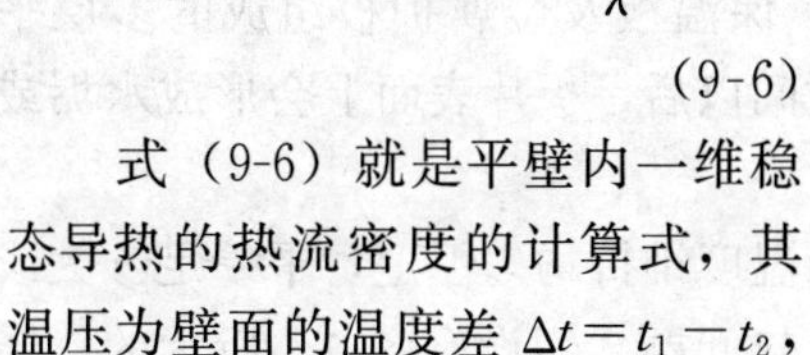

式（9-6）就是平壁内一维稳态导热的热流密度的计算式，其温压为壁面的温度差 $\Delta t = t_1 - t_2$，

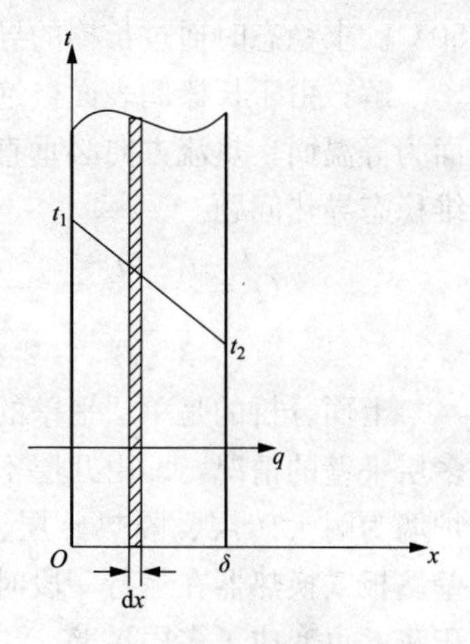

图 9-3　通过单层平壁的一维稳态导热

单位面积平壁的热阻 $r_t = \frac{\delta}{\lambda}$，单位为 $m^2 \cdot ℃/W$，面积为 A 的平壁的热阻为 $R_t = \frac{\delta}{\lambda \cdot A}$，单位为℃/W，即

$$Q = A \cdot q = \frac{t_1 - t_2}{\left(\frac{\delta}{\lambda \cdot A}\right)} \qquad (9\text{-}7)$$

【例 9-1】 平壁厚 150mm，表面积 $4m^2$，导热系数为 40W/(m·℃)，平壁表面温度分别为 600℃和 300℃，求稳态情况下通过该平壁的导热量。

解：

$$q = \frac{t_1 - t_2}{\left(\frac{\delta}{\lambda}\right)} = \frac{600 - 300}{\left(\frac{0.15}{40}\right)} = 80000(W/m^2)$$

$$Q = q \cdot A = 80000 \times 4 = 3.2 \times 10^5 (W)$$

【例 9-2】 一横截面为矩形的长棒，其侧表面被绝热。已知长棒截面积 $A = 40 \times 40mm^2$，棒长 $\delta = 200mm$，导热系数 $\lambda = 2W/(m \cdot ℃)$，长棒两端面分别为等温面，$t_1 = 400℃$，$t_2 =$

50℃。求稳态时通过长棒的导热量。

解： 由于长棒侧表面被绝热，侧表面无热流通过，长棒两端面为等温面，热流方向必垂直该端面，故为沿长棒轴线方向的一维稳态导热问题。

$$Q=\frac{t_1-t_2}{\dfrac{\delta}{\lambda\cdot A}}=\frac{400-50}{\dfrac{0.2}{2\times1.6\times10^{-3}}}=5.6(\mathrm{W})$$

上面分析的是单层平壁的情况。在工程应用上，还经常遇到多层平壁的情况，即由几层不同材料组成的平壁，如一些锅炉的炉墙为耐火砖层、隔热砖层、保温板及金属护板组成的多层平壁。板式换热器在运行一段时间以后，板片表面上会形成水垢或积灰，也变成了多层平壁。

如果多层平壁的两外表面温度维持均匀恒定，平壁足够大或侧面绝热，则也是一维稳态导热问题。假设有图 9-4 所示的三层平壁的情况，每层平壁材料的导热系数分别为 λ_1、λ_2、λ_3，且为常数；各层的厚度分别为 δ_1、δ_2、δ_3；多层平壁外表面的温度分别为 t_1 和 t_4，各层之间接触紧密，相互接触的两表面温度相同，没有接触热阻。则稳态时，通过每层的热流密度都相等，$q_1=q_2=q_3=q$，有

$$q_1=\frac{t_1-t_2}{\dfrac{\delta_1}{\lambda_1}}\Rightarrow t_1-t_2=q\cdot\left(\frac{\delta_1}{\lambda_1}\right)$$

$$q_2=\frac{t_2-t_3}{\dfrac{\delta_2}{\lambda_2}}\Rightarrow t_2-t_3=q\cdot\left(\frac{\delta_2}{\lambda_2}\right)$$

$$q_3=\frac{t_3-t_4}{\dfrac{\delta_3}{\lambda_3}}\Rightarrow t_3-t_4=q\cdot\left(\frac{\delta_3}{\lambda_3}\right)$$

将上面三式左、右两边分别相加整理后，可得

$$q=\frac{t_1-t_4}{\dfrac{\delta_1}{\lambda_1}+\dfrac{\delta_2}{\lambda_2}+\dfrac{\delta_3}{\lambda_3}}=\frac{\Delta t}{r_1+r_2+r_3}\tag{9-8}$$

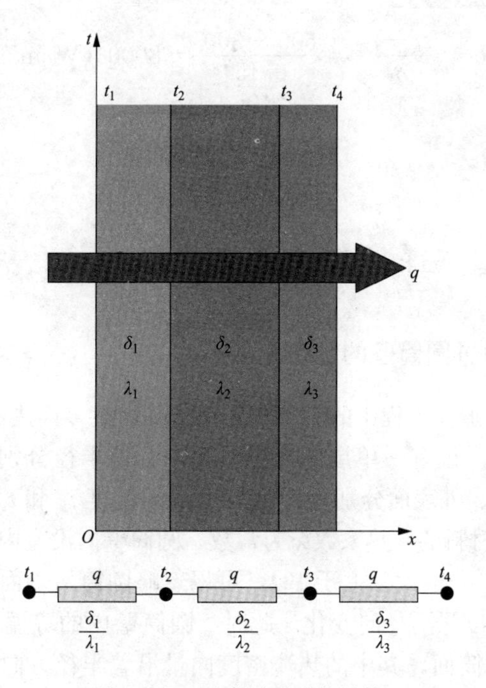

图 9-4　通过多层平壁的导热

即对于多层平壁稳态导热的情况，总热阻等于串联环节热阻之和。以此类推，对于 n 层平壁的情况，热流密度为

$$q=\frac{t_1-t_{n+1}}{\sum_{i=1}^{n}\frac{\delta_i}{\lambda_i}} \tag{9-9}$$

热流量为

$$Q=\frac{t_1-t_{n+1}}{\sum_{i=1}^{n}\frac{\delta_i}{\lambda_i\cdot A}} \tag{9-10}$$

【例 9-3】 两层平壁的稳态导热，接触面无接触热阻。壁面温度分别为 600、300℃和 100℃，高温侧平壁的厚度为 150mm，导热系数为 40W/(m·℃)，低温侧平壁的厚度为 200mm，求低温侧平壁的导热系数。

解：由第一层平壁可以计算通过两层平壁的热流密度，即

$$q = \frac{t_1 - t_2}{\frac{\delta_1}{\lambda_1}} = \frac{600 - 300}{\frac{0.15}{40}} = 80000(\mathrm{W/m^2})$$

由 $q=\frac{t_2-t_3}{\frac{\delta_2}{\lambda_2}}\Rightarrow$

$$\lambda_2 = \frac{q \cdot \delta_2}{t_2 - t_3} = \frac{80000 \times 0.2}{300 - 100} = 80[\mathrm{W/(m \cdot ℃)}]$$

二、通过圆筒壁的稳态导热

圆形管道在工程中的应用十分广泛，如很多换热器中的管束、蒸汽管道等。设有一单层圆筒壁，其内、外半径分别为 r_1 和 r_2，长为 L，内、外表面分别维持均匀恒定的温度 t_1 和 t_2，假设 $t_1>t_2$，圆筒壁材料的导热系数 λ 为常数，圆筒壁内没有内热源。如果圆筒壁的 L/r_2 很大（大于 10)，可以忽略圆筒两端面的换热，认为壁内的温度只沿径向变化。此时，圆筒壁内的等温面是与圆筒壁同轴的圆筒面，其中的热流密度向量沿着半径方向，与圆筒面垂直。采用 r、θ、z 为变量的圆柱坐标系，则问题是径向一维导热问题（见图 9-5)。

按照傅里叶定律，圆筒壁内任意一点的热流密度为

$$q = -\lambda \frac{\mathrm{d}t}{\mathrm{d}r}$$

上式是表示圆筒壁内温度沿径向分布的微分方程表达式，边界条件为 $r=r_1$ 时，$t=t_1$；$r=r_2$ 时，$t=t_2$。不过，在稳态导热的情况下，通过不同半径圆筒面的热流量 Q 是常量。由于不同半径的圆筒面的面积 $A_r=2\pi rL$ 是变化的，热流密度 $q=Q/A_r$ 也是沿半径变化的，即

$$q = \frac{Q}{2\pi rL} = -\lambda \frac{\mathrm{d}t}{\mathrm{d}r}$$

或

$$Q = -2\pi\lambda Lr \frac{\mathrm{d}t}{\mathrm{d}r}$$

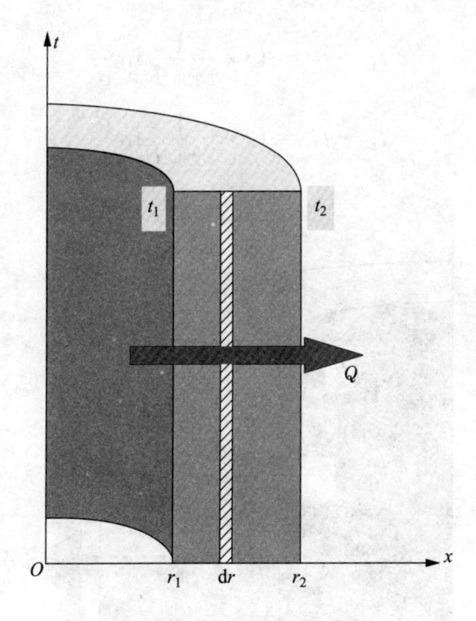

图 9-5　通过单层圆筒壁的稳态导热

将上式分离变量，利用边界条件进行积分，得

$$Q \cdot \int_{r_1}^{r_2} \frac{1}{r} \mathrm{d}r = -2\pi\lambda L \int_{t_1}^{t_2} \mathrm{d}t \Rightarrow$$

$$Q = \frac{t_1 - t_2}{\frac{1}{2\pi\lambda L} \cdot \ln \frac{r_2}{r_1}} \tag{9-11}$$

单层圆筒壁的温压是两表面的温度差，$\Delta t = t_1 - t_2$，而热阻为 $R_\mathrm{t} = \frac{1}{2\pi\lambda L} \ln \frac{r_2}{r_1} = \frac{1}{2\pi\lambda L} \ln \frac{d_2}{d_1}$，如图 9-6 所示。

对于多层圆筒壁的径向一维稳态导热，各层圆筒壁成为沿热流方向的串联热阻。总导热热阻等于串联热阻之和，总温压为多层圆筒壁的内、外壁温之差。每一层圆筒壁的温压等于热流量与该层圆筒壁热阻之积。对于两层圆筒壁的情况（见图 9-7），则

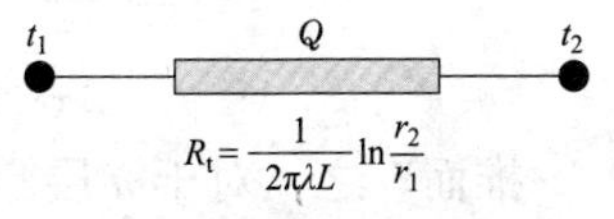

图 9-6　单层圆筒壁的导热热阻

$$t_1 - t_2 = Q \cdot \frac{1}{2\pi\lambda_1 L}\ln\frac{d_2}{d_1}$$

$$t_2 - t_3 = Q \cdot \frac{1}{2\pi\lambda_2 L}\ln\frac{d_3}{d_2}$$

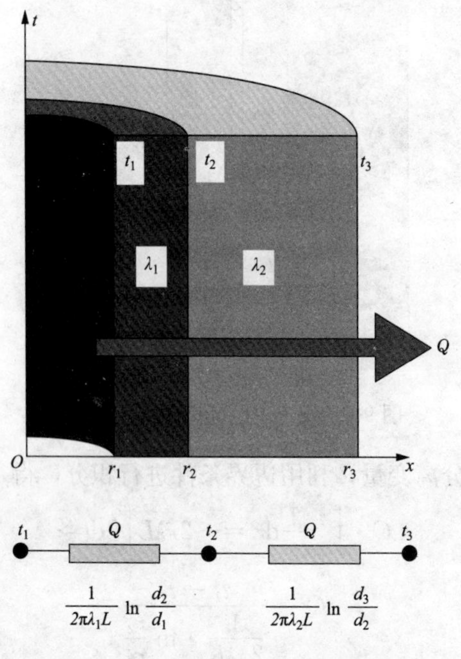

图 9-7 两层圆筒壁的一维稳态导热

将上述两式左、右两侧分别相加，经整理可得

$$Q = \frac{t_1 - t_3}{\dfrac{1}{2\pi\lambda_1 L}\ln\dfrac{d_2}{d_1} + \dfrac{1}{2\pi\lambda_2 L}\ln\dfrac{d_3}{d_2}} \tag{9-12}$$

推而广之，对于 n 层圆筒壁的情况，有

$$Q = \frac{t_1 - t_{n+1}}{\sum\limits_{i=1}^{n}\dfrac{1}{2\pi\lambda_i L}\ln\dfrac{d_{i+1}}{d_{i1}}} \tag{9-13}$$

前面在介绍多层平壁和多层圆筒壁导热时，假设两层之间相互接触的两个表面是紧密接触的，两表面具有相同的温度。实际

上，固体的表面总有一定的粗糙度，两个表面不可能完全接触，中间会有一定的空隙。尽管空隙很小，但由于空隙间的空气等气体导热能力差，也会在两表面之间形成接触热阻，通常接触热阻和壁面热阻相比较小，在很多场合可以忽略，则相互接触的壁面具有相同的温度。固体热阻越小、热流密度越大，则接触热阻的影响越大。在高热流量的场合，需要考虑接触热阻的影响。接触热阻的影响因素很复杂，如接触面的粗糙度、表面的硬度以及相互接触物体表面之间的压力等，通常通过实验测定，需要时可以参考相关热工手册。

圆筒壁导热的计算表达式较为复杂，工程上在 $d_2/d_1<2$ 的情况下，也可以采用类似平壁的简化公式计算，将圆筒壁看作是厚度为 $\delta=(d_2-d_1)/2$、面积是 $\pi d_m L$ 的平壁，通过圆筒壁的导热热流量为

$$Q=\pi d_m L\frac{t_1-t_2}{\frac{\delta}{\lambda}}=A_m\frac{t_1-t_2}{\frac{\delta}{\lambda}} \tag{9-14}$$

式中　$d_m=(d_2+d_1)/2$——圆筒壁的平均半径，m；

　　$A_m=\pi d_m L$——圆筒壁的平均面积。

单位长度圆筒壁的导热量为

$$Q_L=\frac{Q}{L}=\pi d_m\frac{t_1-t_2}{\frac{\delta}{\lambda}} \tag{9-15}$$

【例 9-4】　锅炉水冷壁管外直径为 108mm，内直径为 100mm，材料为碳钢，导热系数为 45W/(m·℃)，已知水冷壁内表面温度为 250℃，外表面温度为 257℃。

求：(1) 单位管壁的导热热流量。

(2) 如果运行一段时间后，管内壁形成积垢，水垢厚为 1mm，水垢的导热系数为 1.74W/(m·℃)，作用在管壁上的温压相同，计算此时单位管壁的导热热流量。

解：(1) $d_2/d_1=1.08<2$，可以按照简化方式计算

$$Q_L = \pi d_m \frac{t_1 - t_2}{\frac{\delta}{\lambda}}$$

平均直径为

$$d_m = (d_2 + d_1)/2 = (108 + 100)/2 = 104(\text{mm}) = 0.104\text{m}$$

壁厚为

$$\delta = (d_2 - d_1)/2 = (108 - 100)/2 = 4(\text{mm}) = 0.004\text{m}$$

$$Q_L = 3.14 \times 0.104 \times \frac{257 - 250}{\frac{0.004}{45}} = 25716.6(\text{W/m})$$

（2）结垢之后，相当于两层圆筒壁，水垢层的内直径为

$$d_i = d_1 - 2 \times 1 = 100 - 2 = 98(\text{mm}) = 0.098\text{m}$$

$$d_1/d_i = 100/98 = 1.02 < 2 \quad d_2/d_1 = 108/100 = 1.08 < 2$$

两层圆筒壁分别可以采用简化方法计算，则

$$Q_L = \frac{t_1 - t_2}{\frac{\delta_1}{\lambda_1 \pi d_{m1}} + \frac{\delta_2}{\lambda_2 \pi d_{m2}}}$$

水垢层的平均直径为

$$d_{m1} = (d_1 + d_i)/2 = (100 + 98)/2 = 99(\text{mm}) = 0.099\text{m}$$

钢管的平均直径为

$$d_{m2} = (d_2 + d_1)/2 = (108 + 100)/2 = 104(\text{mm}) = 0.104\text{m}$$

水垢层厚度为

$$\delta_1 = 1\text{mm} = 0.001\text{m}$$

钢管壁厚为

$$\delta_2 = (d_2 - d_1)/2 = (108 - 100)/2 = 4(\text{mm}) = 0.004\text{m}$$

$$Q_L = 3.14 \times \frac{257 - 250}{\frac{0.001}{1.74 \times 0.099} + \frac{0.004}{45 \times 0.104}}$$

$$= 3.14 \times \frac{7}{0.005805 + 0.000855} = 3300(\text{W/m})$$

可见，管壁结垢之后，导热热阻显著增大，单位管长的热流量明显下降。如果要维持热流量不变，则管壁的温压就要相应增

大，也就是提高管外壁的温度。管壁温度过高，强度下降，甚至可能引发爆管事故。

如果采用精确计算公式，在圆管未结垢时，单位管长的热流量为

$$Q_L=\frac{t_1-t_2}{\frac{1}{2\pi\lambda}\cdot\ln\frac{d_2}{d_1}}=\frac{257-250}{\frac{1}{2\times3.14\times45}\times\ln\frac{108}{100}}$$

$$=\frac{7}{0.000272}=25703.9(\mathrm{W/m})$$

相对偏差为

$$\frac{25716.6-25703.9}{25703.9}\times100\%=0.05\%$$

管内结垢之后，单位管长的热流量为

$$Q_L=\frac{t_1-t_2}{\frac{1}{2\pi\lambda_1}\cdot\ln\frac{d_1}{d_i}+\frac{1}{2\pi\lambda_2}\cdot\ln\frac{d_2}{d_1}}=2\times3.14$$

$$\times\frac{257-250}{\frac{1}{1.74}\ln\frac{100}{98}+\frac{1}{45}\cdot\ln\frac{108}{100}}$$

$$=\frac{43.96}{0.01161+0.00171}=3300(\mathrm{W/m})$$

与简化方法的结果一致。

【例 9-5】 一条蒸汽管道，内外直径分别为 200mm 和 275mm，内壁面温度为 500℃，管壁的导热系数为 50W/(m·℃)，管外包裹两层保温材料，自内向外，第一层厚度为 100mm，导热系数为 0.05W/(m·℃)，第二层厚度为 15mm，导热系数为 0.14W/(m·℃)，保温层外表面温度为 50 ℃。忽略各层之间的接触热阻，求单位管长的热损失以及各层之间的壁面温度。

解：

$$Q=\frac{t_1-t_4}{\frac{1}{2\pi\lambda_1}\ln\frac{d_2}{d_1}+\frac{1}{2\pi\lambda_2}\ln\frac{d_3}{d_2}+\frac{1}{2\pi\lambda_3}\ln\frac{d_4}{d_3}}$$

$$R_{t1}=\frac{1}{2\pi\lambda_1}\ln\frac{d_2}{d_1}=\frac{1}{2\pi\times 50}\ln\frac{0.275}{0.2}=0.001(\text{m}\cdot℃/\text{W})$$

$$R_{t2}=\frac{1}{2\pi\lambda_2}\ln\frac{d_3}{d_2}=\frac{1}{2\pi\times 0.05}\ln\frac{0.475}{0.275}=1.740(\text{m}\cdot℃/\text{W})$$

$$R_{t3}=\frac{1}{2\pi\lambda_3}\ln\frac{d_4}{d_3}=\frac{1}{2\pi\times 0.14}\ln\frac{0.505}{0.475}=0.0696(\text{m}\cdot℃/\text{W})$$

单位管长的热流量为

$$Q=\frac{t_1-t_4}{R_{t1}+R_{t2}+R_{t3}}=\frac{500-50}{0.0010+1.740+0.0696}$$
$$=248.5(\text{W/m})$$

蒸汽管道外壁的温度为

$$t_2=t_1-Q\cdot R_{t1}=500-248.5\times 0.001=499.75(℃)$$

第一层保温层内表面的温度为

$$t_3=t_2-Q\cdot R_{t2}=499.75-248.5\times 1.74=67.3(℃)$$

第三节　非稳态导热

一、非稳态导热的特点

稳态导热时物体内各点的温度不随时间变化。物体内各点温度随时间变化的导热过程是非稳态导热过程。热动力设备在启动、停机和变工况阶段的导热过程就是非稳态导热过程。通常研究非稳态导热问题的目的有两个：一是在加热或冷却时，确定物体内某点达到预定温度所需要的时间和总共需要的热量；二是物体内部的温度分布随时间变化的规律，据此计算物体内的热应力，验算是否满足工作条件所需要的强度要求。例如电站锅炉在启动过程中，随着水温的升高，汽包壁的温度随之升高，若水温提升速度过快，会引起汽包内、外壁温差过大，热应力加大，从而承受汽包内蒸汽压力的能力降低。

原来处于稳态温度场的物体，可能由于内热源或者边界上温度、换热条件的改变而进入非稳态导热过程，这些改变因素可能是阶跃性的，即突然改变之后持续稳定，也可能是随时间连续变化的（常见的是周期性变化）。本节以无内热源的导热物体外部条件阶跃变化的情况为例，来分析非稳态导热的特点。具体问题的描述：在 $\tau=0$ 时刻，物体内的温度分布是均匀的，即 $t=f(x,y,z,0)=t_0$，此时外界流体的温度为 t_f，而且流体温度持续稳定，流体与导热物体壁面之间的表面传热系数为 h。分析物体内温度场随时间的变化以及物体与外界之间的换热量。

在定量分析之前，先定性分析一下物体内温度分布变化的特点。假设 $t_f>t_0$，则随着时间推进，物体边界温度逐步升高，这个温度升高的扰动也逐步向物体内部推进，在温度扰动达到物体中心之前，物体内总有部分区域是感受不到边界条件变化的，而是仍保持原来的温度。在温度扰动达到物体中心以后，物体内各点的温度都因感受到边界条件的变化而逐步改变。因此，这类非稳态导热过程经历两个阶段，先是非正规状况阶段，这一阶段，物体内的温度分布受初始温度分布的影响很大，部分区域尚未感受外界条件的改变；再是正规状况阶段，此时初始温度的影响开始逐渐减弱，物体中不同时刻的温度分布状况主要取决于边界条件和物性参数。

在物体边界上是对流换热的条件下，物体经历非稳态导热时温度场变化的特点与物体内部导热热阻与物体边界上的对流换热热阻有关。物体内部的导热热阻用一个当量厚度 δ 与物体导热系数 λ 的比值表示，壁面处的对流换热热阻为 $\frac{1}{h}$，两个热阻的比值称为毕渥准则 Bi，则

$$Bi=\frac{h\delta}{\lambda}=\frac{\dfrac{\delta}{\lambda}}{\dfrac{1}{h}}=\frac{R_{t\lambda}}{R_{th}}$$

式中 $R_{t\lambda}$、R_{th}——串联传热环节的导热热阻和对流换热热阻。

其中，当量厚度 δ 也称为导热物体的特征尺度，对于两侧换

热、厚度为 2δ 的平壁，特征尺度是其厚度的 $1/2\delta$；对于长圆柱，特征尺度为圆柱的半径，$\delta=R$；对于圆球，特征尺度是球半径，$\delta=R$；对于其他形状的导热体，特征尺度与体积对表面积的比值 V/A 有关。Bi 数是无量纲数，这里它可以表征非稳态导热过程的特征：

1. $Bi\to\infty$

表示物体内的导热热阻远大于边界上的对流换热热阻，这时可以忽略对流换热热阻，物体表面的温度就等于周围流体温度，即 $t_w=t_f$。

2. $Bi\to 0$

表示物体内的导热热阻远小于边界上的对流换热热阻，任意时刻物体内的温度分布接近均匀一致，物体内部的导热热阻可以忽略。

3. Bi 准则数介于两种极端情况之间

表示物体内的导热热阻与边界上的对流换热热阻相比相差不是特别大，是一般的情况。

由于涉及时间和温度变化，一般的非稳态导热问题求解计算比较复杂。但对于很多特征尺度较小、导热系数很大的金属物体，同时与外界的对流换热不是很强的条件下，物体内的温度分布接近均匀，这样的非稳态导热问题大大简化。可以使用集总参数法求解。

二、集总参数法

在 $\tau=0$ 时刻将温度均匀且为 t_0 的常物性、无内热源的导热物体置于温度恒为 t_f 的流体中，物体壁面与流体之间的表面传热系数为 h，则 $\tau>0$ 时物体内的温度场逐步改变，最终达到 t_f。如果 Bi 数很小，物体内导热热阻很小，物体内部的温差也很小，极限的情况下，$Bi\to 0$，即 $\lambda\to\infty$时，尽管物体的温度随时间变化，但任一时刻，物体内各点的温度总是保持均匀一致的，物体内的温度随时间变化而不沿空间坐标变化，即成为零维非稳态导热问题。这种忽略物体内部导热热阻的简化分析方法称为集总参数法。

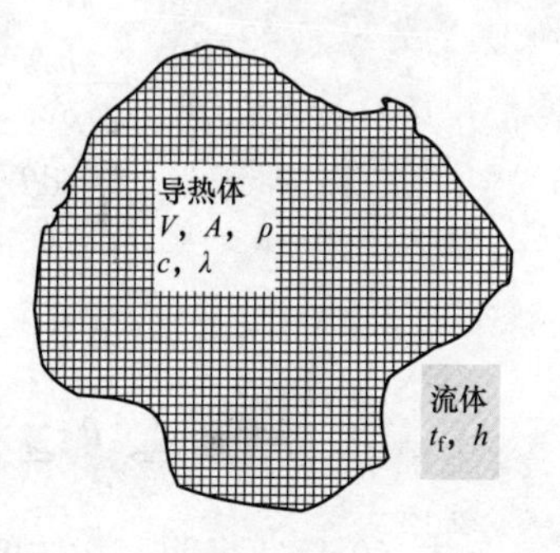

图 9-8　集总参数法分析示意图

假设在本问题中物体具有任意形状（见图 9-8），其体积为 V，表面积为 A，无内热源，物体的密度为 ρ，比热容为 c，导热系数为 λ。为叙述方便，假设物体被冷却，即 $t_0 > t_f$，且 $Bi \to 0$，利用集总参数法分析物体的温度随时间变化的规律。

首先依据能量守恒原理建立描述物体温度变化的微分方程。设物体当前的温度为 t，在微元时间段 $d\tau$ 时间内，物体表面的对流换热量为

$$Q d\tau = hA(t - t_f) d\tau$$

该时段内物体温度变化为 dt，则物体内能的变化量为

$$dU = \rho V c\, dt$$

注意，物体被冷却时 $dt < 0$，即内能减少量的绝对值为 $-\rho V c dt$。按能量守恒，$d\tau$ 时段物体的放热量应等于内能减少量，则

$$-\rho V c\, dt = hA(t - t_f) d\tau$$

即

$$\frac{dt}{d\tau} = -\frac{hA}{\rho V c}(t - t_f) \tag{9-16}$$

这就是适用于本问题的微分方程。如果将物体的表面散热视为物体的体热源，也可以直接利用导热微分方程得到式（9-16）。

引入过余温度 $\theta = t - t_f$，则式（9-16）成为

$$\frac{d\theta}{d\tau} = -\frac{hA}{\rho V c}\theta$$

方程的定解条件为 $\tau = 0$ 时，$\theta_0 = t_0 - t_f$。先分离变量，再对方程从 $0 \sim \tau$ 进行积分，得

$$\frac{d\theta}{\theta}=-\frac{hA}{\rho Vc}d\tau$$

$$\Rightarrow\int_{\theta_0}^{\theta}\frac{d\theta}{\theta}=\int_0^{\tau}-\frac{hA}{\rho Vc}d\tau$$

$$\Rightarrow\ln\frac{\theta}{\theta_0}=-\frac{hA}{\rho Vc}\tau$$

$$\Rightarrow\frac{\theta}{\theta_0}=e^{-\frac{hA}{\rho Vc}\tau}\text{ 或 }\theta=\theta_0 e^{-\frac{hA}{\rho Vc}\tau} \tag{9-17}$$

式（9-17）表明，物体的过余温度将按指数规律随时间 τ 变化，变化速度的快慢，取决于指数中 $\frac{hA}{\rho Vc}$ 的大小，该数越大，θ 变化得越快。当 $\tau=\frac{\rho Vc}{hA}$ 时，有

$$\frac{\theta}{\theta_0}=e^{-1}=36.8\%$$

此时物体的过余温度已达初始过余温度的36.8%。$\frac{\rho Vc}{hA}$ 的数值反映了物体内温度对外界温度变化反应的快慢程度，称为时间常数，记为 $\tau_c=\frac{\rho Vc}{hA}$，显然 τ_c 越小，物体温度对外界温度变化的反应也就越快。

通常，用于测量流体温度所用的热电偶的体积较小，导热系数又很大，因此应用集总参数法来分析它在非稳态过程中的温度变化规律是相当准确的。将热电偶突然置于欲测温度的流体环境中，若利用其非稳态过程的规律，可以在热电偶温度达到流体温度之前即推算出流体温度，加快测温速度。特别是当流体温度较高，测温元件不宜承受这样的高温时，也可以根据测温元件的短期读数来推算流体温度，从而大大提高测温元件适用的极限温度。不过需要注意，在气体环境中测温通常还要考虑辐射换热的影响。

在 τ 时刻，物体与外界之间的瞬时换热热流量为

$$Q=hA(t-t_f)=hA\theta=hA\theta_0 e^{-\frac{hA}{\rho Vc}\tau} \tag{9-18}$$

$0\sim\tau$ 时间段内的累积换热量为物体在该时段内内能的总共减少量，即

$$
\begin{aligned}
Q_\tau &= \rho Vc(t_0 - t) = \rho Vc(\theta_0 - \theta) \\
&= \rho Vc\theta_0\left(1 - \frac{\theta}{\theta_0}\right) = \rho Vc\theta_0(1 - e^{-\frac{hA}{\rho Vc}\tau})
\end{aligned}
\tag{9-19}
$$

式（9-19）也可以通过对瞬时换热热流量进行积分得到

$$
Q_\tau = \int_0^\tau Q\mathrm{d}\tau = \int_0^\tau hA\theta_0 e^{-\frac{hA}{\rho Vc}\tau}\mathrm{d}\tau = hA\theta_0 \cdot \left(-\frac{\rho Vc}{hA}e^{-\frac{hA}{\rho Vc}\tau}\Big|_0^\tau\right)
$$

$$
= \rho Vc\theta_0(1 - e^{-\frac{hA}{\rho Vc}\tau})
$$

分析指出，对于形如平壁、长圆柱和球这一类的物体，当 $Bi \leqslant 0.1$ 时，物体中各点间过余温度的偏差小于5%，因此把 $Bi \leqslant 0.1$ 作为适用集总参数法分析的条件。

【例 9-6】 一钢球比热容为 $c=0.46\text{kJ/(kg}\cdot℃)$，密度 $\rho=7800\text{kg/m}^3$，导热系数 $\lambda=35\text{W/(m}\cdot℃)$，直径 $d=0.06\text{m}$，初始温度 $t_0=450℃$，突然置于温度 $t_\mathrm{f}=80℃$ 的气体环境中，球表面与外界气体的表面传热系数 $h=10\text{W/(m}^2\cdot℃)$。计算球体温度达到 200℃时所需要的时间。

解：验证是否可用集总参数法计算。对于球体，特征尺度为其半径，则

$$
Bi = \frac{hR}{\lambda} = \frac{10 \times 0.03}{35} = 0.00857 < 0.1
$$

可以采用集总参数法。

本问题中 $\theta_0 = t_0 - t_\mathrm{f} = 450 - 80 = 370(℃)$

$$
\theta = t - t_\mathrm{f} = 200 - 80 = 120(℃)
$$

由 $\frac{\theta}{\theta_0} = e^{-\frac{hA}{\rho Vc}\tau}$ 可得 $\Rightarrow \tau = -\frac{\rho Vc}{hA}\ln\frac{\theta}{\theta_0} = -\frac{\rho\frac{4}{3}\pi R^3 c}{h4\pi R^2}\ln\frac{\theta}{\theta_0}$

$$
= -\frac{1}{3}\frac{\rho Rc}{h}\ln\frac{\theta}{\theta_0}
$$

代入数据，则

$$\tau = -\frac{1}{3}\frac{7800 \times 0.03 \times 460}{10}\ln\frac{120}{370} = 4040(\text{s}) = 1.12\text{h}$$

【例 9-7】 直径为 2mm 的热电偶（可视为圆柱体，两端不换热），密度为 8900kg/m^3，比热容为 400J/(kg·℃)，导热系数为 30W/(m·℃)，初始温度为 25℃。将热电偶突然置于温度为 200℃的流体中，流体与热电偶之间的表面传热系数为 50W/(m^2·℃)。计算热电偶的过余温度达到初始过余温度 10%所需的时间及此时热电偶温度。

解： 先验算 Bi 数的范围，则

$$Bi = \frac{hR}{\lambda} = \frac{50 \times 0.001}{30} = 0.00167 < 0.1$$

可以应用集总参数法进行计算，则

$$\frac{\theta}{\theta_0} = \mathrm{e}^{-\frac{hA}{\rho Vc}\tau} = 0.1 \Rightarrow \tau = -\frac{\rho Vc}{hA}\ln\frac{\theta}{\theta_0}$$

其中，$\frac{V}{A} = \frac{\pi R^2 l}{2\pi Rl} = \frac{R}{2}$，（$l$ 为热电偶长度），代入上式得

$$\tau = -\frac{8900 \times 400}{50} \times \frac{0.001}{2} \times \ln 0.1 = 82(\text{s})$$

由 $\frac{t - t_f}{t_0 - t_f} = 0.1$ 得

$$t = t_f + 0.1 \times (t_0 - t_f) = 200 + 0.1 \times (25 - 200) = 182.5(℃)$$

复　习　题

一、简答题

1. 试写出傅里叶定律的一般形式，说明其中各个符号的意义。

2. 试写出导热系数的定义式，说明其物理意义。

3. 何谓热扩散率？它表示物质哪方面的物理性质？

4. 何谓非稳态导热问题的集总参数法？使用集总参数法的条件是什么？

5. 说明 Bi 数的物理意义。$Bi \to 0$ 与 $Bi \to \infty$ 各代表何种换热条件？

二、填空题

1. 如果物体中各个部位的温度不随时间变化了，这时发生的导热就称为________。

2. 同一种物质，处于气态、液态和固态时的导热系数是不同的，处于________的导热系数大于处于________的导热系数，处于的________导热系数大于处于的导热系数。

3. 导热系数的定义式是 $\lambda = \frac{q}{|gradt|}$，该式表明，导热系数在数值上等于在单位温度梯度作用下，物体内所产生的________。

4. 导热系数的单位是________。

5. 平壁厚为 150mm，导热系数为 40W/(m·℃)，表面温度分别为 600℃和 300℃，则通过该平壁的热流量为________ W/m^2。

6. 单层大平壁的导热热阻与________成正比，与________成反比。

7. 圆筒壁内表面结垢之后，若要保持热流量不变，则传热温差就要________。

8. 物体内各点温度随时间变化的导热过程是________导热过程。

9. ________准则表示导热体内部的导热热阻与导热体壁面与外界流体的对流换热热阻的比值。

10. 在非稳态导热分析中，忽略物体内部导热热阻的简化分析方法称为________。

11. 在非稳态导热分析中，将物体内温度与周围流体温度之差 $\theta = t - t_f$ 称为。

12. 在非稳态导热的集总参数法中，将物体的过余温度达到初始过余温度的 36.8%所需的时间称为________。

三、计算题

1. 一大平壁厚 80mm，两表面温度分别保持恒定的 120℃和 20℃，试计算当大平壁的导热系数为 0.12W/(m·℃) 时的热流密度。当大平壁的导热系数为12W/(m·℃)时，热流密度又是多少？

2. 厚度为8mm的大钢板，导热系数为45W/(m·℃)。钢板左侧接受热辐射照射，辐射换热的热流密度为6200W/m²，假设钢板左侧没有其他方式的热传递，现测得钢板右侧表面温度为30℃，试问当传热为稳态时，钢板左侧表面温度是多少？

3. 有一厚度为50mm的平面墙，墙体材料的导热系数为2.5W/(m·℃)，在其外侧覆盖了一层导热系数为0.12W/(m·℃)的保温材料。复合墙壁两侧的温度分别为650℃和50℃，为使每平方米墙面的热损失不超过1300W/m²，求需要的保温层的厚度。

4. 锅炉炉墙由耐火砖和红砖两层砌成，厚度均为250mm，导热系数分别为0.68W/(m·℃)和0.52W/(m·℃)，炉墙内、外表面温度分别为760℃和80℃。求

（1）通过炉墙的热流密度。

（2）若把红砖换成导热系数为0.052W/(m·℃)的珍珠岩保温混凝土，若要保持原来的散热热流密度不变，则珍珠岩保温混凝土层的厚度应为多少？

5. 有三层平壁，各层材料的导热系数分别为常数，接触面无接触热阻。现测得各个壁面温度分别为 $t_{w1}=620℃$、$t_{w2}=520℃$、$t_{w3}=280℃$、$t_{w4}=60℃$，试比较各层导热热阻的大小。

6. 玻璃窗高1.2m、宽0.6m，采用厚度均为5mm的双层玻璃，玻璃的导热系数为0.8W/(m·℃)，玻璃层之间是厚度为6mm的空气间层，忽略空气间层的对流作用，空气的导热系数为 2.44×10^{-2}W/(m·℃)，已知室内外玻璃表面的温度分别为18℃和−15℃，试确定该玻璃窗的热损失。如果采用单层玻璃，其他条件不变，则热损失是双层玻璃的多少倍？

7. 为测定一种材料的导热系数，用该材料做成厚8mm的大平板（长和宽均大于厚度的10倍）。在稳定状态下，保持平板两表面间的温差为36℃，并测得通过平板的热流密度为5300W/m²。试确定该材料的导热系数。

8. 外直径为 70mm 的蒸汽管道，外面包裹两层保温材料，内层是厚 22mm、导热系数为 0.11W/(m·℃) 的石棉，外层是厚 80mm，导热系数为 0.05W/(m·℃) 的超细玻璃棉。已知蒸汽管道外表面温度为 500℃，保温层最外表面温度为 56℃，求每米管长的热损失以及两保温层交界处的温度。

9. 题 8 中，如果在安装过程中所用的保温材料次序颠倒，而其他条件不变，蒸汽管道和保温层最外表面温度也保持不变，那么每米管长的热损失是否发生变化？

10. 外直径为 120mm 的蒸汽管道，其外用导热系数为 0.052W/(m·℃) 的超细玻璃棉毡保温，已知蒸汽管道外壁面温度为 500℃，当保温层外表面温度为 50℃时，若要求每米管长热损失不超过 260W，试求所需的保温层厚度。

11. 将初始温度为 500℃、直径为 20mm 的金属球突然置于温度为 15℃的空气中。已知金属球表面与周围空气环境之间的表面传热系数 $h=40W/(m^2 \cdot ℃)$，金属球的物性参数 $\rho=2700kg/m^3$，$c_p=0.9kJ/(kg \cdot ℃)$，$\lambda=260W/(m \cdot ℃)$。忽略金属球的辐射换热，试确定该金属球由 500℃降至 60℃所需要的时间。

第十章

对流换热

固体中热量是以导热的方式传递的，但在生产和生活中，大量的热量传递现象还与流体的流动有关。如用水壶煮开水（见图 10-1），壶底被加热，热量通过导热从金属壁面的外侧传递到内侧，而后壁面附近的水通过导热的方式被加热。水是一种神奇的物质，它在 4℃以上热胀冷缩，在 4℃以下热缩冷胀（这种性质对于保护水生生物非常重要）。烧水的时候，壶底的水温升高，水的密度减小，在浮力作用下开始流动、上浮，不同温度的水相互掺混，形成对流。这种流体流过壁面的时候，流体和壁面之间的传热称为对流换热。因为对流换热时，流体中既有导热，也有热对流，所以是导热和热对流的综合过程。

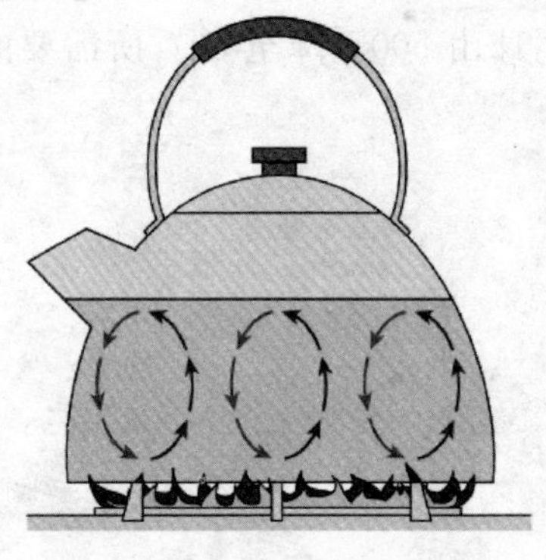

图 10-1　水壶内的对流换热

一些特殊情况下，流体和固体壁面接触、传热时，流体几乎不流动，这个时候流体内的传热主要是导热，可以按照固体导热处理。如两个距离很近的水平平壁之间充满水，但上面的壁面温度高，下面的壁面温度低（系统温度高于 4℃），这时两个壁面之间的水处于稳定、不易流动的状态，传热计算时可以将水看作一层平壁。我国北方住宅普遍使用双层玻璃以增大玻璃窗的热阻，两层玻璃之间的空气夹层很薄，流动很弱，也近似当作导热处理。因为空气导热系数较小，双层玻璃可以起到冬季保温，夏季隔热的效果。

对流换热和流体的流动有关，而流体的流动是一种复杂的物理现象，所以影响对流换热的因素比较多，分析起来比较复杂。对流换热问题的研究仍然需要综合利用理论研究、数值仿真和实验三种方法。本章主要了解一些典型的对流换热现象、影响对流换热的主要因素以及简单的工程计算方法。

第一节　基　本　概　念

一、对流换热的分类

不同类型的对流换热过程差异很大，需要分类研究。按照流体产生流动的原因，可以分为受迫对流换热（或称为强制对流换热）和自然对流换热。流体在外力的驱动下流过固体壁面就是受迫流动或称为强制流动，此时流体和壁面之间由于温度不同而产生的换热就是受迫对流换热。火力发电厂蒸汽动力循环中，工质在省煤器、过热器和再热器内流动、吸热时，都是由水泵驱动的，是受迫对流换热。加热工质的烟气也是在引风机以及烟囱的抽吸力作用下流动的，也是受迫流动换热。在没有外力驱动的情况下，流体自身也会因温度差形成密度不均，从而在浮升力的作用下产生流动，称为自然对流，此时发生的流体和壁面之间的换热，就是自然对流换热。如室内空气和电暖器之间的换热（见图 10-2），暖气附近的空气被加热后上浮，其他地方的冷空气过来补充，形成自然对流，对整个房间进行加热。

图 10-2　电暖器的对流换热

按照在换热过程中流体有无相变，又可分为无相变的对流换热和有相变的对流换热，其中有相变的对流换热包括沸腾和凝结两种换热方式。火力发电厂蒸汽动力循环中工质要经历汽、液两种状态，在锅炉中从过冷水加热成过热蒸汽，其中从饱和水被加热为干饱和蒸汽的过程就是沸腾换热的过程。汽轮机出口的乏汽通常为湿蒸汽状态，需要放热冷凝成饱和水，在凝汽器中（见图 10-3），饱和蒸汽和管外壁之间的换热是凝结换热。

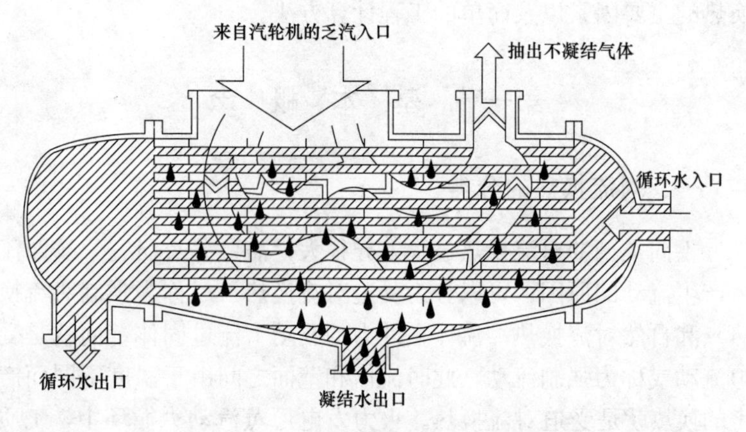

图 10-3　凝汽器

二、牛顿冷却公式

设有流体以流速 u_∞ 流经一个平壁的表面，表面法线方向为 y 坐标方向。由于实际的流体都是有黏性的，在壁面附近的区域，会形成一个黏滞力作用明显的流体薄层，薄层内沿 y 方向流体的速度变化明显，其中紧贴壁面的流体被完全阻滞，速度为0。壁面附近的流速分布如图 10-4 所示。流体的主流区温度为 t_f，壁面温度为 t_w，壁面对流体加热，约接近壁面的流体温度越高，紧贴壁面的流体和壁面温度相同。流体与壁面之间的换热效果，用牛顿冷却公式来描述，则

$$q = h(t_w - t_f) = \frac{t_w - t_f}{\frac{1}{h}} \tag{10-1}$$

式中　h——对流换热系数，W/(m² · ℃)。

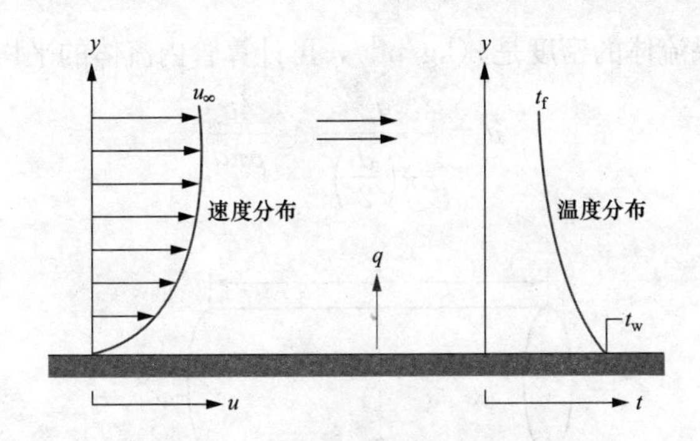

图 10-4　流体流过壁面的对流换热

如何确定各种流动状况的对流换热系数，是对流换热领域研究的主要问题。如果平壁的面积为 A，则传递的热流量为

$$Q = qA = \frac{t_w - t_f}{\dfrac{1}{hA}} \tag{10-2}$$

流体流过圆管时的换热是管内对流换热，如图 10-5 所示。如果流体和管内壁的对流换热系数是 h，流体被加热，管壁温度为 t_w，流入、流出圆管的流体温度分别为 t_f'、t_f''，圆管的内直径是 t_f'，长度为 L，此时，入口处壁面与流体的温差是 $\Delta t' = t_w - t_f'$、$\Delta t'' = t_w - t_f''$，管内壁面与流体的温差是从 $\Delta t'$ 变化到 $\Delta t''$，如果入口、出口的温差相差不大，即 $0.5 < \dfrac{\Delta t''}{\Delta t'} < 2$ 时，采用圆管入口、出口的算数平均温差计算热流量，即

$$\Delta t_m = \frac{\Delta t' + \Delta t''}{2} \tag{10-3}$$

$$Q = Ah\Delta t_m = \frac{\Delta t_m}{\dfrac{1}{Ah}} = \frac{\Delta t_m}{\dfrac{1}{\pi dLh}} = \pi dLh\Delta t_m(\mathrm{W}) \tag{10-4}$$

Q 是流体单位时间内吸收的热量，所以也有

$$Q = q_m c_p(t_f'' - t_f') \tag{10-5}$$

式中　q_m——流体的质量流量，kg/s；

c_p——流体的比热，J/(kg·℃)。

如果流体的密度是 ρ(kg/m^3)，可计算管内流体的平均流速为

$$u=\frac{q_m}{\rho\pi\left(\frac{d}{2}\right)^2}=\frac{4q_m}{\rho\pi d^2} \tag{10-6}$$

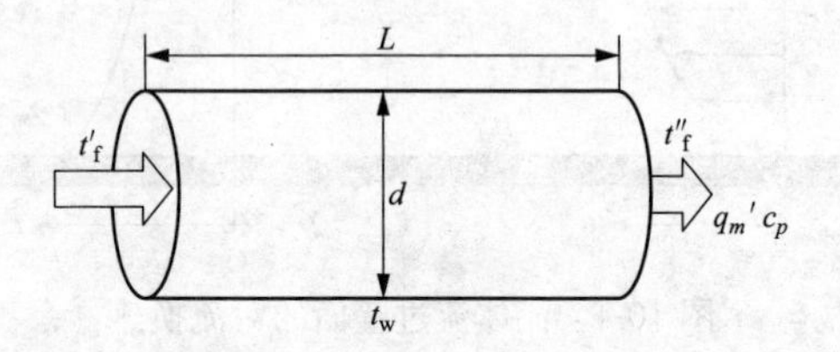

图 10-5　圆管内的对流换热

三、流体流动的两种状态

流体流过壁面的时候会形成一个受壁面影响的边界层，边界层内的流动有两种形态。以流体流过平壁为例，开始时边界层内的流动是有序的，流体之间不发生相互掺混，这种状态称为层流。随着流动继续，流动开始变得不稳定，而后出现剧烈掺混，这种状态称为湍流或紊流（见图 10-6）。对于沿平板的流动，何时转变为湍流与流速和沿平板流动的距离有关，还与流体的黏性有关。

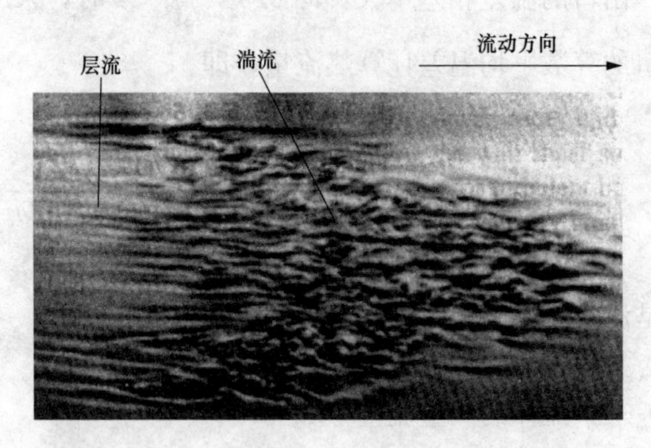

图 10-6　流体沿平板流动，从层流转变为湍流

黏性是流体本身具有的物理性质，大小用运动黏性系数 ν 表示，单位是 m^2/s。不同的流体黏性不同，比如润滑油、植物油的黏性比较大，而水、空气的黏性比较小。同一种流体的，运动黏性系数与温度有关。流体的运动黏性系数都是在实验室中测量得到的。因为黏性影响流体流动，所以也影响对流换热。

为了说明运动黏性系数 ν 的意义，考虑有一层厚度为 δ 的流体流过水平放置的平板，平板的面积是 A，流体最上层的流速是 u，由于流体有黏性，紧贴壁面的流体是“粘”在壁面上不流动的，流体层的速度分布如图 10-7 所示。流体的流动会对壁面产生向右的拖动力，称为剪切力。显然，流体黏度也大，剪切力也就越大。如果流体的运动黏性系数是 ν，密度是 ρ，则受到的剪切力为

$$F = A\rho\nu \frac{u}{\delta} \tag{10-7}$$

关于流体的两种流动状态，有个著名的雷诺实验。1883 年，雷诺为了观察液体在管内的流动状态，用一根长的玻璃管，液体从一端不受扰动地流进来，管中放置了一个很细的燃料注射装置，如图 10-7 左侧所示。观察发现玻璃管内的液体有两种流动状态，流速较慢时，注入的燃料形成一条水平的直线，液体在流动过程中没有相互掺混，是分层流动的。如果流速逐渐提高，注入燃料染色的流体线开始出现摆动，继续增大流速，流体失去稳定性，开始形成剧烈的掺混，在一点被染色的流体很快掺混到整个圆管，所有流体都被染色了。

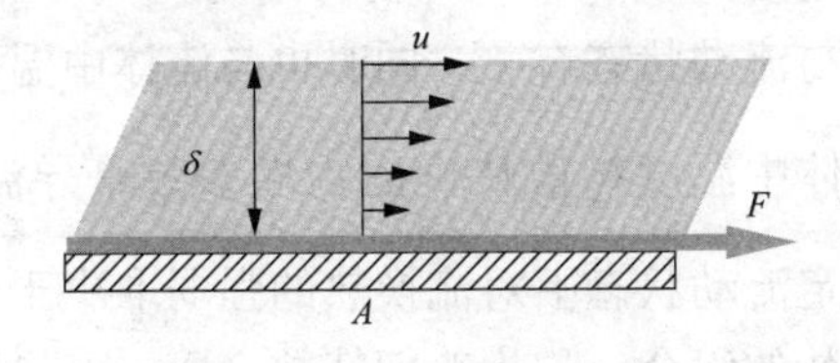

图 10-7　流体的黏性

大量的实验表明，管内流体的流动状态不仅仅决定于流速，而是取决于 3 个参数的组合，即

$$Re = \frac{ud}{\nu} \tag{10-8}$$

后来人们把这个组合参数称为雷诺数（Reynolds Number）或雷诺准则。因为式（10-8）分子、分母的单位都是 m^2/s，所以雷诺数是无量纲数。对于管道流动，$Re<2300$ 时是层流状态；$Re>4000$ 时则为湍流，但是如果没有外界扰动，有可能雷诺数达到 4000 或更高之前都保持层流状态，一般，若 $Re<2300$，则为层流；$Re>10^4$，则一定是湍流，因此把 $2300<Re<10^4$ 称为过渡区，而 $Re<10^4$ 则是旺盛湍流状态。

圆管内的两种流动状态如图 10-8 所示。

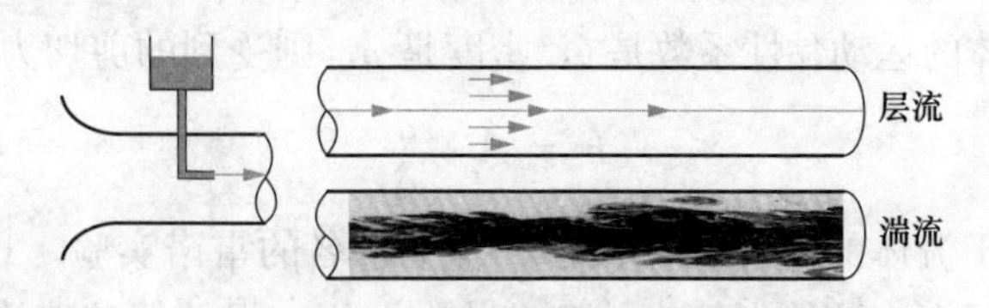

图 10-8　圆管内的两种流动状态

需要注意，雷诺数中包含特征尺度，不同流动这个特征尺度不同，判别层流湍流的数值也不一样。对于沿平板的流动，雷诺数为

$$Re = \frac{uL}{\nu} \tag{10-9}$$

式中　L——沿流动方向平板的长度。

对于平板流动，$Re>5\times10^5$ 视为湍流。

对流换热与流动状态有关，同时也与流体中温度扩散的快慢有关。描述流体中温度扩散快慢的物性参数是导温系数 $a=\frac{\lambda}{\rho c}$。研究表明，特定流动状态下对流换热的强弱取决于流体运动黏性系数和导温系数的组合，称为普朗特数（Prandtl Number），即

$$Pr = \frac{\nu}{a} \tag{10-10}$$

普朗特数是两个物性参数的组合，所以也是物性参数，可以

在流体的物性参数表中查取。流体的物性参数是随温度而变化的，在对流换热的研究中，把确定流体物性参数所使用的温度，称为定性温度。定性温度多采用流体的平均温度或壁面与流体的平均温度。

这样，对于常见的对流换热问题，对流换热系数 h 可以写成雷诺数 Re 和普朗特数 Pr 的函数，由于这两个参数都是无量纲准则数，表达式中的对流换热系数 h 也应该写成无量纲准则数的形式。通过微分方程分析可知，这个准则数是流体自身的导热热阻和流体与壁面的对流换热热阻的比值，称为努塞尔数（Nusselt Number），即

$$Nu = \frac{hL}{\lambda} = \frac{\frac{L}{\lambda}}{\frac{1}{h}} \tag{10-11}$$

式中　L——对流换热的特征尺度，对于管内流动是管的内直径，对于沿平板的流动是流动方向的板长；

λ——流体的导热系数；

h——流体与壁面的对流换热系数。

$\frac{L}{\lambda}$相当于厚度为特征尺度的一层流体在完全不流动时具有的导热热阻，$\frac{1}{h}$则是流体与壁面之间的对流换热热阻。

努塞尔数越大，表明对流换热越强，对流换热热阻越小。一般对流换热系数的计算式写为

$$Nu = C \cdot Re^{m} \cdot Pr^{n} \tag{10-12}$$

式中　C、m、n——常数，具体换热状况的模型常数由实验确定。

四、影响对流换热的主要因素

由前所述，对流换热是对流和导热共同作用的结果，因此，凡是影响流体流动的因素和影响流体中热量传递的因素都会影响对流换热的效果。主要有以下 5 个方面：

1. 流动的起因

强制对流是由泵、风机或其他外力的驱动引起的，而自然对流是由于流体内部的密度差引起的，两种流动的成因不同，因此换热规律也不同。

2. 流体有无相变

无相变的对流换热是由于流体显热的变化而引起的，而对于有相变的对流换热（沸腾和凝结），流体相变热（潜热）的吸收和释放常常起主要作用，换热规律也与无相变时不同。对于沸腾换热，换热规律还受到汽泡扰动的影响。

3. 流动的状态

黏性流体的流动存在层流和湍流两种流动状态。层流时流体宏观上分层流动，对流较弱；湍流时流体微团发生剧烈的混合，因而在其他条件相同时，湍流换热的强度要比层流时强烈。

4. 换热表面的几何因素

换热表面的形状、大小、表面的状况以及流体与换热表面之间的相互位置关系都会对换热产生影响。如管内强制对流流动与流体横掠圆管的强制对流就有很大不同，管内强制对流流动为内部流动，而流体横掠圆管的强制对流为外部流动。

5. 流体的物理性质

流体的热物理性质（物性参数）对对流换热影响很大。对于无相变的强制对流换热，涉及的主要物性参数有流体的导热系数 λ、密度 ρ、定压比热容 c_p、运动黏性系数 ν 等。流体的导热系数 λ 越大，对流换热越强烈；密度和比热容的乘积 ρc 则反映单位体积流体热容量的大小，其数值越大，对流换热越强烈；运动黏度 ν 则影响流体的速度分布和流态，其数值越大，则对流减弱，对流换热减弱。

由上述分析可知，影响对流换热的因素是比较复杂的，表面传热系数是取决于多种因素的复杂函数。例如，对于一般的单相强制对流换热，表面传热系数的原则性方程可表述为

$$h = f(u,\lambda,\rho,c,\nu,L) \tag{10-13}$$

其中 L 表示换热表面的一个特征长度，也称为定型尺度。

获得换热系数的具体表达式的方法有以下几种：一是解析法，即通过求解具体问题的微分方程及定解条件求解速度场和温度场的解析解。但由于求解困难，目前只能给出一些简单问题的解析解。二是实验法，是目前工程技术计算中仍在普遍采用的计算依据。近年来，流体流动与传热的数值解法发展迅速，在科学研究和工程技术中的应用日益增多，已经发展成为一门专门的学科，在本书中不做介绍。

通过实验的方法确定对流换热系数的计算式时，因为变量太多，采用式（10-12）是十分困难的，所以工程上均采用式（10-11）。这种以无量纲特征数为变量的特征数方程的概念为研究复杂的对流换热问题带来了极大的方便。不仅如此，根据相似理论，特征数方程可以适用于一类相似的对流换热问题，从而极大地扩展了实验结果的使用范围。下面介绍几种典型对流换热问题的实验关联式。

第二节　流体无相变时的对流换热

一、管内受迫对流换热实验关联式

首先对相关的参数做一些说明。对于流体在圆管内稳定流动的情形，计算 Re 数时采用截面平均流速作为特征速度，通常通过测定流量的方法确定，即

$$u = 4\dot{m}/(\rho \pi d^2)$$

式中　$\dot{m}$——质量流量，kg/s。

ρ——流体的密度，kg/m³；

d——圆管内直径，m。

流体的温度 t_f 采用截面平均温度，流体入口的温度为 t_f'，出口温度为 t_f''，相应的入口温差为 $\Delta t' = t_w' - t_f'$，出口温差为 $\Delta t'' = t_w'' - t_f''$。

当 $Re>10^4$ 时，管内流动为旺盛的湍流。对于流体与管壁温度相差不大的情况（对于气体 $\Delta t=|t_w-t_f|<50℃$，对于水 $\Delta t<30℃$；对于油，$\Delta t<10℃$），最简洁的特征数方程是由迪图斯和贝尔特（Dittus and Boelter）于1930年提出的公式，即

$$Nu = 0.023Re^{0.8}Pr^n \tag{10-14}$$

式中，指数 n 在流体被加热或被冷却时取不同的数值，流体被加热时 $n=0.4$，流体被冷却时 $n=0.3$。

式（10-14）的适用范围：普朗特数 $Pr=0.6\sim120$，雷诺数 $Re=10^4\sim1.2\times10^5$，管长与管径的比值 $L/d\geqslant60$。定性温度采用进、出口流体的截面平均温度 $t_m=(t_f'+t_f'')/2$，流速采用平均值，特征尺度为管的内径 d。

对于不满足上述条件的情形，或非圆形管槽，需要进行修正或采用其他计算公式，需要的时候可以查询传热学手册。

【例10-1】 用实验测量流体流经一圆管的平均表面传热系数。圆管长 $L=4.5m$，管内径 $d=50mm$，管壁维持温度恒定，$t_w=100℃$。管内水的流量为 $\dot{m}=0.5kg/s$，入口水温为15℃，出口水温为45℃。试求管内流体与壁面之间的平均表面传热系数。

解： 按牛顿冷却定律，管内流体与壁面之间的平均表面传热系数为

$$h = \frac{Q}{A\Delta t_m}$$

为此需要确定流体与管壁之间的换热量 Q、换热面积 $A=\pi dL$ 以及换热的平均温差 Δt_m。按热力学第一定律的稳定流动能量方程，$Q=\dot{m}c_p\Delta t$。流体的平均温度为

$$t_f = (t_f'+t_f'')/2 = (15+45)/2 = 30(℃)$$

查饱和水的热物理性质表，知 $c_p=4174J/(kg\cdot℃)$，于是知水侧的吸热量为

$$Q = \dot{m}c_p(t_f''-t_f') = 0.5\times4174\times(45-15) = 62610(W)$$

换热面积为

$$A = \pi dL = \pi\times0.05\times4.5 = 0.707(m^2)$$

进、出口的温差分别为

$$\Delta t' = 100 - 15 = 85(℃)$$

$$\Delta t'' = 100 - 45 = 55(℃)$$

采用算术平均温差，则

$$\Delta t_{\mathrm{m}} = \frac{\Delta t' + \Delta t''}{2} = \frac{85 + 55}{2} = 70(℃)$$

因此有

$$h = \frac{62610}{0.707 \times 70} = 1265[\mathrm{W/(m^2 \cdot ℃)}]$$

【例 10-2】 管内水的对流换热，入口水温为15℃，出口水温为45℃。水的平均流速 u=0.256m/s，管内径 d=50mm，管壁维持温度恒定，t_{w}=50℃。试利用特征数方程式（10-13）计算水与管壁之间的平均表面传热系数。

解： 定性温度为

$$t_{\mathrm{f}} = (t_{\mathrm{f}}' + t_{\mathrm{f}}'')/2 = (15 + 45)/2 = 30(℃)$$

查水的热物理性质表得

导热系数 λ=0.618W/(m·℃)，运动黏性系数 ν=0.805×10^{-6}m²/s，普朗特数 Pr=5.42，比热容 c_p=4174J/(kg·℃)，密度 ρ=995.6kg/m³。

计算 Re 数，则

$$Re = \frac{ud}{\nu} = \frac{0.256 \times 0.05}{0.805 \times 10^{-6}} = 15900.6 > 10^4$$

$$Nu = 0.023 Re^{0.8} Pr^{0.4} = 103.86$$

$$\Rightarrow h = \frac{Nu\lambda}{d} = \frac{103.86 \times 0.618}{0.05} = 1283.7[\mathrm{W/(m^2 \cdot ℃)}]$$

二、流体横掠圆管的受迫对流换热

流体在管外受迫流动时，可能有两种情况：一是沿轴线方向流动，即纵向流动。此时若是纵向流过单管，特别是管径较大时，可以按流体流过大平壁的情况处理；若是流体纵向流过管束，则可以按照流体在管槽内的流动处理。二是流体沿与轴线垂直的方向流动，称为横掠圆管。

横掠圆管的对流换热现象较为复杂，在工程计算中，推荐采用以下分段幂次实验关联式来计算平均表面传热系数，即

$$Nu = CRe^{n}Pr^{\frac{1}{3}} \tag{10-15}$$

式中　C、n——常数，其数值见表10-1。

式（10-15）采用的定性温度是流体与管壁的平均温度 $t_m = (t_f + t_w)/2$；特征尺度为管的外直径 d；Re 数中的特征速度为来流速度 u_∞。

表10-1　　式（10-15）中常数 C 和 n 的数值

Re	C	n
0.4～4	0.989	0.330
4～40	0.911	0.385
40～4000	0.683	0.466
4000～40000	0.193	0.618
40000～400000	0.0266	0.805

【例10-3】 一个标准大气压下温度为20℃的空气以30m/s的流速横掠一根直径 d=5mm、壁面温度 t_w=50℃的长导线。试计算每米长导线的热损失。

解： 定性温度为 $t_m = \frac{t_a + t_w}{2} = (20+50)/2 = 35(℃)$

查干空气的热物理性质表：运动黏性系数 $\nu = 16.48\times10^{-6}\,m^2/s$，导热系数 $\lambda = 2.715\times10^{-2}\,W/(m\cdot℃)$，普朗特数 $Pr = 0.7$。计算雷诺数为

$$Re = \frac{ud}{\nu} = \frac{30\times0.005}{16.48\times10^{-6}} = 9101.9$$

采用式（10-15）进行计算。查表10-1可得 C= 0.193，n=0.618，即

$$Nu = CRe^{n}Pr^{\frac{1}{3}} = 0.193\times9101.9^{0.618}\times0.7^{\frac{1}{3}} = 47.937$$

对流换热系数为

$$h=\frac{Nu\cdot\lambda}{d}=\frac{47.937\times2.715\times10^{-2}}{0.005}=260.3[\mathrm{W/(m^2\cdot ℃)}]$$

每米导线的热损失为

$$Q_l=h\pi d\Delta t=260.3\times\pi\times0.005\times(50-20)=122.66(\mathrm{W/m})$$

三、自然对流换热

在传热过程中，流体由于自身密度变化形成浮升力而引起的流动称为自然对流，此时流体与壁面之间的换热为自然对流换热。流体内密度的不均匀是由于温度的不均匀引起的，一般情况下，不均匀的温度场只发生在靠近壁面的流体薄层之内。在紧贴壁面处，流体的温度等于壁面温度 t_{w}，而后逐步变化到周围环境温度 t_{∞}。

自然对流换热可分为大空间自然对流换热和有限空间自然对流换热两大类。在实际应用中，只要自然对流的热边界层不互相干扰，都可以按照大空间自然对流来处理。大空间自然对流和壁面的形状、放置的位置、壁面与流体的温差、流体的物性参数有关。有限空间的自然对流较弱，如双层玻璃夹层之间的空气，可以按照导热的方式计算，把自然对流归结为导热系数的增强。

第三节　流体有相变时的对流换热

由蒸汽动力循环可知，工质水在循环过程中需要经历沸腾和凝结的相变过程，沸腾过程发生在锅炉的水冷壁管内，而凝结过程发生在凝汽器内。此外，在常见的制冷设备中，工质通常也要经历沸腾吸热和凝结放热过程。液体被加热沸腾变成蒸汽的换热过程称为沸腾换热，而蒸汽被冷却凝结成液体的换热过程称为凝结换热。对于凝结和沸腾换热过程，流体需要吸收或者释放汽化潜热，而在没有相变的对流换热过程中，流体只对壁面吸收或者放出显热，因此两者的性质和换热强度都有很大不同，凝结与沸腾换热的表面传热系数通常更高。

一、蒸汽凝结时的对流换热

当饱和蒸汽与温度低于饱和温度的固体壁面接触时，就会在壁面上凝结成水，同时释放出热量。如果凝结成饱和水，释放出的热量只有蒸汽凝结的汽化潜热；如果凝结水继续被冷却成过冷水，则释放出的热量还应包括凝结水过冷释放的显热。有两种凝结现象：如果凝结液能够很好地浸润壁面，就会在壁面上铺展成膜，这种凝结现象称为膜状凝结。此时蒸汽不能直接与壁面接触，而是在液膜的表面凝结，凝结释放的汽化潜热必须通过液膜传递给壁面。如果凝结液不能很好地浸润壁面，就会在壁面上形成水珠，这种凝结现象称为珠状凝结。此时，大部分的壁面都可以与蒸汽直接接触，凝结释放的汽化潜热可以直接传递给壁面。因此，珠状凝结换热与相同条件下的膜状凝结换热相比，表面传热系数可以大几倍甚至高出一个数量级。

形成膜状凝结还是珠状凝结取决于凝结液与壁面的物理性质。如果凝结液与壁面之间的附着力大于其表面张力，称凝结液对壁面是浸润的，则形成膜状凝结；如果凝结液的表面张力大于其与壁面之间的附着力，称凝结液对壁面是不浸润的，则形成珠状凝结（见图10-9）。珠状凝结虽然对换热更有利，但在工业设备中这种状态不易保持，目前绝大多数工业设备中的凝结换热都是膜状凝结，因此采用膜状凝结的计算式作为设计的依据，本书中也只介绍膜状凝结的特点和主要影响因素。在膜状凝结状态，液膜阻碍了蒸汽与壁面的直接接触，成为凝结换热的主要热阻。因此，如何快速排除凝结液、减小液膜的厚度是强化膜状凝结换热的主要问题。

工程实际中的膜状凝结情况比较复杂，影响因素也很多，在工业设计中需要根据实际情况加以考虑。这些影响因素包括：

1. 不凝结气体

如果蒸汽中含有不凝结气体，如空气，即使含量极微，也会

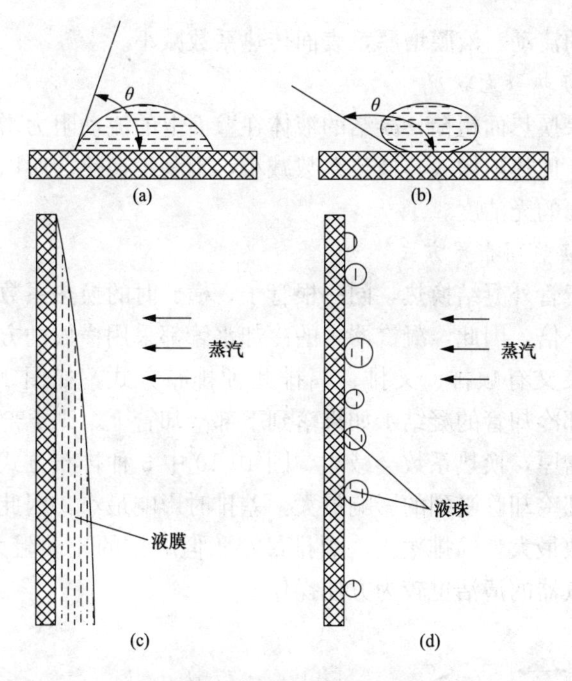

图 10-9　膜状凝结和珠状凝结

（a）凝结液浸润壁面；（b）凝结液不浸润壁面；（c）膜状凝结；（d）珠状凝结

对凝结换热产生十分不利的影响。一方面，随着蒸汽不断凝结，不凝结气体会聚集在冷凝壁附近，蒸汽要到达冷凝壁，必须先以扩散的方式穿过壁面附近的不凝结气体层，这样，不凝结气体层就增加了过程进行的阻力。另一方面，由于不凝结气体层的形成，壁面附近不凝结气体的分压力提高而蒸汽的分压力降低，蒸汽的饱和温度随之降低，减小了换热驱动力，也使换热被削弱。例如，若水蒸气中含有 1%的空气，可导致凝结换热的表面传热系数降低 60%。所以，在冷凝器的工作中，及时排除不凝结气体是保证换热器设计能力的重要方面。

2. 蒸汽流速

一般来讲，若蒸汽流动方向和液膜流动方向相同，向下流动，则液膜会被拉薄，表面传热系数增大；反之，则蒸汽流动阻滞液膜的流动，液膜增厚，表面传热系数减小。

3. 换热壁面状况

如果换热面粗糙，凝结的液体在壁面上的流动阻力增加，液膜变厚，使热阻增大，换热系数减小，不利于换热。所以应保持冷却表面的光洁度。

4. 换热面布置方式

对于管外凝结换热，同一根管子，横放时的换热系数是竖放时的 1.7 倍，因此，凝汽器中的冷却水管都采用横放的方式。横放的管束又有顺排、叉排、辐排几种排布方式，如图 10-10 所示。上部冷却管的凝结水如果落到下部冷却管上，则下部冷却管的液膜增厚，换热系数会减小。图 10-10 中 3 种排布方式中，顺排时下部冷却管受到的影响最大，差排时影响最小，因此叉排的换热系数最大，辐排次之，顺排最小。但顺排的流动阻力最小，同时凝汽器的清洁也较为方便操作。

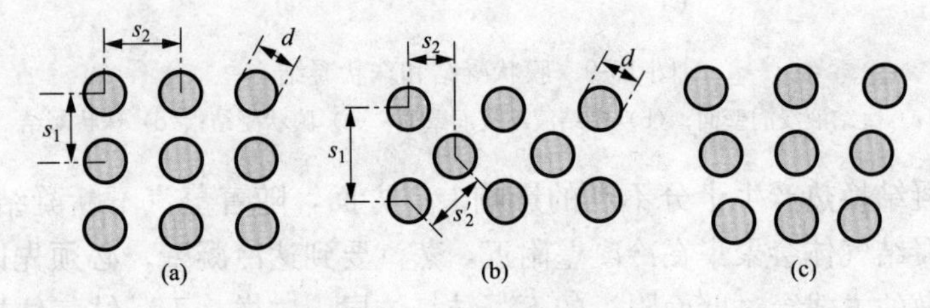

图 10-10　凝汽器冷却水管的排列方式

(a) 顺排；(b) 叉排；(c) 辐排

二、沸腾换热

在临界压力以下，液体与温度高于其饱和温度的壁面接触时，液体被加热汽化产生大量汽泡的现象称为沸腾。沸腾分为大容器沸腾（或称为池内沸腾）和强制对流沸腾（也称为管内沸腾），又可按沸腾时液体主流是否达到饱和温度分为过冷沸腾和饱和沸腾。本书中主要介绍大容器内的饱和沸腾。

在沸腾现象中，如果由壁面加热的流体没有整体的受迫流动，而且液体上部具有自由表面，则称为大容器沸腾或池内沸腾。此时若流体的主体都达到相应压力下的饱和温度，就称为大容器饱和沸腾。此时壁面温度高于液体的饱和温度，高出的部分称为沸腾温差，$\Delta t = t_w - t_s$，也称为加热面的过热度。随着过热度 Δt 的增加，大容器饱和沸腾的热流密度 q 的变化曲线称为饱和沸腾曲线。

图 10-11 所示为水在一个标准大气压下（$p = 1.01325 \times 10^5$ Pa）的饱和沸腾曲线，该曲线表征了大容器饱和沸腾的全部过程，随着过热度缓慢地逐渐增大，会依次出现 4 个换热规律不同的阶段：自然对流、核态沸腾、过渡膜态沸腾和稳定膜态沸腾。

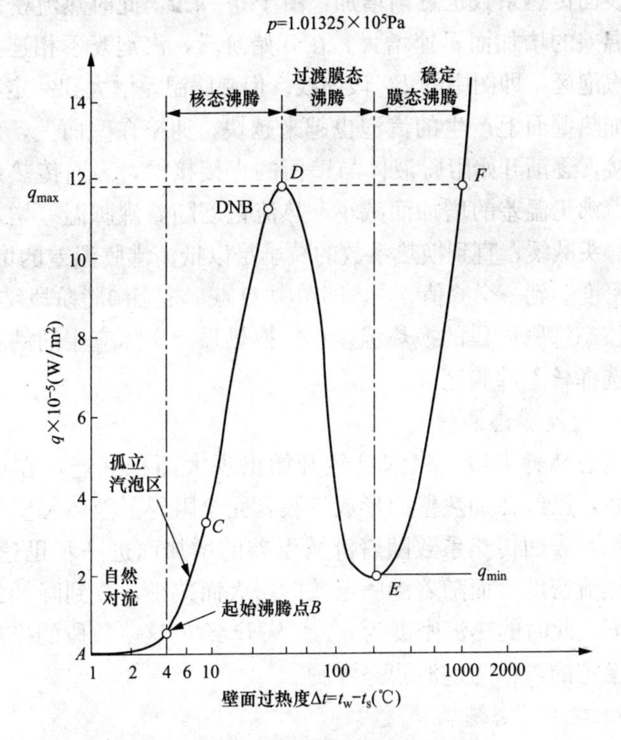

图 10-11　大容器饱和沸腾典型曲线

1. 自然对流

当沸腾温差 Δt 较小时（图 10-11 中为 1～4℃），不会出现明显的汽泡脱离壁面的沸腾现象，此时的换热主要依靠液体的自然对流（图 10-11 中 AB 段），应按自然对流的规律计算。

2. 核态沸腾

随着沸腾温差慢慢增大，加热壁面上产生的汽泡会越来越多，而且脱离壁面上浮，进入汽相空间，因此这一阶段的沸腾现象称为核态沸腾，也称为泡状沸腾。此时液体的温度理论上是饱和温度，但实验表明，沸腾时液体主体的温度会比饱和温度略高一点。核态沸腾的开始点也称为起始沸腾点（B 点），从该点开始，随着沸腾温差的增加，汽泡越来越多，对液体的扰动越来越强，因此表面传热系数也逐渐增加，由于 $q=h\Delta t$，此时热流密度随着沸腾温差的增加而迅速增大。在开始阶段，汽泡互不相连，称为孤立汽泡区，即图中的 BC 段曲线。但沸腾温差增大到一定程度以后，加热壁面上产生的汽泡也越来越快，拥挤在壁面上，出现互相连接，逐渐开始阻碍液体与壁面的直接接触，表面传热系数开始随着沸腾温差的增加而减小。热流密度随着沸腾温差增加而增长的势头减缓，直到换热系数的减小足以抵消沸腾温差的增加时，热流密度达到一个峰值 q_{max}，即图中 D 点，核态沸腾阶段结束。

核态沸腾阶段的换热温差小、换热强。实际应用的沸腾换热普遍选择核态沸腾区段。

3. 过渡膜态沸腾

核态沸腾末段，汽泡已经开始出现大面积互连，在达到 D 点以后，已经在加热壁面形成汽膜，完全阻碍了液体和壁面的直接接触，表面传热系数随着沸腾温差的增加而进一步迅速减小，引起热流密度反而随着沸腾温差的增大而减小，直到降低到最小值点 E，此时的热流密度为 q_{min}。从 D 到 E 这一阶段的换热状态是不稳定的，称为过渡膜态沸腾。

4. 稳定膜态沸腾

在 E 点以后，加热壁面上开始形成稳定的汽膜，液体的汽化在汽液界面上进行，从加热壁面通过汽膜到液体的热量传递包括导热、对流和辐射3种方式，而且随着沸腾温差的增大，辐射传热所占的比重越来越大。此阶段随着沸腾温差的增加，热流密度也开始增大。E点以后的换热状态称为稳定膜态沸腾阶段。

热流密度的峰值q_{max}具有十分重要的意义，称为沸腾换热的临界热流密度，亦称烧毁点。如果热源具有确定的加热功率，即热功率不随沸腾温差的增加而减小，则沸腾换热达到D点以后，换热状态会迅速地沿虚线行进到F点，壁面温度急剧上升，会导致加热壁面温度过高而烧毁。因此，为了保证安全，必须严格控制热流密度低于临界热流密度。一般用核态沸腾转折点DNB作为警戒点，监视换热状态是否接近q_{max}。这一点对于控制热流密度或控制壁面温度两种情况都是十分重要的。

复　习　题

一、简答题

1. 何谓对流换热？

2. 影响对流换热的主要因素有哪些？

3. 一盛有热水的玻璃杯置于盛有冷水的盆中，冷水的表面大约在热水高度的一半处。过一段时间后，取出杯子缓缓饮用，你会感到上部的水和下部的水温度有明显差别。试解释这种现象，此时杯中的水有无导热现象？有无剧烈的对流现象？

4. 什么是大空间自然对流？何谓有限空间自然对流？

5. 简述Nu数、Pr数和Re数的物理意义。

6. 说明膜状凝结和珠状凝结的概念。

7. 为什么蒸汽动力装置的冷凝器上必须装设抽气装置？

8. 大容器饱和沸腾曲线可以分成几个区域？有哪些特性点？各个区域在换热机理上有何特点？

二、填空题

1. 流体流过壁面的时候，流体和壁面之间的传热称为________。

2. 按照流体产生流动的原因，可将对流换热分为________和________。如果按照在换热过程中流体有无相变，又可分为________和________。

3. 火力发电厂的凝汽器中，从来自汽轮机的乏汽被冷却成饱和水的过程是________。

4. 流体流过壁面的时候会形成一个受壁面影响的边界层，如边界层内的流动是有序的，这种流动状态称为________。如果流动不稳定，出现剧烈掺混，这种流动状态称为________。

5. 判别管内流动状态的无量纲准则数是________。

6. ________数的表达式是 $Nu=\frac{hL}{\lambda}$，表示流体的导热热阻与对流换热热阻之比。

7. 在传热过程中，流体由于自身温度、密度变化形成浮升力而引起的流动称为________。

8. 水蒸气在壁面的凝结可以分为________和________两种。大多数凝汽器中的凝结都是________。

9. 影响蒸汽凝结换热的因素是________、________和________。

10. 在大容器饱和沸腾中，随着过热度 Δt 的增加，热流密度 q 的变化曲线称为________。

三、计算题

1. 水在直圆管内被加热，管内直径为 20mm，管长为 3m，入口水温为 30℃，出口水温为 70℃，水在管内的平均流速为 1.5m/s。求水与管壁之间的平均表面传热系数。

2. 水在长直圆管内的湍流强制对流换热过程，对流换热的准则关系式为 $Nu=0.023Re^{0.8}Pr^{0.4}$。试问：

（1）如果流体的流动速度增加 1 倍，在其他条件不变时，表面传热系数如何变化？

（2）如果流速等条件不变，而采用的圆管的管径是原来的 1/2，表面传热系数 h 将如何变化？

3. 一条室外架空的未包裹保温材料的蒸汽管道外直径为300mm，用来输送120℃的水蒸气，可认为蒸汽管道的外壁温度等于蒸汽温度。室外空气的温度为0℃。如果空气以6m/s的流速横向掠过该蒸汽管道，计算其单位长度的对流热损失。

第十一章

热辐射和辐射换热

第一节　热辐射的基本概念

一、热辐射和电磁波谱

物体由于内部微观粒子的热运动状态改变而激发出电磁波的现象称为热辐射（Thermal radiation）。一般来讲，只要物体的温度高于绝对零度，物体就会不断地把热能转化为辐射能，向外发出热辐射。同时，物体也会不断地吸收周围物体投射来的热辐射，把吸收的辐射能重新转变成内热能。物体之间相互辐射和吸收的总的效果称为辐射换热。热辐射是热量传递的 3 种基本方式之一，不过，它和导热、热对流这两种方式有着本质的区别：以导热和热对流方式传递热量要依靠物体直接接触才能实现，而热辐射是依靠电磁波来传递能量的，不需要物体之间的直接接触，即使在真空中也能进行。

热辐射的电磁波具有一般辐射现象的共性。例如，各种电磁波都以光速在真空中传播，电磁波的传播速率、波长和频率之间的关系为

$$c = f \cdot \lambda \tag{11-1}$$

式中　c——电磁波的传播速率，在真空中为 $c=3\times10^{8}$m/s；

f——电磁波的频率，s^{-1}；

λ——电磁波的波长，m，也常用 μm，1μm=10^{-6}m。

按照不同波长的电磁波所产生的效用的不同，电磁波按波长区间从大到小可以区分为无线电波、红外线、可见光、紫外线、x 射线、γ 射线等，它们的波谱范围如图 11-1 所示。理论上讲，

物体在任何温度下发射的热辐射可以包括所有波长的电磁波，即波长从零到无穷大。但是，热辐射的能量按波长的分布是极不均匀的，在不同的温度下，这种分布又彼此不同。实际上可以认为，只有波长在 0.1～1000μm 的辐射投射到物体上时，才会引起热效应。这一波长范围大致包括红外线、可见光和部分紫外线。而在一般工业应用的温度范围内，即温度在 2000K 以下时，有实际意义的热辐射波长范围在 0.38～100μm 之间，且大部分能量位于近红外线区段的 0.76～20μm 范围内，而在可见光区段，即波长在 0.38～0.76μm 的区段，热辐射的能量比重较小。不过，如果温度再升高，热辐射的能量中可见光所占的份额也会随之增加。比如，从发射辐射的效果来看，太阳表面的温度大约为 5762K，要比工业上常见的温度高很多。太阳辐射未进入地球大气层之前，其能量主要集中在 0.2～3μm 的短波区域，其最大能量位于 $\lambda=0.48\mu m$ 波长处，0.3～0.38μm 的区域为紫外线区，这一区段的辐射能只占太阳辐射能量的 7%；0.76～3.0μm 为红外区，约占总能量的 48%；可见光区段约占总能量的 45%。

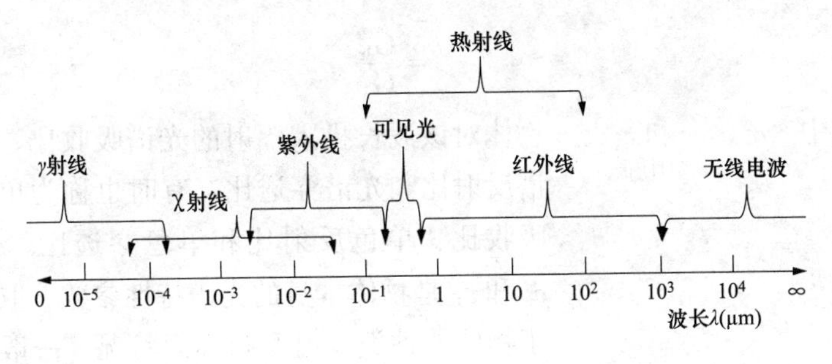

图 11-1　电磁波谱

二、物体对外来辐射的吸收、反射和穿透

单位时间内，外界投射到单位面积物体表面上的全部波长范围的辐射能量称为投入辐射，记为 G，单位是 W/m^2。与可见光类似，当热辐射投射到物体表面时，也会被物体吸收、反射或穿

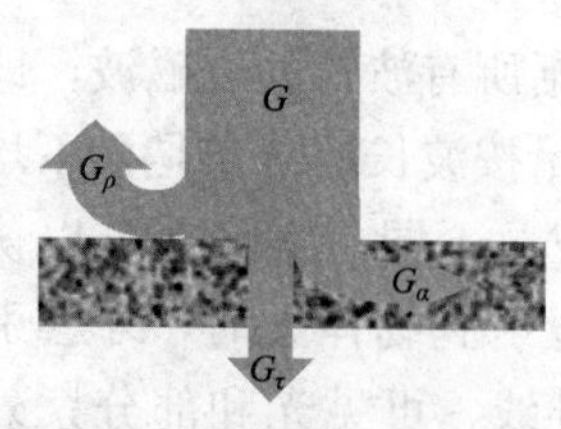

图 11-2　物体对投入辐射的吸收、反射和穿透

透物体继续传播。设吸收的能量为 G_α，反射的能量为 G_ρ，穿透的能量为 G_τ（图 11-2），则有

$$G = G_\alpha + G_\rho + G_\tau$$

或者

$$\frac{G_\alpha}{G} + \frac{G_\rho}{G} + \frac{G_\tau}{G} = 1$$

式中　$\alpha = \frac{G_\alpha}{G}$、$\rho = \frac{G_\rho}{G}$、$\tau = \frac{G_\tau}{G}$——物体表面对外来投入辐射的吸收比、反射比和穿透比。可得

$$\alpha + \rho + \tau = 1 \tag{11-2}$$

考虑投入辐射中波长为 λ 的辐射能 G_λ，它被物体表面吸收、反射和穿透的份额分别为

$$\alpha_\lambda = \frac{G_{\lambda\alpha}}{G_\lambda}$$

$$\rho_\lambda = \frac{G_{\lambda\rho}}{G_\lambda}$$

$$\tau_\lambda = \frac{G_{\lambda\tau}}{G_\lambda}$$

式中　α_λ、ρ_λ 和 τ_λ——物体对该波长投入辐射的光谱吸收比、光谱反射比和光谱穿透比，有时也称为单色吸收比、单色反射比和单色穿透比。α_λ、ρ_λ 和 τ_λ 是物体本身的光谱特性参数，取决于物体的种类、温度和表面状况，一般是沿波长变化的。

实际上，在工业应用范围内，当热辐射投射到固体或液体表面时，一部分被反射，另一部分在进入表面后的极短距离内被吸收。对于金属导体，这一距离只有 1μm 的数量级；对于绝大多数非导电体材料，这一距离也小于 1mm。由于工程中的材料厚度一般大于这一数值，可以认为热辐射不能穿透固体和液体，即

对于固体和液体，$\tau=0$，其辐射和吸收都是在表面进行的，即

$$\alpha+\rho=1 \tag{11-3}$$

物体表面对投入辐射的反射也和对可见光的反射一样，可以分为镜面反射和漫反射两种情况。镜面反射的反射角等于入射角。只有那些高度磨光的物体表面，当表面的不平整程度小于投入辐射的波长时，才会形成镜面反射。对于一般工程材料，表面都不是十分光滑的，都会形成漫反射。也就是说，不论外来投入辐射来自什么方向，物体表面对它都有沿各个方向的反射。

在热辐射现象中，气体的特点与固体和液体有很大不同，需要专门加以研究。当热辐射投射到气体上时，几乎不会出现反射现象，可以认为反射比 $\rho=0$。于是，对于气体，则

$$\alpha+\tau=1$$

实际物体的吸收比 α、反射比 ρ 和穿透比 τ 因具体条件的不同而千差万别，为了研究的方便，需要定义几种理想物体。其中吸收比 $\alpha=1$ 的物体定义为黑体；反射比 $\rho=1$ 的物体在发生镜面反射时称为镜体，在发生漫反射时称为白体；而穿透比 $\tau=1$ 的物体称为透明体。显然，黑体、镜体（白体）和透明体都是假想的理想物体。

由于实际物体的光谱吸收比 α_λ、光谱反射比 ρ_λ 和光谱穿透比 τ_λ 是沿波长变化的，这导致了其全波吸收比 α、反射比 ρ 和穿透比 τ 不仅与物体本身的特性有关，还与投入辐射 G 沿波长的分布有关，给辐射换热的研究带来很大的困难。为了工程应用的方便，引入一个新的理想物体：灰体。所谓灰体，是指其光谱特性参数不随波长变化的理想物体，即 α_λ、ρ_λ 和 τ_λ 分别与波长无关，各自等于常数，即

$$\alpha_\lambda=\alpha \quad \rho_\lambda=\rho \quad \tau_\lambda=\tau$$

也就是说，灰体的全波吸收比 α、全波反射比 ρ 和全波穿透比 τ 与其光谱吸收比 α_λ、光谱反射比 ρ_λ 和光谱穿透比 τ_λ 分别相等，与投入辐射沿波长的分布无关，只取决于物体本身的材料、温度和表面状况等性质。从应用的角度考虑，灰体的定义也可以表述成光谱吸收比与波长无关的物体。实际工程应用中，有时需要采用对热辐射的波长具有选择性的特殊材料，如太阳能集热器

的吸热板，此时不能按灰体来处理。而对于其他绝大多数工程材料，都可以近似地当作灰体来处理。

黑体是一种重要的理想物体，在所有物体中，它吸收外来投入辐射的能力最强，吸收比为 1；同时，在温度相同的物体之中，黑体发射辐射的能力也是最强的。自然界中不存在黑体，但可以制造出接近黑体的人工黑体模型（见图 11-3）：采用吸收比比较高的材料为内表面制作一个空腔，空腔的壁面上开一个小孔，小孔的面积远小于空腔的内表面积，再设法使空腔内表面保持均匀的温度，则此时小孔处的假想表面就是人工黑体模型。只要小孔的尺寸与空腔相比足够小，进入小孔的辐射能经历多次吸收、反射，最后离开小孔的能量微乎其微，小孔的吸收比接近于 1。

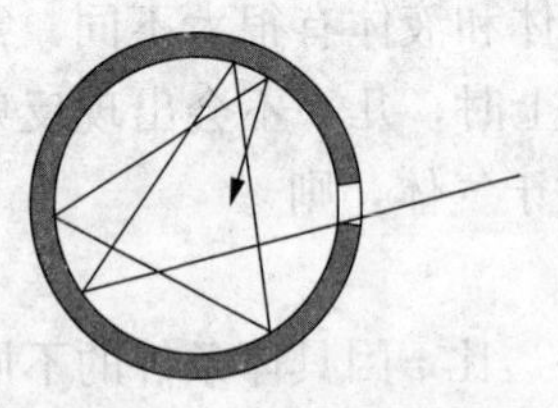

图 11-3　人工黑体模型

三、辐射力和辐射强度

辐射力 E 表示对外发射辐射的能力。单位时间、单位辐射表面积向半球空间辐射的全部波长的辐射能的总量称为辐射力，单位是 W/m^2。这些辐射能是在热辐射的波谱范围内分布的，不同波长辐射能的能量份额是不同的。将单位时间、单位辐射表面积向半球空间辐射的波长为 λ 的辐射能称为该物体表面的光谱辐射力或单色辐射力。符号为 E_λ，单位为 $W/(m^2 \cdot m)$ 或 $W/(m^2 \cdot \mu m)$。

实际物体表面在对外发射热辐射时，还可能具有方向性。为了说明物体表面发射的辐射能在空间各个方向上的分布规律，需要引入辐射强度这个概念。因此，先介绍立体角的定义。

设球面上有一块联通的面积 A，从球心出发、通过该面积轮廓线的所有射线所形成的锥形面就包围了一个立体角。在平面几何中，如果一个平面角在半径为 r 的圆上所截的弧长为 s，则平面角的大小为 $\theta=s/r$，单位是 rad；立体角是空间角度，对于立体角，以其顶点为球心做半径为 r 的球面，若立体角在球面上所

截的面积为 A，则该立体角的大小为

$$\omega=\frac{A}{r^2} \tag{11-4}$$

立体角的单位是球面度，用 Sr 表示。例如，对于半球空间，立体角为 $\omega=2\pi r^2/r^2=2\pi(\text{Sr})$。

在球面坐标系中，由纬度微元角 $\mathrm{d}\varphi$ 和经度微元角 $\mathrm{d}\theta$ 所形成的微元立体角 $\mathrm{d}\omega$ 在半径为 r 的球面上所截的面积为 $\mathrm{d}A=r^2\sin\varphi\mathrm{d}\theta\mathrm{d}\varphi$（参见图 11-4），则有

$$\mathrm{d}\omega=\frac{\mathrm{d}A}{r^2}=\sin\varphi\mathrm{d}\theta\mathrm{d}\varphi \tag{11-5}$$

若要比较辐射表面在不同方向的辐射能力的差别，只有基于相同的立体角才有意义。另外，还需要考虑一个因素，就是在不同方向上所能看到的辐射表面的面积也是不同的。比较不同方向上的辐射能力的差别，也应该基于相同的可见表面积。对于微元表面 $\mathrm{d}A$，在与微元表面法线方向夹角为 φ 的方向所见的面积为 $\mathrm{d}A\cdot\cos\varphi$（参见图 11-5）。

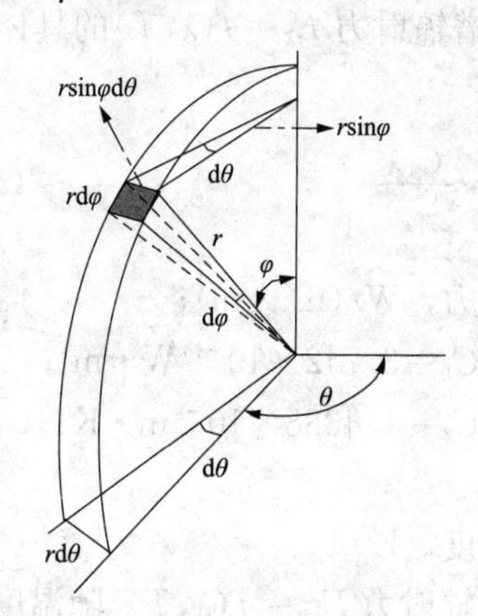

图 11-4　球面坐标系中的微元立体角

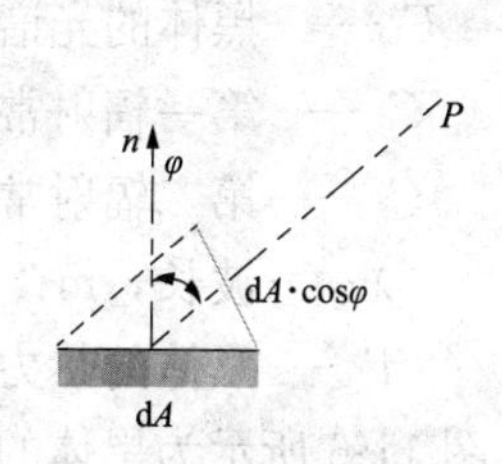

图 11-5　可见表面积

单位时间、单位可见辐射表面积（P 方向）在单位立体角内辐射出去的全波能量，称为辐射强度，用 L 表示，单位是 $\mathrm{W/(m^2\cdot Sr)}$。为了表示辐射强度的方向性，通常写成 $L(\theta,\varphi)$，

若与经度无关，可写成 $L(\varphi)$。辐射强度的大小取决于物体的种类、温度和表面状况，有时还与方向有关。对于各向同性的物体表面，则辐射强度与方向无关。

第二节 黑体辐射的基本定律

相同温度的物体中，黑体的吸收能力最大、辐射能力最强。黑体辐射力和温度之间的关系、黑体光谱辐射力沿波长的分布以及黑体辐射的方向性等辐射特性是由几个基本定律来描述的。为了明确起见，表示黑体辐射特性的一切符号，都加下脚标“b”。如黑体的辐射力、光谱辐射力和辐射强度分别表示为 E_b、$E_{b\lambda}$ 和 L_b。

一、普朗克定律

根据量子理论分析得到的普朗克定律揭示了黑体发射的辐射能沿波长的分布规律，即其光谱辐射力 $E_\lambda=f(\lambda,T)$ 的具体关系式为

$$E_{b\lambda}=\frac{C_1\lambda^{-5}}{e^{\frac{C_2}{\lambda T}}-1} \tag{11-6}$$

式中 $E_{b\lambda}$——黑体的光谱辐射力，$W/(m^2\cdot m)$；

C_1——第一辐射常量，$C_1=3.742\times10^{-16}\,W\cdot m^2$；

C_2——第二辐射常量，$C_2=1.4388\times10^{-2}\,m\cdot K$；

λ——波长，m；

T——黑体的热力学温度，K。

图 11-6 所示为黑体的光谱辐射力 $E_{b\lambda}=f(\lambda,T)$ 随温度和波长而变化的示意图。由图 11-6 中可以看出：温度越高，相同波长的光谱辐射力越大；对于确定的温度 T，黑体的光谱辐射力沿波长连续变化，而且在特定的波长取得极大值；光谱辐射力 $E_{b\lambda}$ 取得极大值时对应的波长 λ_{max} 随着温度的升高而逐渐减小。

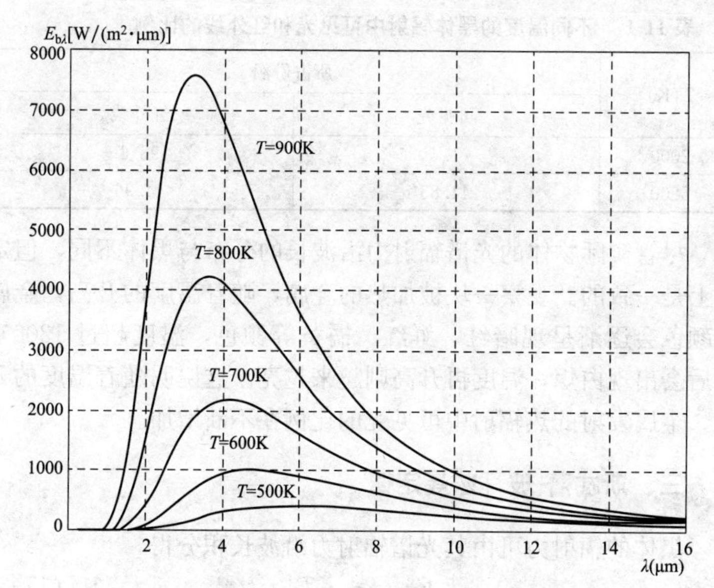

图 11-6　黑体的光谱辐射力随温度和波长而变化的示意图

二、维恩位移定律

$E_{b\lambda}$取得极大值时对应的波长λ_{max}将满足下式，即

$$\lambda_{max} \cdot T = 2898\mu m \cdot K \approx 2.9mm \cdot K \tag{11-7}$$

也就是说，对于热力学温度为 T 的黑体，其光谱辐射力取得极大值的波长为 $\lambda_{max} = 2.898/T$ mm。这个规律称为维恩（Wien）位移定律。由图 11-6 可以看出，黑体发射辐射能的波长范围主要在λ_{max}附近的较窄区间，因此，可以根据维恩位移定律来大致估计热辐射的波长特性。例如，太阳表面可以近似看成温度约为 5762K 的黑体，由式（11-7）可知其光谱辐射力取得极大值的波长为$\lambda_{max} \approx 0.5\mu m$，位于可见光的区段。可见光区段的范围虽然较窄，从 0.38～0.76μm，但太阳辐射的能量在该区段的份额较大。温度为 1000K 的黑体光谱辐射力取得极大值的波长为$\lambda_{max} \approx 2.9\mu m$，位于红外线区段。不同温度的黑体辐射中可见光和红外线的比例见表 11-1。

表 11-1 不同温度的黑体辐射中可见光和红外线的比例

T(K)	所占份额	
	可见光	红外线
2000	1.4	98.6
5800	44.85	44.96

尽管实际物体的光谱辐射力沿波长的分布与黑体不同，但定性上是一致的。观察一块被加热的金属，随着温度的升高，金属的颜色会逐渐呈现暗红、鲜红、橘黄等颜色，温度超过 1300℃以后会出现白炽，温度再升高则越来越亮。这说明随着温度的升高，金属发射的热辐射中可见光的比例在不断增加。

三、斯忒藩-玻耳兹曼定律

黑体的辐射力可由其光谱辐射力沿波长积分得

$$E_b = \sigma_0 \cdot T^4 \tag{11-8}$$

式中 σ_0——黑体辐射常数，取 $5.67\times10^{-8}W/(m^2\cdot K^4)$。

式（11-8）称为斯忒藩-玻耳兹曼定律。该式表明，黑体的全波辐射力与其热力学温度的四次方成正比，通常也称为四次方定律。为了计算方便，四次方定律也可以写成

$$E_b = C_0 \cdot \left(\frac{T}{100}\right)^4 \tag{11-9}$$

式中 C_0——黑体辐射系数，取 $5.67W/(m^2\cdot K^4)$。

四、兰贝特定律

理论上可以证明，黑体辐射的定向辐射强度与方向无关，即

$$L(\varphi) = L = C \tag{11-10}$$

式中 C——常数。

式（11-10）只写出了纬度方向，因为只要是各向同性材料的物体表面，辐射强度均与经度方向无关。定向辐射强度与方向无关的规律称为兰贝特（Lambert）定律。对于符合兰贝特定律的辐射，单位时间、单位辐射表面积在单位立体角内辐射的能量

在半球空间的分布为

$$E_{\varphi} = \frac{\mathrm{d}Q}{\mathrm{d}A\mathrm{d}\omega} = L \cdot \cos\varphi \tag{11-11}$$

式（11-11）表明，单位时间、单位辐射表面积发射的辐射能，在不同方向单位立体角内的能量份额是不相等的，因为定向辐射力正比于所在方向与辐射面法线方向的夹角的余弦，所以兰贝特定律也称为余弦定律。余弦定律实际上说明，黑体辐射的能量在空间不同方向的分布正比于可见面积的大小。法线方向最大，切线方向最小。

对于符合兰贝特定律的辐射，若微元辐射表面 $\mathrm{d}A$ 在微元立体角 $\mathrm{d}\omega$ 内辐射出去的能量为 $\mathrm{d}Q$，即 $\mathrm{d}Q = L \cdot \mathrm{d}A\cos\varphi \cdot \mathrm{d}\omega$，则该表面的辐射力为 $\mathrm{d}Q$ 在半球空间的积分与 $\mathrm{d}A$ 的比值，即

$$E = \int_{\omega=2\pi} \frac{\mathrm{d}Q}{\mathrm{d}A} = L \cdot \int_{\omega=2\pi} \cos\varphi\mathrm{d}\omega \tag{11-12}$$

在球面坐标系中，$\mathrm{d}\omega = \sin\varphi\mathrm{d}\theta\mathrm{d}\varphi$［见式（11-5）］，可以推出

$$E = L \cdot \pi \tag{11-13}$$

即辐射力等于辐射强度的 π 倍。

第三节　实际物体的表面辐射特性

实际固体和液体的表面辐射能力要比同温度的黑体小，对外来投入辐射也不能全部吸收。本节讨论实际物体的表面辐射和吸收特性、主要影响因素，以及实际物体辐射与吸收之间的关系。

一、实际物体的辐射

实际物体的辐射不同于黑体，其辐射力要比同温度黑体的辐射力小。实际物体的辐射力与同温度黑体辐射力的接近程度，可用它们的比值来表示，称为实际物体的发射率或黑度。

实际物体的光谱辐射力 E_{λ} 与同温度、同波长的黑体的光谱辐射力 $E_{b\lambda}$ 的比值称为实际物体的光谱发射率或单色黑度，用 ε_{λ}

表示，即

$$\varepsilon_\lambda = \frac{E_\lambda}{E_{b\lambda}} \tag{11-14}$$

ε_λ 因辐射表面材料的不同而不同，即使是同一种材料的辐射表面，ε_λ 还与表面的温度和粗糙度等因素有关。对很多实际物体而言，ε_λ 沿波长的分布是不均匀的，参见图 11-7。

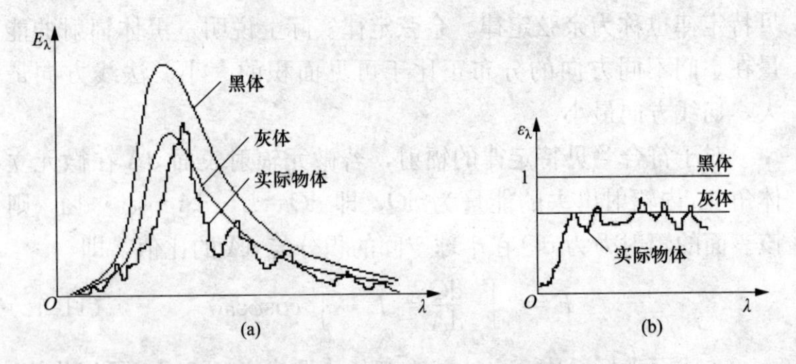

图 11-7　实际物体辐射特性与黑体和灰体的对比
(a) 实际物体的光谱辐射力；(b) 实际物体的光谱发射率

实际物体的全波辐射力 E 与同温度黑体的全波辐射力 E_b 的比值称为该物体的全波发射率或全波黑度，也经常只称为发射率或黑度，用 ε 表示，即

$$\varepsilon = \frac{E}{E_b} \tag{11-15}$$

如果已知物体的发射率，则实际物体的辐射力就可以用四次方定律来计算，即

$$E = \varepsilon \cdot E_{b\lambda} = \varepsilon\sigma T^4 \tag{11-16}$$

实验研究表明，实际物体的辐射力不是严格地同其热力学温度的四次方成正比，但为了计算的方便，仍然采用四次方定律，而将由此产生的修正计入物体的发射率，因此物体的发射率与温度有关。

在指定的方向上，实际物体的辐射强度与同温度、同方向黑体的辐射强度的比值，称为定向发射率或定向黑度，用 ε_φ 表

示，即

$$\varepsilon_{\varphi}=\frac{L(\varphi)}{L_{b}} \tag{11-17}$$

对于符合兰贝特定律的物体，ε_{φ} 与纬度角 φ 无关。但实际物体的辐射不尽符合兰贝特定律，ε_{φ} 沿纬度角 φ 有一些变化。图 11-8 和图 11-9 给出了几种典型的金属材料和非金属材料的定向发射率沿方向的变化情况。在辐射换热的计算分析中，如果考虑定向发射率沿方向的变化是十分困难的。实际上，如果假定物体表面辐射的定向发射率沿不同的方向均相等，通常不会显著影响分析结果的准确性，将这样的表面称为漫射表面。漫射表面也符合兰贝特定律，大多数工程材料都可以当作漫射表面来处理，采用定向发射率的半球平均值来进行计算。

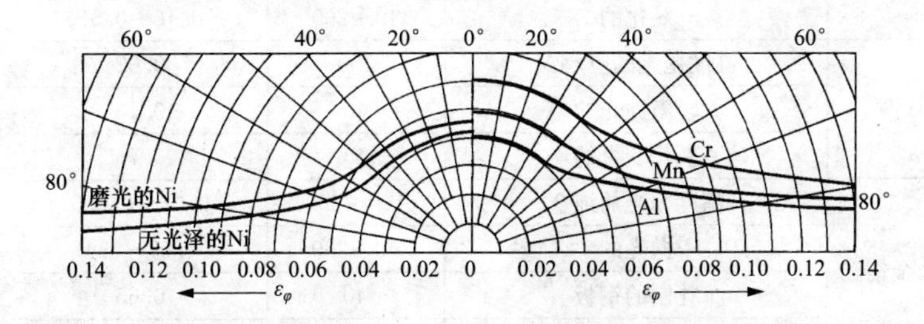

图 11-8　几种金属材料的定向发射率（t=150℃）

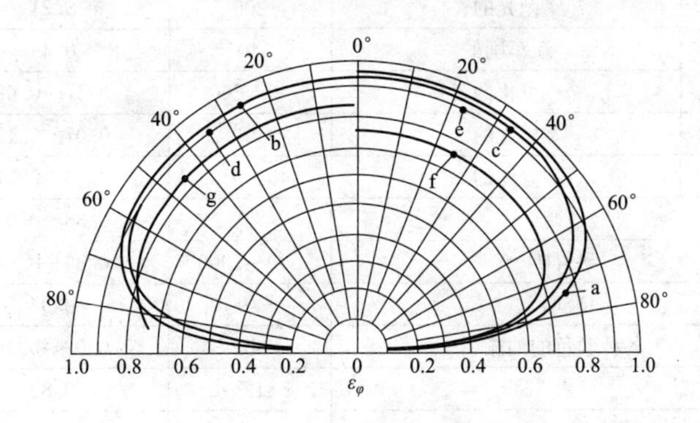

图 11-9　几种非金属材料的定向发射率（t=93.3℃）

a—潮湿的冰；b—木材；c—玻璃；d—纸；e—泥土；f—氧化铜；g—氧化铝

表 11-2 列出了一些常用材料表面的法线发射率的数值。实验表明，常用工程材料表面的半球平均发射率 ε 与法线发射率 ε_n 的差别不大，对于金属，$\varepsilon/\varepsilon_n$ 在 1.0～1.2 之间；对于非金属，$\varepsilon/\varepsilon_n$ 在 0.95～1.0 之间，因此对于一般材料，可用法向发射率 ε_n 作为半球平均发射率 ε。

表 11-2　　常用材料表面的法向发射率

材料类别与表面状况		温度（℃）	法向发射率 ε_n
铝	高度抛光，纯度 98%	50～500	0.04～0.06
	工业用铝板	100	0.09
	严重氧化的	100～150	0.2～0.31
黄铜	高度抛光的	260	0.03
	无光泽的	40～260	0.22
	氧化的	40～260	0.46～0.56
铜	高度抛光的电解铜	100	0.02
	轻微抛光的	40	0.12
	氧化变黑的	40	0.76
金钢	高度抛光的纯金	100～600	0.02～0.035
	抛光的	40～260	0.07～0.1
	扎制的钢板	40	0.65
	严重氧化的钢板	40	0.8
铸铁	抛光的	200	0.21
	新车削的	40	0.44
	氧化的	40～260	0.57～0.68
不锈钢	抛光的	40	0.07～0.17
铬	抛光的	40～550	0.08～0.27
红砖		20	0.88～0.93
耐火砖		500～1000	0.80～0.90
玻璃		40	0.94
各种颜色的油漆		40	0.92～0.96
雪		−12～0	0.82
水（厚度大于 0.1mm）		0～100	0.96
人体皮肤		32	0.98

实际物体的发射率、光谱发射率和定向发射率等都是取决于物体本身材料、温度和表面状况的特性参数，而与外部条件无关，需通过实验测定。除非需做精确分析，一般工程计算中主要采用全波发射率 ε。

二、实际物体的吸收

实际物体的光谱吸收比 α_λ 也是物体表面本身的物性参数，取决于材料的种类、温度和表面状况，通常也是沿波长变化的。图 11-10 给出了几种金属材料在室温条件下光谱吸收比随波长的变化情况。不过，在工程上的热辐射所涉及的波长范围内，多数工程材料都可以当作灰体处理，这样可以简化分析，引起的误差也是可以容许的。对于灰体，全波吸收比和投入辐射无关，则

$$\alpha = \alpha_\lambda \tag{11-18}$$

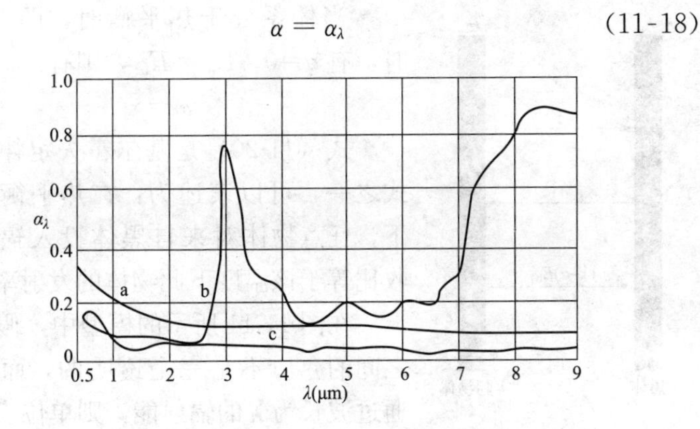

图 11-10　几种金属材料的光谱吸收比

a—磨光的铝；b—阳极氧化的铝；c—磨光的铜

物体的光谱吸收比沿波长变化的特性称为物体的吸收具有选择性。我们看到各种物体呈现不同的颜色，主要就是因为选择性吸收和辐射。在阳光下，如果物体主要反射某一波长的光而吸收其他波长的光，物体就呈现被反射波长的光的颜色。如果几乎均匀地吸收各种波长的光，物体就是灰色或者黑色。

三、基尔霍夫定律

实际物体的发射率与吸收比之间的关系，由基尔霍夫定律来表达。

考虑两块距离很近的无限大平行平板相对表面之间的辐射换热，如图 11-11 所示。其中表面 1 为黑体表面，其温度、辐射力、吸收比和发射率分别为 T_1、E_{b1}、$\alpha_b=1$ 和 $\varepsilon_b=1$；表面 2 为任意物体表面，其温度、辐射力、吸收比和发射率分别为 T_2、E_2、α 和 ε。现在分析两表面之间单位面积的能量交换。对表面 2，单位时间发出的能量是 E_2 且被表面 1 全部吸收；表面 1 投射过来的能量是 E_{b1}，被表面 2 吸收 $\alpha\cdot E_{b1}$，其余 $(1-\alpha)\cdot E_{b1}$ 被反射回表面 1 且被表面 1 吸收。表面 2 单位面积净失去的能量为

$$q = E_2 - \alpha E_{b1} = \varepsilon E_{b2} - \alpha E_{b1} \tag{11-19}$$

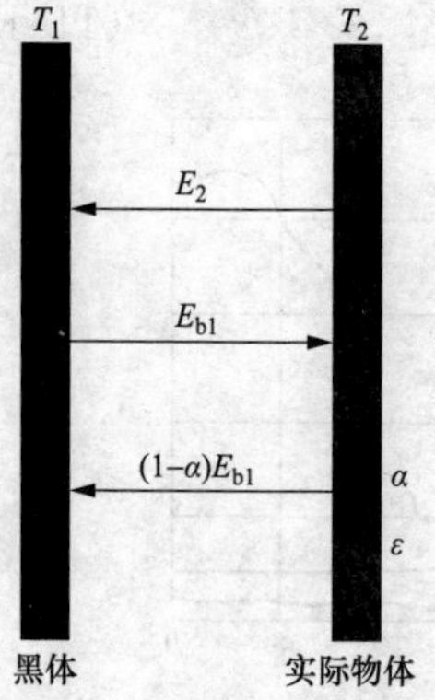

当体系处于热平衡时，即 $T_1=T_2$ 时，有 $q=0$，$E_{b1}=E_{b2}$，则有

$$\alpha = \varepsilon \tag{11-20}$$

式（11-20）是基尔霍夫定律的表达式之一，可以表述为：在热平衡的条件下，任意物体对来自黑体投入辐射的吸收比等于该温度下此物体的发射率。

在图 11-11 所示的模型中，假设两板之间的介质不是完全透明的，而是只能通过波长为 λ 的辐射能，则单位表面的换热量为

图 11-11　基尔霍夫定律的推导

$$q = E_{\lambda 2} - \alpha_\lambda E_{b\lambda 1} = \varepsilon_\lambda E_{b\lambda 2} - \alpha_\lambda E_{b\lambda 1}$$

同样，热平衡时 $T_1=T_2$，有 $q=0$，$E_{b\lambda 1}=E_{b\lambda 2}$，则有

$$\alpha_\lambda = \varepsilon_\lambda \tag{11-21}$$

式（11-21）是基尔霍夫定律的另一个表达式。由于物体的光谱发射率和光谱吸收比都是物体表面本身的特性参数，因此式（11-21）对于所有符合兰贝特定律的漫射表面都成立。而不

需要投入辐射来自黑体以及热平衡这两个条件。而对于灰体，由于全波特性和光谱特性相同，也总有

$$\alpha = \alpha_\lambda = \varepsilon_\lambda = \varepsilon$$

灰体的吸收比总等于其发射率的结论可以极大地简化辐射换热的分析计算。不过也需要注意，尽管多数工程应用中可以把材料作为灰体处理，但如果研究中涉及物体表面对太阳辐射的吸收时，一般不能把物体当作灰体，因为大多数物体对可见光的吸收表现出强烈的选择性，物体看起来有不同的颜色即因为此。对于太阳能集热器而言，更是要求其吸收表面的涂层材料对太阳辐射有高吸收比，而本身的发射率在工作温度下较小。先进涂层材料的吸收比可以达到发射率的 8～10 倍以上。

灰体模型对于辐射换热的工程计算具有重要意义。这里再对灰体的辐射特性做一下总结：灰体是指光谱辐射特性不随波长变化的物体，因此有 $\alpha=\alpha_\lambda=\varepsilon_\lambda=\varepsilon$；灰体的光谱辐射力沿波长的分布服从普朗克定律，即 $E_\lambda=\varepsilon E_{b\lambda}$；灰体的光谱辐射力取得最大值所对应的波长服从维恩位移定律；灰体的全波辐射力符合四次方定律，即 $E=\varepsilon E_b=\varepsilon\sigma_0 T^4$；漫射灰体表面的定向辐射服从兰贝特定律，各个方向的辐射强度都相等。如无特别说明，本章中后面对表面辐射换热的讨论中，均假定辐射表面是具有漫射特性的灰体表面，简称漫灰表面。

第四节 辐射角系数

一、辐射角系数的定义

两个物体表面之间的辐射换热不仅与表面发射辐射、吸收外来投入辐射的特性有关，还与表面之间的相互位置关系有关。一个微元表面 dA 发出的辐射能是沿半球空间分布的，这些辐射能落在另一个表面上的份额，取决于这个表面对微元表面 dA 形成的可见面积的大小、方位以及 dA 发射辐射能的方向特性。把表

面1发射出去的辐射能落到表面2上的百分数称为表面1对表面2的辐射角系数，记为X_{12}，也简称角系数。同样可以定义表面2对表面1的辐射角系数。对于表面辐射特性均匀的漫射表面而言，其定向辐射力的方向特性是确定的（余弦定律），其表面温度和发射率的变化可以改变表面发射辐射能的多少，但不改变辐射能的空间分布比例。因此，对于漫射表面，辐射角系数是单纯的几何参数。

设有两个漫灰表面A_1和A_2，表面辐射力分别为E_1和E_2，表面1发出的辐射能为Q_1，落在表面2上的部分为Q_{12}，则表面1对表面2的辐射角系数可写为

$$X_{12}=\frac{Q_{12}}{Q_1}=\frac{Q_{12}}{E_1\cdot A_1} \tag{11-22}$$

在两表面上分别取两块微元表面dA_1和dA_2，其空间位置关系的描述见图11-12。其中R是两微元表面之间的距离，n_1和n_2是两微元表面的法线方向，φ_1和φ_2分别是两微元表面之间的连线与其法线方向的夹角，O_1和O_2是两微元表面的中心点，表示两微元表面的空间位置。对于漫灰表面，定向辐射强度与方向无关，且有$L_1=E_1/\pi$；从微元表面dA_2处（O_2点）看微元表面dA_1所看到的可见面积为$dA_1\cos\varphi_1$；而微元表面dA_2对微元表面dA_1（O_1点）形成的微元立体角为

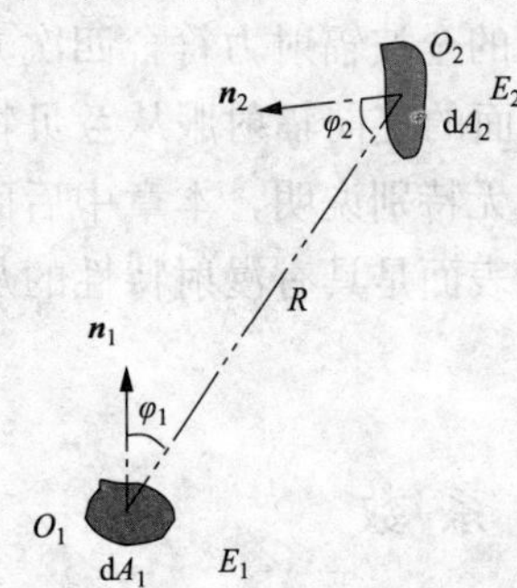

图11-12　两个微元表面之间的辐射

$$d\omega_1=\frac{dA_2\cos\varphi_2}{R^2} \tag{11-23}$$

若从dA_1发出落在dA_2上的辐射能为dQ_{12}，则有

$$dQ_{12}=L_1\cdot dA_1\cos\varphi_1\cdot d\omega_1$$

或

$$dQ_{12}=\frac{E_1}{\pi}\cdot dA_1\cos\varphi_1\cdot\frac{dA_2\cos\varphi_2}{R^2}$$

$$=E_1\frac{\cos\varphi_1\cos\varphi_2}{\pi R^2}\mathrm{d}A_1\mathrm{d}A_2 \tag{11-24}$$

从表面 1 发出落在表面 2 上的辐射能 Q_{12} 可通过上式的积分求得，即

$$Q_{12}=E_1\int_{A_1}\int_{A_2}\frac{\cos\varphi_1\cos\varphi_2}{\pi R^2}\mathrm{d}A_1\mathrm{d}A_2 \tag{11-25}$$

则表面 1 对表面 2 的辐射角系数为

$$X_{12}=\frac{Q_{12}}{E_1A_1}=\frac{1}{A_1}\int_{A_1}\int_{A_2}\frac{\cos\varphi_1\cos\varphi_2}{\pi R^2}\mathrm{d}A_1\mathrm{d}A_2 \tag{11-26}$$

同样的方法可以得到表面 2 对表面 1 的辐射角系数为

$$X_{21}=\frac{Q_{21}}{E_2A_2}=\frac{1}{A_2}\int_{A_2}\int_{A_1}\frac{\cos\varphi_2\cos\varphi_1}{\pi R^2}\mathrm{d}A_2\mathrm{d}A_1 \tag{11-27}$$

式（11-26）、式（11-27）是理论上计算辐射角系数的基本数学表达式，虽然对于大多数情况，很难利用积分的方法来计算辐射角系数，但这两个表达式却暗含了辐射角系数一个非常重要的性质。

二、角系数的性质

很多情况下，可以利用辐射角系数的性质来分析、推导辐射角系数。角系数有以下一些性质：

1. 角系数的相对性

由式（11-26）和式（11-27）可知

$$A_1X_{12}=A_2X_{21}=\int_{A_1}\int_{A_2}\frac{\cos\varphi_1\cos\varphi_2}{\pi R^2}\mathrm{d}A_1\mathrm{d}A_2$$

对于任意两个表面，有

$$A_iX_{ij}=A_jX_{ji} \tag{11-28}$$

这表述了相互辐射两个表面之间角系数的相对关系，称为角系数的相对性。

2. 角系数的完整性

对于由 n 个表面组成的封闭空腔（见图 11-13），其中任意表

面 i 所发出的辐射能，必然全部落在组成封闭空腔的内表面上，因此有

$$X_{i1}+X_{i2}+X_{i3}+\cdots+X_{in}=\sum_{j=1}^{n}X_{ij}=1 \qquad (11\text{-}29)$$

式中　$i=1, 2, 3, \cdots, n$。这一关系称为角系数的完整性。

角系数完整性的表达式中必然包括 X_{ii}，表示表面 i 发出的辐射能中落在自身表面上的份额。对于凹表面，$X_{ii}>0$，而对于非凹表面，其辐射不能到达自己身上，所以 $X_{ii}=0$。

3. 角系数的可加性

考虑图 11-14（a）中表面 1 对表面 2 的辐射角系数。由于表面 1 发出的辐射能落在表面 2 上的总量，等于落在 a 部分和 b 部分的分量之和，因此，当 $A_2=A_a+A_b$ 时，有

$$X_{12}=X_{1a}+X_{1b} \qquad (11\text{-}30)$$

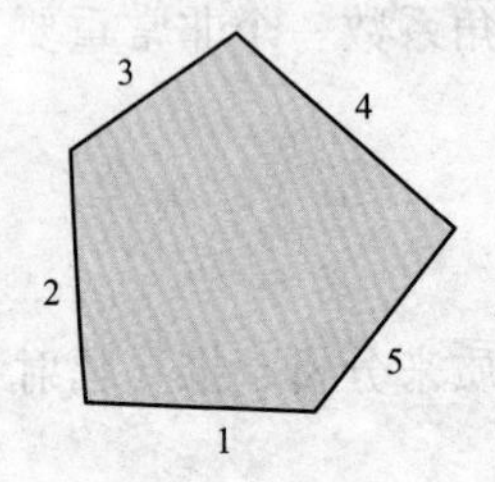

图 11-13　角系数的完整性

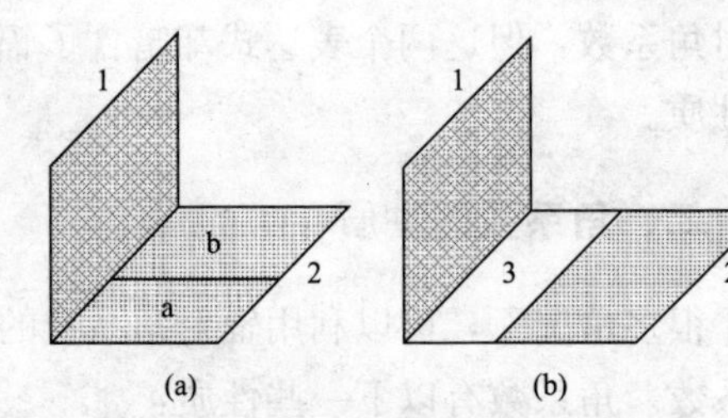

图 11-14　角系数的可加性

（a）表面 2 包括两部分；（b）表面 2 补充空白表面

另外，表面 2 发出的辐射能，落在表面 1 上的总量，等于表面 a 和 b 发出的辐射能，落在表面 1 上的总和为

$$A_2E_{b2}X_{21}=A_aE_{b2}X_{a1}+A_bE_{b2}X_{b1}$$

$$\Rightarrow X_{21}=\frac{A_a}{A_2}\cdot X_{a1}+\frac{A_b}{A_2}\cdot X_{b1} \qquad (11\text{-}31)$$

三、角系数的计算

计算任意两个表面之间的辐射角系数的方法有代数分析法、

几何分析法和直接积分法等几种，重点是利用角系数的定义和性质来推算角系数，或由已知的角系数推算未知的角系数。

1. 直接积分法

直接利用式（11-26）、式（11-27）来计算角系数的方法称为直接积分法，不过这种方法是比较麻烦的，许多时候都会遇到数学上的困难。工程上，已经给出了许多典型几何体系的角系数计算公式或（和）线算图，需要时可以查传热学手册，本书不进行详细介绍。

2. 代数分析法

代数分析法是利用角系数的定义和性质，通过代数运算确定角系数的方法。

图 11-15（a）是一个凹表面和一个非凹表面组成的封闭空腔，按角系数的定义，有 $X_{12}=1$，再利用角系数的相对性，可得 $X_{21}=\dfrac{A_1}{A_2}$。

图 11-15（b）是两个凹表面组成的封闭空腔，两表面的接合线在同一个平面上，此时不能直接按角系数的定义得到角系数，为此以两表面的接合线为边界做一个假想表面 $2'$，则按定义，$X_{12}=X_{12'}$，而此时 $X_{2'1}=1$，$A_{2'}X_{2'1}=A_1X_{12'}$，因此 $X_{12}=X_{12'}=A_{2'}/A_1$，而 $X_{21}=\dfrac{A_1}{A_2}X_{12}$。

图 11-16 所示是由 3 个非凹表面组成的空腔，由于垂直纸面方向为无限长，可看作是封闭空腔，而忽略两个端面的影响。按角系数的完整性，有

$$\left.\begin{aligned}X_{12}+X_{13}&=1\\X_{21}+X_{23}&=1\\X_{31}+X_{32}&=1\end{aligned}\right\}$$

按角系数的相对性，有

$$\left.\begin{aligned}A_1X_{12}&=A_2X_{21}\\A_1X_{12}&=A_2X_{21}\\A_1X_{12}&=A_2X_{21}\end{aligned}\right\}$$

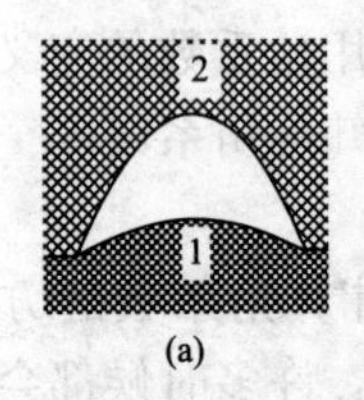

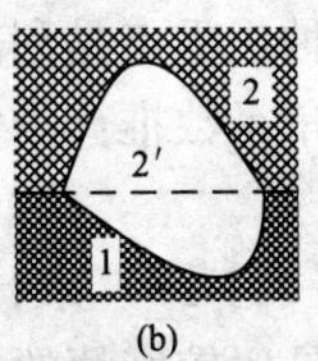

图 11-15 两个表面组成的封闭空腔

(a) 凹表面和凸表面；(b) 两个凹表面

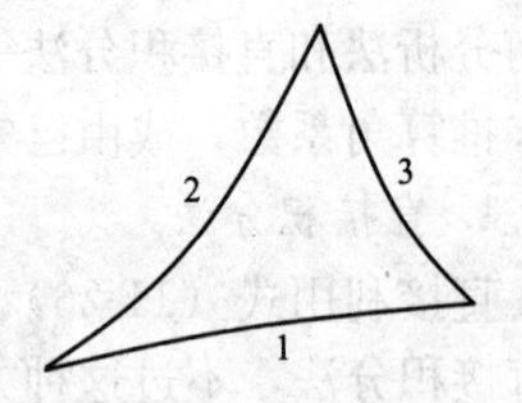

图 11-16 3 个非凹表面组成的封闭空腔

上述 6 个方程，6 个未知数，可以求解，X_{12} 的结果为

$$X_{12}=\frac{A_1+A_2-A_3}{2A_1} \tag{11-32}$$

由于 3 个表面在垂直纸面方向的长度相同，面积比等于横断面线段的长度比，则

$$X_{12}=\frac{l_1+l_2-l_3}{2l_1} \tag{11-33}$$

其他各个角系数的结果也可以仿照上式得出，即

$$X_{13}=\frac{l_1+l_3-l_2}{2l_1}$$

$$X_{23}=\frac{l_2+l_3-l_1}{2l_2}$$

$$\cdots$$

利用上述结果，还可以进一步求解如图 11-17 所示的两个在垂直纸面方向无限长的非凹表面之间的辐射角系数。因此分别做出辅助线 ad、bc、ac、bd。由角系数的完整性可得

$$X_{12}=1-X_{1,ad}-X_{1,bc}$$

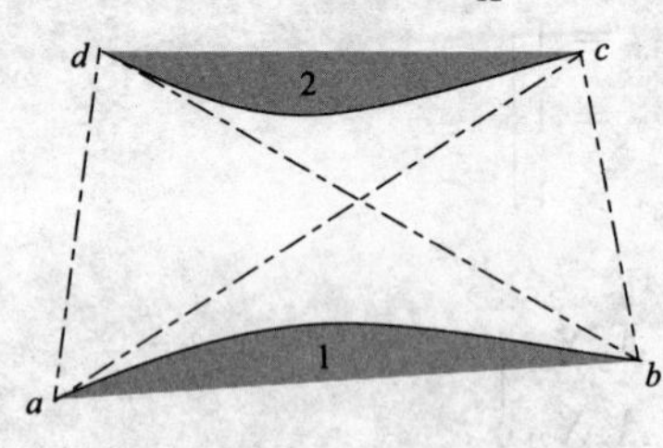

图 11-17 交叉线法示意图

若分别将 abd 和 abc 视为封闭空间，由式（11-33）可得

$$X_{1,ad}=\frac{ab+ad-bd}{2ab}$$

$$X_{1,bc}=\frac{ab+bc-ac}{2ab}$$

于是，有

$$X_{12}=\frac{(ac+bd)-(ad+bc)}{2ab} \tag{11-34}$$

式（11-34）的关系具有一般性，可以写成下面的形式，即

$$X_{12}=\frac{\sum L_{cross}-\sum L_{uncro}}{2\times L_1} \tag{11-35}$$

式中 $\sum L_{cross}$——交叉线之和；

$\sum L_{uncro}$——非交叉线之和；

L_1——断面1的长度。

对于在一个方向上无限长的多个非凹表面组成的系统，任意两个表面之间的辐射角系数都可以采用式（11-35）确定，也称此法为交叉线法。

第五节 漫灰表面之间辐射换热的计算

一、两个黑体表面之间的辐射换热

只要能够确定表面之间的辐射角系数，两个黑体表面之间的辐射换热是比较容易计算的。设有两个被热透明介质隔开的黑体表面，面积分别为 A_1 和 A_2，表面温度分别为 T_1 和 T_2，表面之间的辐射角系数分别为 X_{12} 和 X_{21}。从表面1出发的辐射能为 $E_{b1}A_1$，落到表面2上的部分为 $E_{b1}A_1X_{12}$，且被表面2全部吸收；从表面2发出的辐射能为 $E_{b2}A_2$，落到表面1上的部分为 $E_{b2}A_2X_{21}$，且被表面1全部吸收。这样，表面1和表面2之间因辐射换热而形成的热流量为

$$Q_{12}=E_{b1}A_1X_{12}-E_{b2}A_2X_{21}=\frac{E_{b1}-E_{b2}}{\dfrac{1}{A_1X_{12}}} \tag{11-36}$$

式中，$1/A_1X_{12}=1/A_2X_{21}$。应用热阻的概念，$E_{b1}-E_{b2}=\sigma(T_1^4-T_2^4)$，称为辐射换热的热势差，而 $1/A_2X_{12}$ 是与两表面空间位置关系有关的热阻，称为空间热阻（见图11-18）。

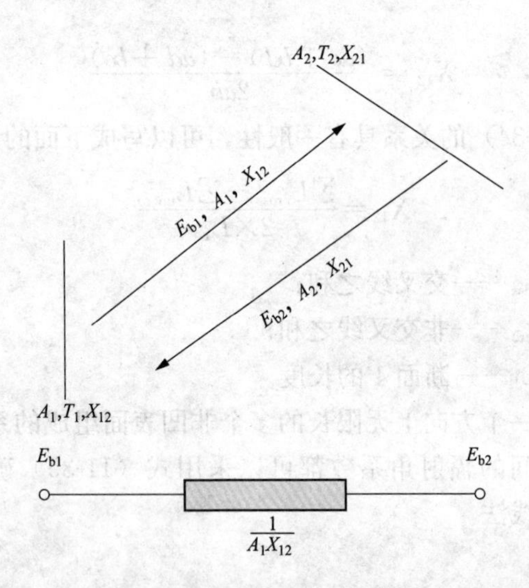

图 11-18　两个黑体表面之间的辐射换热及空间热阻

二、辐射换热网络分析

对于两个漫灰表面之间的辐射换热，情况要复杂一些。设有两个漫灰表面，温度分别为 T_1、T_2，表面发射率（吸收比）分别为 ε_1、ε_2，辐射角系数相互为 X_{12} 和 X_{21}。从表面 1 发出落在表面 2 上的辐射能 $\varepsilon_1 E_{b1} X_{12}$ 只有一部分 ε_2 被吸收，其余部分（$1-\varepsilon_2$）被反射。这些反射的能量中有 X_{21} 会回到表面 1，被表面 1 吸收 ε_1 之后，其余的能量再被反射……

显然，这样追踪下去是没有尽头的。为了避免追踪辐射能造成的困难，我们采用一种“算总账”的方法。因此，先定义有效辐射的概念。

定义单位时间内离开单位面积的总辐射能为有效辐射，用 J 表示。有效辐射 J 不仅包括表面自身的辐射 E，而且还包括该表面对投入辐射 G 的反射$(1-\alpha)G$。假设我们考察的是温度均匀、表面辐射特性为常数的漫灰表面 1，则有效辐射 J_1 为（见图 11-19）

$$J_1 = E_1 + (1-\alpha_1)G_1 = \varepsilon_1 E_{b1} + (1-\varepsilon_1)G_1 \quad (11\text{-}37)$$

首先分析表面 1 和外界之间的净辐射换热量。此时，研究的对象是包含表面 1 在内的一个封闭空腔，表面 1 和所有其他表面之间的辐射换热量为

$$Q_1=(J_1-G_1)A_1 \tag{11-38}$$

由式（11-37）可得

$$G_1=\frac{J_1-\varepsilon_1 E_{b1}}{1-\varepsilon_1} \tag{11-39}$$

代入到式（11-39）可得表面 1 净失去的能量为

$$Q_1=\frac{\varepsilon_1 A_1}{1-\varepsilon_1}(E_{b1}-J_1)=\frac{E_{b1}-J_1}{\dfrac{1-\varepsilon_1}{\varepsilon_1 A_1}} \tag{11-40}$$

应用热阻的概念，$E_{b1}-J_1$ 相当于是表面 1 与外界进行辐射换热的热势差，而$\dfrac{1-\varepsilon_1}{\varepsilon_1 A_1}$是与表面发射率（吸收比）有关的热阻，称为“表面热阻”。这里表面 1 自身形成一个“换热单元”（见图 11-19）。

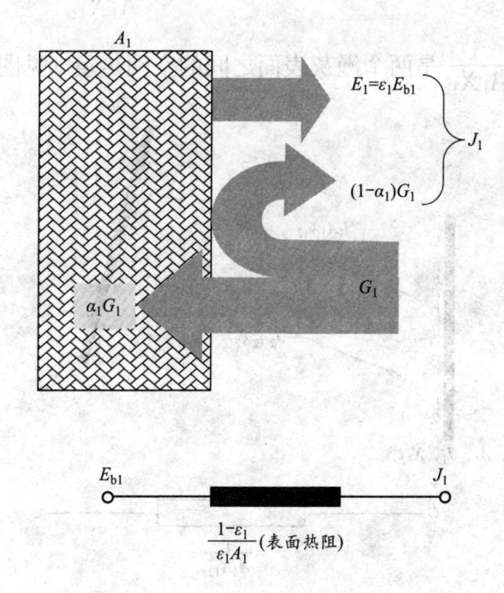

图 11-19　漫灰表面的有效辐射

不过，即使我们已知漫灰表面的温度 T_1、发射率 ε_1 和面积 A_1，我们还是不能计算换热量，因为有效辐射 J_1 仍然是个待定量。

类似地，表面 2 从外界净获取的辐射能为

$$Q_2=\frac{J_2-E_{b2}}{\dfrac{1-\varepsilon_2}{\varepsilon_2 A_2}} \tag{11-41}$$

应用有效辐射的概念，可以方便地写出计算两个漫灰表面之间辐射换热量的表达式。此时，漫灰表面 1 类似于辐射力为 J_1 的黑体表面，发出辐射能 J_1A_1，落到表面 2 上的部分为 $J_1A_1X_{12}$，由于反射会在表面 2 的有效辐射 J_2 中考虑，因此相当于全部被表面 2 吸收而没有反射；表面 2 发出辐射能 J_2A_2，落在表面 1 上的部分为 $J_2A_2X_{21}$，也相当于全部被吸收，则单位时间内从表面 1 净流入表面 2 的辐射能为

$$Q_{12}=J_1A_1X_{12}-J_2X_{21}=\frac{J_1-J_2}{\dfrac{1}{A_1X_{12}}} \tag{11-42}$$

其中，$\dfrac{1}{A_1X_{12}}$是两个漫灰表面之间的空间热阻（见图 11-20）。

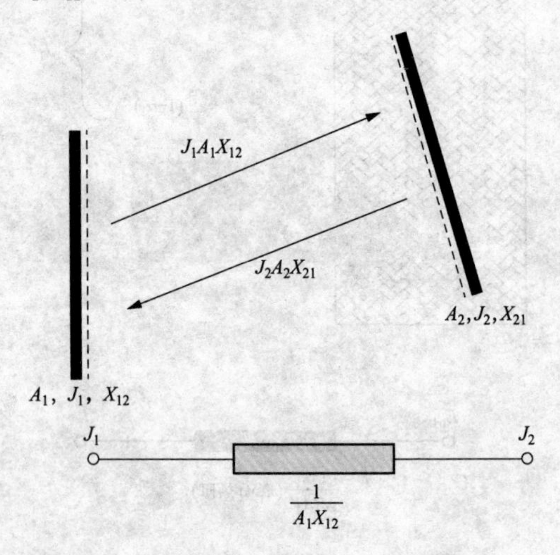

图 11-20　两个漫灰表面之间的空间热阻

对于只由两个漫灰表面组成的封闭空腔，表面 1 失去的能量 Q_1 等于表面 2 获得的能量 Q_2，也必然等于两表面之间的换热量 Q_{12}，即

$$Q_{12}=\frac{E_{b1}-J_1}{\frac{1-\varepsilon_1}{\varepsilon_1 A_1}}=\frac{J_1-J_2}{\frac{1}{A_1X_{12}}}=\frac{J_2-E_{b2}}{\frac{1-\varepsilon_2}{\varepsilon_2 A_2}} \tag{11-43}$$

在式（11-43）中可消去有效辐射 J_1、J_2，得

$$Q_{12}=\frac{E_{b1}-E_{b2}}{\frac{1-\varepsilon_1}{\varepsilon_1 A_1}+\frac{1}{A_1X_{12}}+\frac{1-\varepsilon_2}{\varepsilon_2 A_2}} \tag{11-44}$$

两个漫灰表面组成的封闭空腔形成一个辐射换热网络（见图 11-21）。

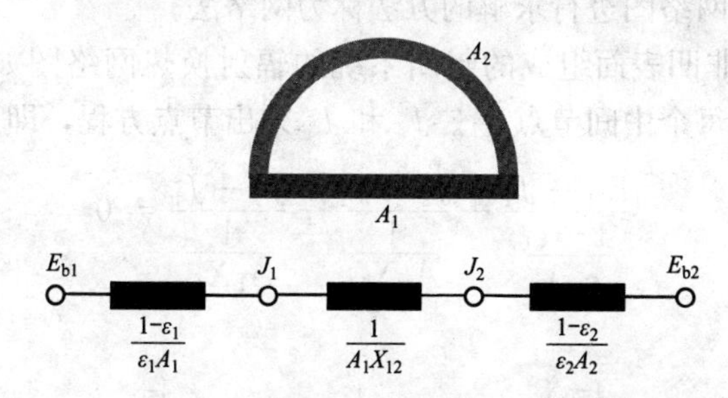

图 11-21　两表面组成的封闭系统的辐射换热网络

对于由 n 个漫灰表面组成的封闭空腔，表面 i 失去的能量应等于表面 i 与所有其他表面 k（$k=1,2,\cdots,n$）之间的换热量之和，即

$$Q_i=\sum_{k=1}^{n}Q_{ik}\Rightarrow Q_i+\sum_{k=1}^{n}Q_{ki}=0$$

则

$$\frac{E_{bi}-J_i}{\frac{1-\varepsilon_i}{\varepsilon_i A_i}}+\sum_{k=1}^{n}\frac{J_k-J_i}{\frac{1}{A_iX_{ik}}}=0\quad(i=1,2,\cdots,n) \tag{11-45}$$

多个漫灰表面组成的封闭空腔形成复杂的辐射换热网络：每个表面 i 都对应一个表面换热单元，热势差为 $E_{bi}-J_i$，由表面

热阻$\dfrac{1-\varepsilon_i}{\varepsilon_i A_i}$连接，其中的热流量为表面 i 与所有其他表面之间的辐射换热量；任意两个表面 i 和 k 之间都会对应一个空间换热单元，热势差为 J_i-J_k，由空间热阻$\dfrac{1}{A_i X_{ik}}$连接，其中的热流量为表面 i 与表面 k 之间的辐射换热量。将热势比作电势，将热阻比作电阻，则可以画出多表面封闭系统辐射换热的网络图，而式 11-45 可以类比于简单直流电路的基尔霍夫定律：流入中间节点 J_i 的辐射热流量的代数和为零。对于 n 个表面组成的封闭系统，可列出 n 个方程，求解 J_1、J_2、…、J_n 等 n 个未知量。从而进一步求解辐射换热量。这种通过画出与简单电阻电路类比的辐射换热网络图进行求解的方法称为网络法。

3 个非凹表面组成的封闭系统的辐射换热网络图如图 11-22 所示。对每个中间节点 J_1、J_2 和 J_3 列出节点方程，即

$$\frac{E_{b1}-J_1}{\dfrac{1-\varepsilon_1}{\varepsilon_1 A_1}}+\frac{J_2-J_1}{\dfrac{1}{A_1 X_{12}}}+\frac{J_3-J_1}{\dfrac{1}{A_1 X_{13}}}=0$$

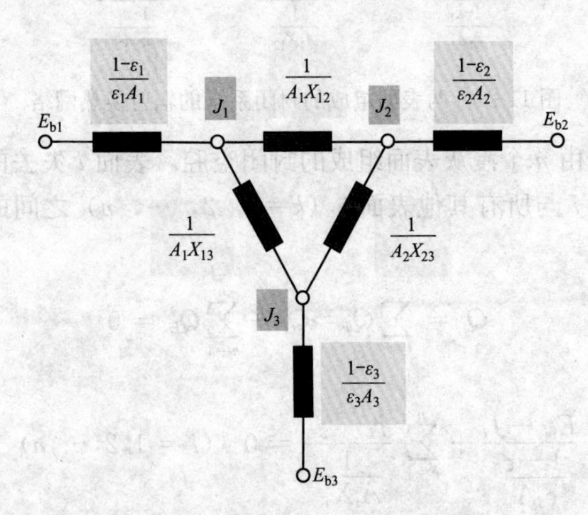

图 11-22　3 个非凹表面组成的封闭系统的辐射换热网络图

$$\frac{E_{b2}-J_2}{\dfrac{1-\varepsilon_2}{\varepsilon_2 A_2}}+\frac{J_1-J_2}{\dfrac{1}{A_2 X_{21}}}+\frac{J_3-J_2}{\dfrac{1}{A_2 X_{23}}}=0$$

$$\frac{E_{b3}-J_3}{\dfrac{1-\varepsilon_3}{\varepsilon_3 A_3}}+\frac{J_1-J_3}{\dfrac{1}{A_3 X_{31}}}+\frac{J_2-J_3}{\dfrac{1}{A_3 X_{32}}}=0$$

已知 3 个表面的温度、面积、发射率以及表面之间的角系数，联合求解上述三个方程，可求得 J_1、J_2 和 J_3，进而利用式（11-40）和式（11-42）求出每个表面的净辐射换热量和任意两个表面之间的辐射换热量。

三、辐射换热的典型问题分析

当系统由两个漫灰表面构成时，对于下列 3 种情况，式（11-44）可以进行简化。

1. 表面 1 为非凹面（见图 11-23）

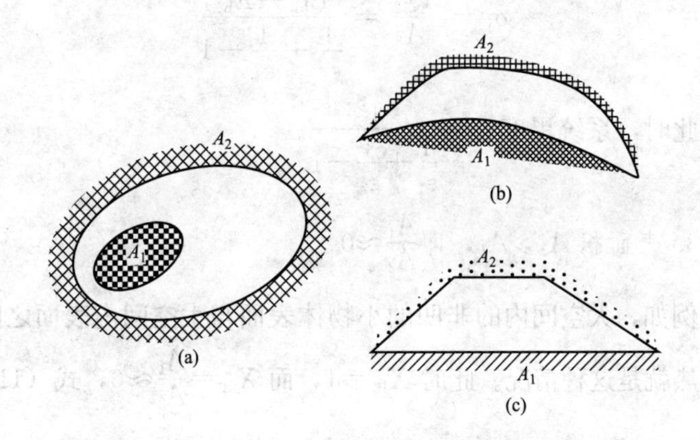

图 11-23　表面 1 为非凹表面的两表面封闭系统

（a）表面 1 置于表面 2 内；（b）表面 1 为凸表面；（c）表面 1 为平面

此时，必有 $X_{11}=0$，$X_{12}=1$，则式（11-44）成为

$$Q_{12}=\frac{E_{b1}-E_{b2}}{\dfrac{1-\varepsilon_1}{\varepsilon_1 A_1}+\dfrac{1}{A_1}+\dfrac{1-\varepsilon_2}{\varepsilon_2 A_2}} \tag{11-46}$$

式（11-46）还可以写成

$$Q_{12}=\frac{A_1(E_{b1}-E_{b2})}{\frac{1}{\varepsilon_1}+\frac{A_1}{A_2}\left(\frac{1}{\varepsilon_2}-1\right)}=\varepsilon_s A_1(E_{b1}-E_{b2})\qquad(11\text{-}47)$$

式中　$\varepsilon_s=\frac{1}{\frac{1}{\varepsilon_1}+\frac{A_1}{A_2}\left(\frac{1}{\varepsilon_2}-1\right)}$，称为系统发射率或系统黑度。

2. 表面积 A_1 和 A_2 相差很小，即 $A_1\approx A_2$

当两个较大的平行表面距离很近时，可以忽略两表面与外界辐射能的传递，视为两个无限大平行平板构成的封闭系统。此时 $A_1=A_2$，$X_{12}=X_{21}=1$，式（11-44）成为

$$Q_{12}=\frac{E_{b1}-E_{b2}}{\frac{1-\varepsilon_1}{\varepsilon_1 A_1}+\frac{1}{A_1\cdot X_{12}}+\frac{1-\varepsilon_2}{\varepsilon_2 A_2}}=\frac{E_{b1}-E_{b2}}{\frac{1}{\varepsilon_1}+\frac{1}{\varepsilon_2}-1}\cdot A$$

或者

$$q_{12}=\frac{Q_{12}}{A_1}=\frac{E_{b1}-E_{b2}}{\frac{1}{\varepsilon_1}+\frac{1}{\varepsilon_2}-1}$$

此时，系统黑度 $\varepsilon_s=\frac{1}{\frac{1}{\varepsilon_1}+\frac{1}{\varepsilon_2}-1}$。

3. 表面积 $A_2\gg A_1$，即 $\frac{A_1}{A_2}\approx 0$

例如，大空间内的非凹的小物体表面与大空间内表面之间辐射换热就是这种情况。此时 $X_{12}=1$，而 $X_{21}=\frac{A_1}{A_2}\approx 0$，式（11-44）成为

$$Q_{12}=\varepsilon_1 A_1\sigma(T_1^4-T_2^4)\qquad(11\text{-}48)$$

对于 3 个表面组成的封闭系统，以下两种情况可以简化计算。

（1）有一个表面是黑体表面。很多时候，可以将不封闭系统的开口部分视为假想的具有外界环境温度的黑体表面。若 A_3 是黑体表面，则其表面热阻 $\frac{1-\varepsilon_3}{\varepsilon_3 A_3}=0$，其有效辐射就等于辐射力

$J_3 = E_{b3}$，辐射换热网络如图 11-24 所示。方程（11-45）简化为二元方程组。

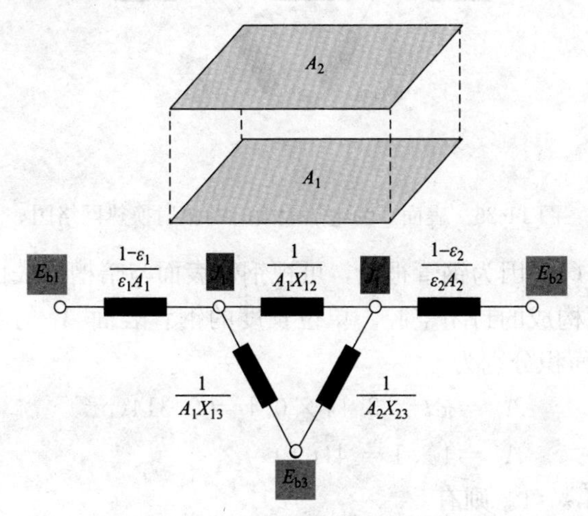

图 11-24　表面 3 为黑体的辐射网络图

（2）有一个表面是绝热表面。绝热表面的净辐射换热量为零，其有效辐射等于同温度黑体的辐射力。但绝热表面的表面热阻不为零，其温度值也不是已知量，而是取决于其他表面的辐射状况。在辐射换热中，这种温度待定而净辐射换热量为零的表面也称为重复射表面。在辐射换热网络中，重复射表面相当于一个中间节点，与其他表面没有净能量交换。若表面 3 绝热，3 表面系统的辐射换热网络如图 11-25 所示，此时有

$$Q_{12} = \frac{E_{b1} - E_{b2}}{\sum R_t} \tag{11-49}$$

式中　$\sum R_t$——总热阻，可直接按串联并联电路的电阻进行计算。

【例 11-1】　一根长钢管的外直径 $d = 100\text{mm}$，外壁温度 $t = 80℃$，表面发射率 $\varepsilon = 0.85$，置于一横截面为 1m×1m 的砖砌暗横内，暗槽内壁温度为 20℃，表面发射率为 0.9。求：

（1）单位长度钢管表面的辐射换热量。

（2）若钢管置于大空间，空间内壁的温度、发射率与暗槽内表面相同，则单位长度钢管表面的辐射换热量是多少？

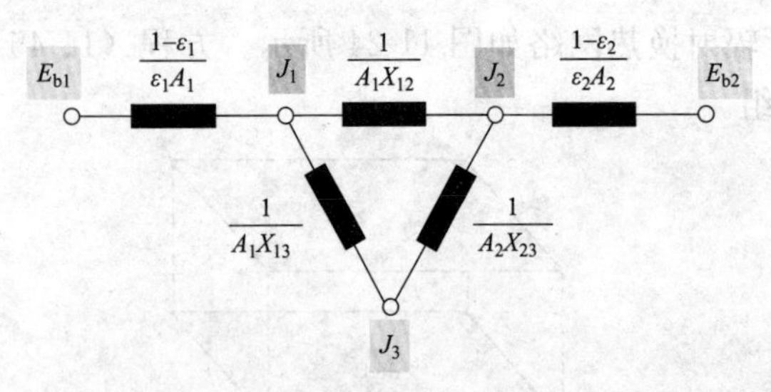

图 11-25 表面 3 为绝热表面时的辐射换热网络图

解：（1）因为钢管很长，可视钢管表面与暗槽内表面为两个漫灰表面构成的封闭空腔。单位长度的钢管表面 A_1 与暗槽内表面 A_2 的面积分别为

$$A_1 = \pi d = 3.14 \times 0.1 = 0.314(\mathrm{m}^2)$$

$$A_2 = 4 \times 1 = 4(\mathrm{m}^2)$$

同时有 $X_{12}=1$。则有

$$Q_{12} = \frac{E_{b1} - E_{b2}}{\frac{1-\varepsilon_1}{\varepsilon_1 A_1} + \frac{1}{A_1 X_{12}} + \frac{1-\varepsilon_2}{\varepsilon_2 A_2}}$$

$$= \frac{5.67 \times \left[\left(\frac{80+273}{100}\right)^4 - \left(\frac{20+273}{100}\right)^4\right]}{\frac{1-0.85}{0.85 \times 0.314} + \frac{1}{0.314} + \frac{1-0.9}{0.9 \times 4}}$$

$$= \frac{5.67 \times (155.27 - 73.70)}{0.562 + 3.185 + 0.028} = 122.5(\mathrm{W/m})$$

（2）若置于大空间，有 $X_{12}=1$，$A_2 \gg A_1$，则

$$Q_{12} = A_1 \varepsilon_1 \delta (T_1^4 - T_2^4)$$

$$= 0.314 \times 0.85 \times 5.67 \times (3.53^4 - 2.93^4) = 123.4(\mathrm{W/m})$$

可见，对于第一个问题，如果也按 $A_2 \gg A_1$ 的模型进行计算，误差不超过 1%。

四、辐射换热的强化与削弱

1. 强化辐射换热的途径

由于工程上的需求，经常需要强化或削弱辐射换热。强化辐射换热的主要途径有两种：

（1）增大系统黑度。也就是增大放热表面的发射率或（和）增大吸热表面的吸收比。在一定的温度下，发射辐射的物体发射率越大，则对外发射的辐射越多。要增大物体表面的发射率（黑度），可以采用涂层，如一些暖气片上涂有银灰漆，就具有防腐和增强辐射散热的效果；也可以在表面开窄槽，这些窄槽具有黑体效应。

（2）增加角系数。如缩小换热面之间的距离，或者调整换热面的方位。

2. 削弱辐射换热的途径

削弱辐射换热的主要途径有三种：

（1）降低系统黑度。也就是减小放热表面的发射率或（和）减小吸热表面的吸收比。如玻璃真空保温瓶就在玻璃表面镀上了黑度很小的银铝涂料，以减少辐射散热。

（2）降低角系数。

（3）采用遮热板。所谓遮热板，是指插入两个辐射换热表面之间以削弱辐射换热的薄板，一般是金属板。插入遮热板其实相当于降低了表面发射率。

设有两个无限大平行平板，发射率均为 ε，即 $\varepsilon_1=\varepsilon_2=\varepsilon$，温度分别为 T_1 和 T_2 ［见图 11-26（a）］，两表面间单位面积的热流密度为

$$q_{12}=\frac{E_{b1}-E_{b2}}{\frac{1-\varepsilon_1}{\varepsilon_1}+1+\frac{1-\varepsilon_2}{\varepsilon_2}}=\frac{E_{b1}-E_{b2}}{\frac{2}{\varepsilon}-1}=\varepsilon_s(E_{b1}-E_{b2})$$

式中 $\varepsilon_s=\frac{1}{\left(\frac{2}{\varepsilon}-1\right)}$称为系统黑度。

如果在平板之间加入遮热板 3，且 $\varepsilon_3=\varepsilon$ ［见图 11-26（b）］，则

$$q_{13}=\frac{E_{b1}-E_{b3}}{\frac{1-\varepsilon_1}{\varepsilon_1}+1+\frac{1-\varepsilon_3}{\varepsilon_3}}=\varepsilon_s(E_{b1}-E_{b3})$$

$$q_{32}=\frac{E_{b3}-E_{b2}}{\frac{1-\varepsilon_2}{\varepsilon_2}+1+\frac{1-\varepsilon_3}{\varepsilon_3}}=\varepsilon_s(E_{b3}-E_{b2})$$

且有 $q'_{12}=q_{13}=q_{32}=\frac{1}{2}(q_{13}+q_{32})=\frac{1}{2}q_{12}$，即加入遮热板后，辐射换热热流密度降低到原来的1/2。如果选择更低黑度的遮热板，则可以使辐射换热热流密度更低。

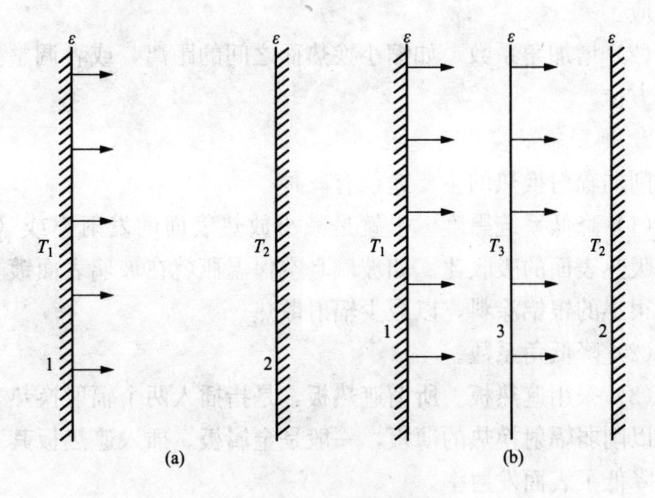

图 11-26 遮热板原理

(a) 平行平板间的辐射换热；(b) 加入遮热板

第六节 气体辐射的特点

火力发电厂锅炉烟气与水冷壁、过热器、再热器等受热面之间的换热，除了对流换热之外，还有辐射换热。这里只考虑烟气本身的辐射和吸收，不包括烟气中的固体颗粒物。这些固体颗粒物与换热面的辐射换热本质上是固体壁面之间的辐射换热。在工程中常见的温度范围内，烟气中的二氧化碳（CO_2）和水蒸气（H_2O）具有很强的吸收和发射热辐射的本领，其他的气体则较弱。气体辐射和液体、固体的辐射与吸收有很大不同，有如下特点：

(1) 不同气体的辐射能力不同。单元子和分子结构对称的双原子气体（如氮气、氧气等）的辐射能力微不足道，可以认为没有辐射和吸收的能力，也就是对于热辐射是完全透明的。分子结构不对成的三原子气体和多原子气体则具有显著的辐射能力，如二氧化碳和水蒸气。气体的辐射和吸收是对等的，有辐射能力的气体，也具有吸收能力。

(2) 气体辐射对波长具有选择性。它只在某谱带内具有发射和吸收辐射的本领，而对于其他谱带则呈现透明状态，如图 11-27 所示。

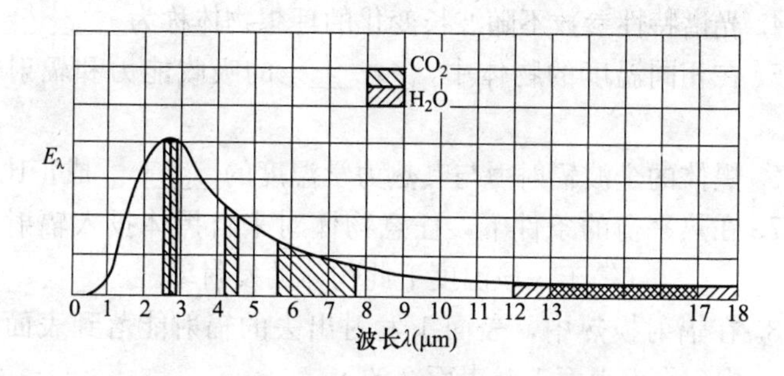

图 11-27　二氧化碳和水蒸气的光谱辐射带

(3) 气体的辐射和吸收是在整个容积中进行的。因而，气体的发射率和吸收比还与容器的形状和容积大小有关。

复 习 题

一、简答题

1. 何谓热辐射?
2. 热辐射和其他形式的电磁辐射有何区别和共同点?
3. 何谓吸收比、发射率？分别写出其定义式。
4. 何谓黑体？灰体?
5. 漫射灰表面的概念对辐射换热的计算有何意义?
6. 写出斯忒藩-玻耳兹曼定律的内容。
7. 简述基尔霍夫定律的主要内容。

8. 何谓辐射角系数？什么时候角系数是单纯的几何参数？

9. 何谓“温室效应”？

10. 气体辐射有何特点？

二、填空题

1. 物体之间相互辐射和吸收的总的效果，称为________。

2. 物体对外来投入辐射的吸收比、反射比和穿透比之和一定等于________。

3. 单位时间、单位辐射表面积向半球空间辐射的全部波长的辐射能的总量称为________，单位是________。

4. 光谱特性参数不随波长变化的理想物体称为________。

5. 在相同温度的物体中，________的吸收能力和辐射能力最强。

6. 黑体的全波辐射力与其热力学温度的________成正比。

7. 在热平衡的条件下，任意物体对来自黑体投入辐射的吸收比________（等于）该温度下此物体的发射率。

8. 在辐射换热中，表面1发射出去的辐射能落到表面2上的百分数，称为表面1对表面2的________。

9. 要增强辐射换热，可采取的措施有________和________。

10. 要削弱辐射换热，可采取的措施有________、________和________。

11. 气体辐射对波长具有________，所以气体辐射________当作灰体处理。

三、计算题

1. 一个等温空腔，内表面为漫射表面且维持均匀的温度。空腔壁上开一个面积为$1cm^2$的小孔，小孔面积相对于空腔内表面积可以忽略。现测得小孔向外界辐射的能量为10W，试确定空腔内表面的温度。

2. 某黑体表面发射的最大光谱辐射力在波长$\lambda=3.2\mu m$处，试计算该黑体表面的温度。

3. 试确定图11-28中几种几何结构的辐射角系数X_{12}。

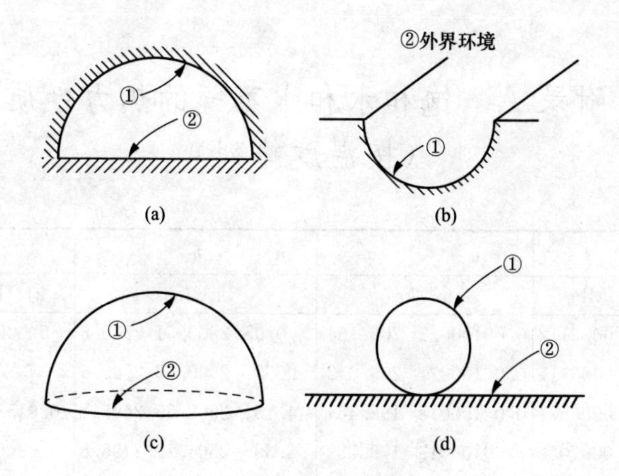

图 11-28　习题附图

（a）无限长半圆形管道；（b）长沟槽；（c）半球内表面与底面；（d）球与无限大平面

4. 两块平行正对放置的大平板，其间的距离远小于平板的长度和宽度，温度分别为500℃和100℃，表面发射率分别为0.8和0.7，试计算两块平板相对表面之间单位面积的辐射换热量。

5. 一个大房间，壁面的温度为20℃，壁面发射率为0.8。房间内有一管道，长5m，外径 $d=100$mm，管道表面温度为120℃，表面发射率为0.9。求管道的辐射热损失。

附录A 饱和水和水蒸气的热力性质(按温度排列)

t	p	v'	v''	h'	h''	r	s'	s''
℃	MPa	m^3/kg		kJ/kg			kJ/(kg·K)	
0	0.0006112	0.00100022	206.154	−0.05	2500.51	2500.6	−0.0002	9.1544
0.01	0.0006117	0.00100021	206.012	0.00	2500.53	2500.5	0	9.1541
1	0.0006571	0.00100018	192.464	4.18	2502.35	2498.2	0.0153	9.1278
2	0.0007059	0.00100013	179.787	8.39	2504.19	2495.8	0.0306	9.1014
3	0.0007580	0.00100009	168.041	12.61	2506.3	2493.4	0.0459	9.0752
4	0.0008135	0.00100008	157.151	16.82	2507.87	2491.1	0.0611	9.0493
5	0.0008725	0.00100008	147.048	21.02	2509.71	2488.7	0.0763	9.0236
6	0.0009352	0.00100010	137.670	25.22	2511.55	2486.3	0.0913	8.9982
7	0.0010019	0.00100014	128.961	29.42	2513.39	2484.0	0.1063	8.9730
8	0.0010728	0.00100019	120.868	33.62	2515.23	2481.6	0.1213	8.9480
9	0.001148	0.00100026	113.342	37.81	2517.06	2479.3	0.1362	8.9233
10	0.0012279	0.00100034	106.341	42.00	2518.90	2476.9	0.1510	8.8988
12	0.0014025	0.00100054	93.756	50.38	2522.57	2472.2	0.1805	8.8504
14	0.0015985	0.00100080	82.828	58.76	2526.24	2467.5	0.2098	8.8029
16	0.0018183	0.00100110	73.320	67.13	2529.90	2462.8	0.2388	8.7562
18	0.0020640	0.00100145	65.029	75.50	2533.55	2458.1	0.2677	8.7103
20	0.0023385	0.00100185	57.786	83.86	2537.20	2453.3	0.2963	8.6652
22	0.0026444	0.00100229	51.445	92.23	2540.84	2448.6	0.3247	8.6210
24	0.0029846	0.00100276	45.884	100.59	2544.47	2443.9	0.3530	8.5774
26	0.0033625	0.00100328	40.997	108.95	2548.10	2439.2	0.3810	8.5347
28	0.0037815	0.00100383	36.694	117.32	2551.73	2434.4	0.4089	8.4927
30	0.0042451	0.00100442	32.899	125.68	2555.35	2429.7	0.4366	8.4514
32	0.0047574	0.00100504	29.545	134.04	2558.96	2424.9	0.4641	8.4108
34	0.0053226	0.00100570	26.577	142.41	2562.57	2420.2	0.4914	8.3708
36	0.0059450	0.00100640	23.945	150.77	2566.18	2415.4	0.5185	8.3316
38	0.0066295	0.00100713	21.608	159.14	2569.77	2410.6	0.5455	8.2930

续表

t	p	v'	v''	h'	h''	r	s'	s''
℃	MPa	m^3/kg		kJ/kg			kJ/(kg·K)	
40	0.0073811	0.00100789	19.529	167.50	2573.36	2405.9	0.5723	8.2551
45	0.0095897	0.00100993	15.2636	188.42	2582.30	2393.9	0.6386	8.1630
50	0.0123446	0.00101216	12.0365	209.33	2591.19	2381.9	0.7038	8.0745
55	0.015752	0.00101455	9.5723	230.24	2600.02	2369.8	0.7680	7.9896
60	0.019933	0.00101713	7.6740	251.15	2608.79	2357.6	0.8312	7.9080
65	0.025024	0.00101986	6.1992	272.08	2617.48	2345.4	0.8935	7.8295
70	0.031178	0.00102276	5.0443	293.01	2626.10	2333.1	0.9550	7.7540
75	0.038565	0.00102582	4.1330	313.96	2634.63	2320.7	1.0156	7.6812
80	0.047376	0.00102903	3.4086	334.93	2643.06	2308.1	1.0753	7.6112
85	0.057818	0.00103240	2.8288	355.92	2651.40	2295.5	1.1343	7.5436
90	0.70121	0.00103593	2.3616	376.94	2659.63	2282.7	1.1926	7.4783
95	0.084533	0.00103961	1.9827	397.98	2667.73	2269.7	1.2501	7.4154
100	0.101325	0.00104344	1.6736	419.06	2675.71	2256.6	1.3069	7.3545
110	0.143243	0.00105156	1.2106	461.33	2691.26	2229.9	1.4186	7.2386
120	0.198483	0.00106031	0.89219	503.76	2706.18	2202.4	1.5277	7.1297
130	0.270018	0.00106968	0.66873	546.38	2720.39	2174.0	1.6346	7.0272
140	0.361190	0.00107972	0.50900	589.21	2733.81	2144.6	1.7393	6.9302
150	0.47571	0.00109046	0.39286	632.28	2746.35	2114.1	1.8420	6.8381
160	0.61766	0.00110193	0.30709	675.62	2757.92	2082.3	1.9429	6.7502
170	0.79147	0.00111420	0.24283	719.25	2768.42	2049.2	2.0420	6.6661
180	1.00193	0.00112732	0.19403	763.22	2777.74	2014.5	2.1396	6.5852
190	1.25417	0.00114136	0.15650	807.56	2785.80	1978.2	2.2358	6.5071
200	1.55366	0.00115641	0.12732	852.34	2792.47	1940.1	2.3307	6.4312
210	1.90617	0.00117258	0.10438	897.62	2797.65	1900.0	2.4245	6.3571
220	3.31783	0.00119000	0.086157	943.46	2801.20	1857.7	2.5175	6.2846
230	2.79505	0.00120882	0.071553	989.95	2803.00	1813.0	2.6096	6.2130
240	3.34459	0.00122922	0.059743	1037.2	2802.88	1765.7	2.7013	6.1422
250	3.97351	0.00125145	0.050112	1085.3	2800.66	1715.4	2.7926	6.0716
260	4.68923	0.00127579	0.042195	1134.3	2796.14	1661.8	2.8837	6.0007
270	5.49956	0.00130262	0.035637	1184.5	2789.05	1604.5	2.9751	5.9292

续表

t	p	v'	v''	h'	h''	r	s'	s''
℃	MPa	m³/kg		kJ/kg			kJ/(kg·K)	
280	6.41273	0.00133242	0.030165	1236.0	2779.08	1543.1	3.0668	5.8564
290	7.43746	0.00136582	0.025565	1289.1	2765.81	1476.7	3.1594	5.7817
300	8.58308	0.00140369	0.021669	1344.0	2748.71	1404.7	3.2533	5.7042
310	9.8597	0.00144728	0.018343	1401.2	2727.01	1325.9	3.3490	5.6226
320	11.278	0.00149844	0.015479	1461.2	2699.72	1238.5	3.4475	5.5356
330	12.851	0.00156008	0.012987	1524.9	2665.30	1140.4	3.5500	5.4408
340	14.593	0.00163728	0.010790	1593.7	2621.32	1027.6	3.6586	5.3345
350	16.521	0.00174008	0.008812	1670.3	2563.39	893.0	3.7773	5.2104
360	18.657	0.00189423	0.006958	1761.1	2481.68	720.6	3.9155	5.0536
370	21.033	0.00221480	0.04982	1891.7	2338.79	447.1	4.1125	4.8076
373.99	22.064	0.003106	0.003106	2085.9	2085.9	0	4.4092	4.4092

附录B 饱和水和水蒸气的热力性质（按压力排列）

p	t	v'	v''	h'	h''	r	s'	s''
MPa	℃	m^3/kg		kJ/kg			kJ/(kg·K)	
0.001	6.949	0.0010001	129.185	29.21	2513.29	2484.1	0.1056	8.9735
0.002	17.540	0.0010014	67.008	73.58	2532.71	2459.1	0.2611	8.7220
0.003	24.114	0.0010028	45.666	101.07	2544.68	2443.6	0.3546	8.5758
0.004	28.953	0.0010041	34.796	121.30	2553.45	2432.2	0.4221	8.4725
0.005	32.879	0.0010053	28.191	137.72	2560.55	2422.8	0.4761	8.3930
0.006	36.166	0.0010065	23.738	151.47	2566.48	2415.0	0.5208	8.3283
0.007	38.997	0.0010075	20.528	163.31	2571.56	2408.3	0.5589	8.2737
0.008	41.508	0.0010085	18.102	173.81	2576.06	2402.3	0.5924	8.2266
0.009	43.790	0.0010094	16.204	183.36	2580.15	2396.8	0.6226	8.1854
0.010	45.799	0.0010103	14.673	191.76	2583.72	2392.0	0.6490	8.1481
0.020	60.065	0.0010172	7.6497	251.43	2608.90	2357.5	0.8320	7.9068
0.030	69.104	0.0010222	5.2296	289.26	2624.56	2335.3	0.9440	7.7671
0.040	75.872	0.0010264	3.9939	317.61	2636.10	2318.5	1.0260	7.6688
0.050	81.339	0.0010299	3.2409	340.55	2645.31	2304.8	1.0912	7.5928
0.060	85.950	0.00100331	2.7324	359.91	2652.97	2293.1	1.1454	7.5310
0.070	89.956	0.0010359	2.3654	376.75	2659.55	2282.8	1.1921	7.4789
0.080	93.511	0.0010385	2.0876	391.71	2665.33	2273.6	1.2330	7.4339
0.090	96.712	0.0010409	1.8698	405.20	2670.48	2265.3	1.2696	7.3943
0.10	99.634	0.0010432	1.6943	417.52	2675.14	2257.6	1.3028	7.3589
0.20	120.240	0.0010605	0.88585	504.78	2706.53	2201.7	1.5303	7.1272
0.30	133.556	0.0010732	0.60587	561.58	2725.26	2163.7	1.6721	6.9921
0.40	143.642	0.0010835	0.46246	604.87	2738.49	2133.6	1.7769	6.8961
0.50	151.867	0.0010925	0.37486	640.35	2748.59	2108.2	1.8610	6.8214
0.60	158.863	0.0011006	0.31563	670.67	2756.66	2086.0	1.9315	6.7600
0.70	164.983	0.0011079	0.27281	697.32	2763.29	2066.0	1.9925	6.7079
0.80	170.444	0.0011148	0.24037	721.20	2768.86	2047.7	2.0464	6.6625

续表

p	t	v'	v''	h'	h''	r	s'	s''
MPa	℃	m^3/kg		kJ/kg			kJ/(kg·K)	
0.90	175.389	0.0011212	0.21491	742.90	2773.59	2030.7	2.0948	6.6222
1.00	179.916	0.0011272	0.19438	762.84	2777.67	2014.8	2.1388	6.5859
1.50	198.327	0.0011538	0.13172	844.82	2791.46	1946.6	2.3149	6.4437
2.00	212.417	0.0011767	0.099588	908.64	2798.66	1890.0	2.4471	6.3395
2.50	223.990	0.0011973	0.079949	961.93	2802.14	1840.2	2.5543	6.2559
3.0	233.893	0.0012166	0.066662	1008.2	2803.19	1794.9	2.6454	6.1854
3.5	242.597	0.0012348	0.057054	1049.6	2802.51	1752.9	2.7250	6.1238
4.0	250.394	0.0012524	0.049771	1087.2	2800.53	1713.4	2.7962	6.0688
4.5	257.477	0.0012694	0.044052	1121.8	2797.51	1675.7	2.8607	6.0187
5.0	263.980	0.0012862	0.039439	1154.2	2793.64	1639.5	2.9201	5.9724
6.0	275.625	0.0013190	0.032440	1213.3	2783.82	1570.5	3.0266	5.8885
7.0	285.869	0.0013515	0.027371	1266.9	2771.72	1504.8	3.1210	5.8129
8.0	295.048	0.0013843	0.023520	1316.5	2757.70	1441.2	3.2066	5.7430
9.0	303.385	0.0014177	0.020285	1363.1	2741.92	1378.9	3.2854	5.6771
10.0	311.037	0.0014522	0.018026	1407.2	2724.46	1317.2	3.3591	5.6139
11.0	318.118	0.0014881	0.015987	1449.6	2705.34	1255.7	3.4287	5.5525
12.0	324.715	0.0015260	0.014263	1490.7	2684.50	1193.8	3.4952	5.4920
13.0	330.894	0.0015662	0.012780	1530.8	2661.80	1131.0	3.5594	5.4318
14.0	336.707	0.0016097	0.011486	1570.4	2637.07	1066.7	3.6220	5.3711
15.0	342.196	0.0016571	0.010340	1609.8	2610.01	1000.2	3.6836	5.3091
16.0	347.396	0.0017099	0.009311	1649.4	2580.21	930.8	3.7451	5.2450
17.0	352.334	0.0017701	0.008373	1690.0	2547.01	857.1	3.8073	5.1776
18.0	357.034	0.0018402	0.007503	1732.0	2509.45	777.4	3.8715	5.1051
19.0	361.514	0.0019258	0.006679	1776.9	2465.87	688.9	3.9395	5.0250
20.0	365.789	0.0020379	0.005870	1827.2	2413.05	585.9	4.0153	4.9322
21.0	369.868	0.0022073	0.005012	1889.2	2341.67	452.4	4.1088	4.8124
22.0	373.752	0.0027040	0.003684	2013.0	2084.02	71.0	4.2969	4.4066
22.064	373.99	0.003106	0.003106	2085.9	2085.9	0	4.4092	4.4092

附录C 未饱和水和过热蒸汽热力性质表

t	0.001MPa			0.004MPa		
	v	h	s	v	h	s
℃	m^3/kg	kJ/kg	kJ/(kg·K)	m^3/kg	kJ/kg	kJ/(kg·K)
0	0.0010002	−0.05	−0.0002	0.0010002	−0.05	−0.0002
10	130.598	2519.0	8.9938	0.0010003	42.01	0.1510
20	135.226	2537.7	9.0588	0.0010018	83.87	0.2963
30	139.851	2556.4	9.1216	34.918	2555.4	8.4790
40	144.475	2575.2	9.1823	36.080	2574.3	8.5403
50	149.096	2593.9	9.2412	37.241	2593.2	8.5996
60	153.717	2612.7	9.2984	38.400	2612.0	8.6571
70	158.337	2631.4	9.3540	39.558	2630.9	8.7129
80	162.956	2650.3	9.4080	40.716	2649.8	8.7672
90	167.574	2669.1	9.4607	41.873	2668.7	8.8200
100	172.192	2688.0	9.5120	43.029	2687.7	8.8714
120	181.426	2725.9	9.6109	45.341	2725.6	8.9706
140	190.660	2764.0	9.7054	47.652	2763.8	9.0652
160	199.893	2802.3	9.7959	49.962	2802.1	9.1557
180	209.126	2840.7	9.8827	52.272	2840.6	9.2426
200	218.358	2879.4	9.9662	54.581	2879.3	9.3262
220	227.590	2918.3	10.0468	56.890	2918.2	9.4068
240	236.821	2957.5	10.1246	59.199	2957.3	9.4846
260	246.053	2996.8	10.1998	61.507	2996.7	9.5599
280	255.284	3036.4	10.2727	63.816	3036.3	9.6328
300	264.515	3076.2	10.3434	66.124	3076.2	9.7035
320	273.746	3116.3	10.4122	68.432	3116.2	9.7723
340	282.977	3156.6	10.4790	70.740	3156.5	9.8391
360	292.208	3197.1	10.5440	73.048	3197.1	9.9041
380	301.439	3237.9	10.6074	75.356	3237.8	9.9675

续表

	0.001MPa			0.004MPa		
t	*v*	*h*	*s*	*v*	*h*	*s*
℃	m³/kg	kJ/kg	kJ/(kg·K)	m³/kg	kJ/kg	kJ/(kg·K)
400	310.669	3278.9	10.6692	77.664	3278.8	10.0294
420	319.900	3320.1	10.7296	79.972	3320.1	10.0898
440	429.131	3361.6	10.7886	82.280	3361.5	10.1487
460	338.362	3403.3	10.8463	84.588	3403.3	10.2064
480	347.592	3445.3	10.9028	86.896	3445.2	10.2629
500	356.823	3487.5	10.9581	89.204	3487.5	10.3183
520	366.054	3530.0	11.0124	91.512	3530.0	10.3726
540	375.284	3572.9	11.0658	93.819	3572.8	10.4259
560	384.515	3616.0	11.1182	96.127	3616.0	10.4784
580	393.746	3659.6	11.1698	98.435	3659.5	10.5300
600	402.976	3703.4	11.2206	100.743	3703.4	10.5808

	0.006MPa			0.010MPa		
t	*v*	*h*	*s*	*v*	*h*	*s*
℃	m³/kg	kJ/kg	kJ/(kg·K)	m³/kg	kJ/kg	kJ/(kg·K)
0	0.0010002	−0.05	−0.0002	0.0010002	−0.04	−0.0002
10	0.0010003	42.01	0.1510	0.0010003	42.01	0.1510
20	0.0010018	83.87	0.2963	0.0010018	83.87	0.2963
30	0.0010044	125.68	0.4366	0.0010044	125.68	0.4366
40	24.036	2573.8	8.3517	0.0010079	167.51	0.5723
50	24.812	2592.7	8.4113	14.869	2591.8	8.1732
60	25.587	2611.6	8.4690	15.336	2610.8	8.2313
70	26.360	2630.6	8.5250	15.802	2629.9	8.2876
80	27.133	2649.5	8.5794	16.268	2648.9	8.3422
90	27.906	2668.4	8.6323	16.732	2667.9	8.3954
100	28.678	2687.4	8.6838	17.196	2686.9	8.4471
120	30.220	2725.4	8.7831	18.124	2725.1	8.5466
140	31.762	2763.6	8.8778	19.050	2763.3	8.6414
160	33.303	2801.9	8.9684	19.976	2801.7	8.7322

续表

	0.006MPa			0.010MPa		
t	v	h	s	v	h	s
℃	m^3/kg	kJ/kg	kJ/(kg·K)	m^3/kg	kJ/kg	kJ/(kg·K)
180	34.843	2840.5	9.0553	20.901	2840.2	8.8192
200	36.384	2879.2	9.1389	21.826	2879.0	8.9029
220	37.923	2918.1	9.2195	22.750	2918.0	8.9835
240	39.463	2957.3	9.2974	23.674	2957.1	9.0614
260	41.002	2996.7	9.3727	24.598	2996.5	9.1367
280	42.541	3036.3	9.4456	25.522	3036.2	9.2097
300	44.080	3076.1	9.5164	26.446	3076.0	9.2805
320	45.619	3116.2	9.5851	27.369	3116.1	9.3492
340	47.158	3156.5	9.6519	28.293	3156.4	9.4161
360	48.697	3197.0	9.7170	29.216	3197.0	9.4811
380	50.236	3237.8	9.7804	30.140	3237.7	9.5445
400	51.775	3278.8	9.8422	31.063	3278.7	9.6064
420	53.314	3320.0	9.9026	31.987	3320.0	9.6668
440	54.852	3361.5	9.9616	32.910	3361.5	9.7258
460	56.391	3403.2	10.0193	33.833	3403.2	9.7835
480	57.930	3445.2	10.0758	34.757	3445.2	9.8400
500	59.468	3487.5	10.1311	36.680	3487.4	9.8953
520	61.007	3530.0	10.1854	36.603	3530.0	9.9496
540	62.545	3572.8	10.2388	37.526	3572.8	10.003
560	64.084	3616.0	10.2912	38.450	3616.0	10.055
580	65.623	3659.5	10.3428	39.373	3659.5	10.107
600	67.161	3703.4	10.3937	40.296	3703.4	10.158
0	0.0010002	0.01	−0.0002	0.0010002	0.05	−0.0002
10	0.0010003	42.06	0.1510	0.0010003	42.10	0.1510
20	0.0010018	83.92	0.2963	0.0010018	83.96	0.2963

续表

	0.060MPa			0.10MPa		
t	*v*	*h*	*s*	*v*	*h*	*s*
℃	m³/kg	kJ/kg	kJ/(kg·K)	m³/kg	kJ/kg	kJ/(kg·K)
30	0.0010044	125.73	0.4365	0.0010044	125.77	0.4365
40	0.0010079	167.55	0.5723	0.0010078	167.59	0.5723
50	0.0010121	209.37	0.7037	0.0010121	209.40	0.7037
60	0.0010171	251.19	0.8312	0.0010171	251.22	0.8312
70	0.0010227	293.03	0.9549	0.0010227	293.07	0.9549
80	0.0010290	334.94	1.0753	0.0010290	334.97	1.0753
90	2.7648	2661.1	7.5534	0.0010359	376.96	1.1925
100	2.8446	2680.9	7.6073	1.6961	2675.9	7.3609
120	3.0030	2720.3	7.7101	1.7931	2716.3	7.4665
140	3.1602	2759.4	7.8072	1.8889	2756.2	7.5654
160	3.3167	2798.4	7.8995	1.9838	2795.8	7.6590
180	3.4726	2837.5	7.9877	2.0783	2835.3	7.7482
200	3.6281	2876.7	8.0722	2.1723	2874.8	7.8334
220	3.7833	2915.9	8.1535	2.2659	2914.3	7.9152
240	3.9383	2955.4	8.2319	2.3594	2953.9	7.9940
260	4.0931	2995.0	8.3076	2.4527	2993.7	8.0701
280	4.2477	3034.8	8.3809	2.5458	3033.6	8.1436
300	4.4023	3074.8	8.4519	2.6388	3073.8	8.2148
320	4.5567	3115.0	8.5209	2.7317	3114.1	8.2840
340	4.7111	3155.4	8.5879	2.8245	3154.6	8.3511
360	4.8654	3196.0	8.6531	2.9173	3195.3	8.4165
380	5.0197	3236.9	8.7166	3.0100	3236.2	8.4801
400	5.1739	3278.0	8.7786	3.1027	3277.3	8.5422
420	5.3280	3319.3	8.8391	3.1953	3318.7	8.6027
440	5.4822	3360.8	8.8981	3.2879	3360.3	8.6618
460	5.6363	3402.6	8.9559	3.3805	3402.1	8.7197
480	5.7903	3444.6	9.0125	3.4730	3444.1	8.7763
500	5.9444	3486.9	9.0679	3.5656	3486.5	8.8317

续表

	0.060MPa			0.10MPa		
t	v	h	s	v	h	s
℃	m³/kg	kJ/kg	kJ/(kg·K)	m³/kg	kJ/kg	kJ/(kg·K)
520	6.0984	3529.5	9.1222	3.6581	3529.1	8.8861
540	6.2524	3572.3	9.1756	3.7505	3572.0	8.9395
560	6.4064	3615.5	9.2281	3.8430	3615.2	8.9920
580	6.5604	3659.1	9.2798	3.9355	3658.7	9.0437
600	6.7144	3703.0	9.3306	4.0279	3702.7	9.0946

	0.5MPa			1.0MPa		
t	v	h	s	v	h	s
℃	m³/kg	kJ/kg	kJ/(kg·K)	m³/kg	kJ/kg	kJ/(kg·K)
0	0.0010000	0.46	−0.0001	0.0009997	0.97	−0.0001
10	0.0010001	42.49	0.1510	0.0009999	42.98	0.1509
20	0.0010016	84.33	0.2962	0.0010014	84.80	0.2961
30	0.0010042	126.13	0.4364	0.0010040	126.59	0.4363
40	0.0010077	167.94	0.5721	0.0010074	168.38	0.5719
50	0.0010119	209.75	0.7035	0.0010117	210.18	0.7033
60	0.0010169	251.56	0.8310	0.0010167	251.98	0.8307
70	0.0010225	293.39	0.9547	0.0010223	293.80	0.9544
80	0.0010288	335.29	1.0750	0.0010286	335.69	1.0747
90	0.0010357	377.27	1.1923	0.0010355	377.66	1.1919
100	0.0010432	419.36	1.3066	0.0010430	419.74	1.3062
120	0.0010601	503.97	1.5275	0.0010599	504.32	1.5270
140	0.0010796	589.30	1.7392	0.0010793	589.62	1.7386
160	0.38358	2767.2	6.8647	0.0011017	675.84	1.9424
180	0.40450	2811.7	6.9651	0.19443	2777.9	6.5864
200	0.42487	2854.9	7.0585	0.20590	2827.3	6.6931
220	0.44485	2897.3	7.1462	0.21686	2874.2	6.7903
240	0.46455	2939.2	7.2295	0.22745	2919.6	6.8804
260	0.48404	2980.8	7.3091	0.23779	2963.8	6.9650
280	0.50336	3022.2	7.3853	0.24793	3007.3	7.0451

续表

t	0.5MPa			1.0MPa		
	v	h	s	v	h	s
℃	m^3/kg	kJ/kg	kJ/(kg·K)	m^3/kg	kJ/kg	kJ/(kg·K)
300	0.52255	3063.6	7.4588	0.25793	3050.4	7.1216
320	0.54164	3104.9	7.5297	0.26781	3093.2	7.1950
340	0.56064	3146.3	7.5983	0.27760	3135.7	7.2656
360	0.57958	3187.8	7.6649	0.28732	3178.2	7.3337
380	0.59846	3229.4	7.7295	0.29698	3220.7	7.3997
400	0.61729	2271.1	7.7924	0.30658	3263.1	7.4638
420	0.63608	3312.9	7.8537	0.31615	3305.6	7.5260
440	0.65483	3354.9	7.9135	0.32568	3348.2	7.5866
460	0.67356	3397.2	7.9719	0.33518	3390.9	7.6456
480	0.69226	3439.6	8.0289	0.34465	3433.8	7.7033
500	0.71094	3482.2	8.0848	0.35410	3476.8	7.7597
520	0.72959	3525.1	8.1396	0.36353	3520.1	7.8140
540	0.74824	3568.2	8.1933	0.37294	3563.5	7.8691
560	0.76686	3611.7	8.2461	0.38234	3607.3	7.9222
580	0.78547	3655.5	8.2980	0.39172	3651.3	7.9744
600	0.80408	3699.6	8.3491	0.40109	3695.7	8.0259

t	5.0MPa			10.0MPa		
	v	h	s	v	h	s
℃	m^3/kg	kJ/kg	kJ/(kg·K)	m^3/kg	kJ/kg	kJ/(kg·K)
0	0.0009977	5.04	0.0002	0.0009952	10.09	0.0004
10	0.0009979	46.87	0.1506	0.0009956	51.70	0.1500
20	0.0009996	88.55	0.2952	0.0009973	93.22	0.2942
30	0.0010022	130.23	0.4350	0.0010000	134.76	0.4335
40	0.0010057	171.92	0.5704	0.0010035	176.34	0.5684
50	0.0010099	213.63	0.7015	0.0010078	217.93	0.6992
60	0.0010149	255.34	0.8286	0.0010127	259.53	0.8259
70	0.0010205	297.07	0.9520	0.0010182	301.16	0.9491

续表

	5.0MPa			10.0MPa		
t	v	h	s	v	h	s
℃	m^3/kg	kJ/kg	kJ/(kg·K)	m^3/kg	kJ/kg	kJ/(kg·K)
80	0.0010267	338.87	1.0721	0.0010244	342.85	1.0688
90	0.0010335	380.75	1.1890	0.0010311	384.63	1.1855
100	0.0010410	422.75	1.3031	0.0010385	426.51	1.2993
120	0.0010576	507.14	1.5234	0.0010549	510.68	1.5190
140	0.0010768	592.23	1.7345	0.0010738	595.50	1.7294
160	0.0010988	678.19	1.9377	0.0010953	681.16	1.9319
180	0.0011240	765.25	2.1342	0.0011199	767.84	2.1275
200	0.0011529	853.75	2.3253	0.0011481	855.88	2.3176
220	0.0011867	944.21	2.5125	0.0011807	945.71	2.5036
240	0.0012266	1037.3	2.6976	0.0012190	1038.0	2.6870
260	0.00112751	1134.3	2.8829	0.0012650	1133.6	2.8698
280	0.042228	2855.8	6.0864	0.0013222	1234.2	3.0549
300	0.045301	2923.3	6.2064	0.0013975	1342.3	3.2469
320	0.048088	2984.0	6.3106	0.019248	2780.5	5.7092
340	0.050685	3040.4	6.4040	0.021463	2880.0	5.8743
360	0.053149	3093.7	6.4897	0.023299	2960.9	6.0041
380	0.055514	3145.0	6.5694	0.024920	3031.5	6.1140
400	0.057804	3194.9	6.6446	0.026402	3095.8	6.2109
420	0.060033	3243.6	6.7159	0.027787	3155.8	6.2988
440	0.062216	3291.5	6.7840	0.029100	3212.9	6.3799
460	0.064358	3338.8	6.8494	0.030357	3267.7	6.4557
480	0.066469	3385.6	6.9125	0.031571	3320.9	6.5273
500	0.068552	3432.2	6.9735	0.032750	3372.8	6.5954
520	0.070612	3478.6	7.0328	0.033900	3423.8	6.6605
540	0.072651	3524.9	7.0904	0.035027	3474.1	6.7232
560	0.074674	3571.1	7.1466	0.036133	3523.9	6.7837
580	0.076681	3617.4	7.2015	0.037222	3573.3	6.8423
600	0.078675	3663.9	7.2553	0.038297	3622.5	6.8992

续表

	15MPa			17MPa		
t	v	h	s	v	h	s
℃	m^3/kg	kJ/kg	kJ/(kg·K)	m^3/kg	kJ/kg	kJ/(kg·K)
0	0.0009928	15.10	0.0006	0.0009918	17.10	0.0006
10	0.0009933	56.51	0.1494	0.0009924	58.42	0.1492
20	0.0009951	97.87	0.2930	0.0009942	99.73	0.2926
30	0.0009978	139.28	0.4319	0.0009970	141.08	0.4313
40	0.0010014	180.74	0.5665	0.0010005	182.50	0.5657
50	0.0010056	222.22	0.6969	0.0010048	223.93	0.6959
60	0.0010105	263.72	0.8233	0.0010096	265.39	0.8223
70	0.0010160	305.25	0.9462	0.0010151	306.88	0.9450
80	0.0010221	346.84	1.0656	0.0010212	348.43	1.0644
90	0.0010288	388.51	1.1820	0.0010279	390.06	1.1806
100	0.0010360	430.29	1.2955	0.0010351	431.80	1.2940
120	0.0010522	514.23	1.5146	0.0010512	515.65	1.5129
140	0.0010708	598.80	1.7244	0.0010696	600.13	1.7225
160	0.0010919	684.16	1.9262	0.0010906	685.37	1.9239
180	0.0011159	770.49	2.1210	0.0011144	771.57	2.1185
200	0.0011434	858.08	2.3102	0.0011416	858.98	2.3072
220	0.0011750	947.33	2.4949	0.0011728	948.01	2.4915
240	0.0012118	1038.8	2.6767	0.0012091	1039.2	2.6728
260	0.0012556	1133.3	2.8574	0.0012520	1133.3	2.8527
280	0.0013092	1232.1	3.0393	0.0013043	1231.5	3.0334
300	0.0013777	1337.3	3.2260	0.0013705	1335.6	3.2183
320	0.0014725	1453.0	3.4243	0.0014605	1449.3	3.4131
340	0.0016307	1591.5	3.6539	0.0016024	1582.0	3.6331
360	0.012571	2768.1	5.5628	0.0095938	2649.3	5.3402
380	0.014275	2883.6	5.7424	0.0115900	2807.8	5.5870
400	0.015652	2974.6	5.8798	0.0130250	2917.2	5.7520
420	0.016851	3052.9	5.9944	0.0142174	3006.1	5.8823
440	0.017937	3123.3	6.0946	0.0152693	3083.7	5.9927

续表

t	15MPa v	15MPa h	15MPa s	17MPa v	17MPa h	17MPa s
℃	m³/kg	kJ/kg	kJ/(kg·K)	m³/kg	kJ/kg	kJ/(kg·K)
460	0.018944	3188.5	6.1849	0.0162285	3154.1	6.0901
480	0.019893	3250.1	6.2677	0.0171215	3219.7	6.1783
500	0.020797	3309.0	6.3449	0.0179651	3281.7	6.2596
520	0.021665	3365.8	6.4175	0.0187701	3341.2	6.3356
540	0.022504	3421.1	6.4863	0.0195441	3398.7	6.4072
560	0.023317	3475.2	6.5520	0.0202927	3454.7	6.4752
580	0.024109	3528.3	6.6150	0.0210198	3509.4	6.5402
600	0.024882	3580.7	6.6757	0.0217285	3563.3	6.6025

t	20MPa v	20MPa h	20MPa s	25MPa v	25MPa h	25MPa s
℃	m³/kg	kJ/kg	kJ/(kg·K)	m³/kg	kJ/kg	kJ/(kg·K)
0	0.0009904	20.08	0.0006	0.0009880	25.01	0.0006
10	0.0009911	61.29	0.1488	0.0009888	66.04	0.1481
20	0.0009929	102.50	0.2919	0.0009908	107.11	0.2907
30	0.0009957	143.78	0.4303	0.0009936	148.27	0.4287
40	0.0009992	185.13	0.5645	0.0009972	189.51	0.5626
50	0.0010035	226.50	0.6946	0.0010014	230.78	0.6923
60	0.0010084	267.90	0.8207	0.0010063	272.08	0.8182
70	0.0010138	309.33	0.9433	0.0010117	313.41	0.9404
80	0.0010199	350.82	1.0624	0.0010177	354.80	1.0593
90	0.0010265	392.39	1.1785	0.0010242	396.27	1.1751
100	0.0010336	434.06	1.2917	0.0010313	437.85	1.2880
120	0.0010496	517.79	1.5103	0.0010470	521.36	1.5061
140	0.0010679	602.12	1.7195	0.0010650	605.46	1.7147
160	0.0010886	687.20	1.9206	0.0010854	690.27	1.9152
180	0.0011121	773.19	2.1147	0.0011084	775.94	2.1085
200	0.0011389	860.36	2.3029	0.0011345	862.71	2.2959
220	0.0011695	949.07	2.4865	0.0011643	950.91	2.4785

续表

t	20MPa			25MPa		
	v	h	s	v	h	s
℃	m³/kg	kJ/kg	kJ/(kg·K)	m³/kg	kJ/kg	kJ/(kg·K)
240	0.0012051	1039.8	2.6670	0.0011986	1041.0	2.6575
260	0.0012469	1133.4	2.8457	0.0012387	1133.6	2.8346
280	0.0012974	1230.7	3.0249	0.0012866	1229.6	3.0113
300	0.0013605	1333.4	3.2072	0.0013453	1330.3	3.1901
320	0.0014442	1444.4	3.3977	0.0014208	1437.9	3.3745
340	0.0015685	1570.6	3.6068	0.0015256	1556.6	3.5713
360	0.0018248	1739.6	3.8777	0.0016965	1698.0	3.7981
380	0.0082557	2658.5	5.3130	0.0022221	1936.3	4.1677
400	0.0099458	2816.8	5.5520	0.0060014	2578.0	5.1386
420	0.0111896	2928.3	5.7154	0.0075799	2770.3	5.4205
440	0.0122296	3019.6	5.8453	0.0086923	2897.6	5.6017
460	0.0131490	3099.4	5.9557	0.0096048	2998.9	5.7418
480	0.0139876	3171.9	6.0532	0.0104019	3085.9	5.8590
500	0.0147681	3239.3	6.1415	0.0111229	3164.1	5.9614
520	0.0155046	3303.0	6.2229	0.0117897	3236.1	6.0534
540	0.0162067	3364.0	6.2989	0.0124156	3303.8	6.1377
560	0.0168811	3422.9	6.3705	0.0130095	3368.2	6.2160
580	0.0175328	3480.3	6.4385	0.0135778	3430.2	6.2895
600	0.0181655	3536.3	6.5035	0.0141249	3490.2	6.3591

注　表中的黑粗线用于区分未饱和水状态（黑线以上）和过热蒸汽状态（黑线以下）。

附录D 几种材料的密度、导热系数、比热容和热扩散率

材料名称	温度	ρ	λ	c	$a\times10^3$	备注
	℃	kg/m^3	W/(m·℃)	kJ/(kg·℃)	m^2/h	
银	0	10500	458.2	0.235	670.0	
紫铜	0	8800	383.8	0.461	412.0	
黄铜	0	8600	85.5	0.377	95.0	
钢 C≈0.5%	20	7830	53.6	0.465		
C≈1.0%	20	7800	43.4	0.473		
C≈1.5%	20	7750	36.4	0.486		
灰铸铁	20		41.9～58.6			
铸铝 ZL101	25	2660	150.7	0.879		
铸铝 ZL104	25	2650	146.5	0.754		c为100℃时的比热容
铸铝 ZL109	25	2680	117.2	0.963		
锻铝 LD7	25	2800	142.4	0.796		
铝	0	2670	203.5	0.921	328.0	
超细玻璃棉	36	33.4～50	0.030			
珍珠岩散料	20	44～288	0.042～0.078			
蛭石	20	395～467	0.105～0.128			
石棉板	30	770～1045	0.111～0.140			
耐火黏土砖	0	270～2000	0.058～0.698	0.816	0.712	
红砖	25	1560	0.489			
矿渣棉	30	207	0.058			
水泥	30	1900	0.302	1.130	0.560	
混凝土	0	400～450	1.28			
黄沙	30	1580～1700	0.279～0.337			
土			0.50～1.652			
松木（垂直木纹）	15		0.15			
松木（平行木纹）	21		0.347			
玻璃			0.698～1.05			
纤维板			0.049			
草绳		230	0.064～0.113			
泡沫塑料	30	29.5～162	0.041～0.056			

续表

材料名称	温度	ρ	λ	c	$a\times10^3$	备注
	℃	kg/m³	W/(m·℃)	kJ/(kg·℃)	m²/h	
聚苯乙烯	30	24.7～37.8	0.04～0.043			
聚氯乙烯	30		0.14～0.151			
聚四氟乙烯	20	2240	0.186			
橡胶制品	0	1200	0.163	1.382	0.352	
水垢			1.28～3.14			
烟垢			0.07～0.116			
瓷		2400	1.035	1.089	1.43	

附录E 标准大气压下干空气的物性参数

t	ρ	c_p	$\lambda\times10^2$	$a\times10^6$	$\mu\times10^6$	$\nu\times10^6$	Pr
℃	kg/m^3	kJ/(kg·℃)	W/(m·℃)	m^2/s	kg/(m·s)	m^2/s	
−50	1.584	1.013	2.04	12.7	14.6	9.23	0.728
−30	1.453	1.013	2.20	14.9	15.7	10.80	0.723
−20	1.395	1.009	2.28	16.2	16.2	11.61	0.716
−10	1.342	1.009	2.36	17.4	16.7	12.43	0.712
0	1.293	1.005	2.44	18.8	17.2	13.28	0.707
20	1.205	1.005	2.59	21.4	18.1	15.06	0.703
30	1.165	1.005	2.67	22.9	18.6	16.00	0.701
40	1.128	1.005	2.76	24.3	19.1	16.96	0.699
60	1.060	1.005	2.90	27.2	20.1	18.97	0.694
80	1.000	1.009	3.05	30.2	21.1	23.13	0.692
100	0.946	1.009	3.21	33.6	21.9	23.13	0.688
120	0.898	1.009	3.34	36.8	22.8	25.45	0.686
140	0.854	1.013	3.49	40.3	23.7	27.80	0.684
160	0.815	1.017	3.64	43.9	24.5	30.09	0.682
180	0.779	1.022	3.78	47.5	25.3	32.49	0.681
200	0.746	1.026	3.93	51.4	26.0	34.85	0.680
250	0.674	1.038	4.27	61.0	27.4	40.61	0.677
300	0.615	1.047	4.60	71.6	29.7	48.33	0.674
350	0.566	1.059	4.91	81.9	31.4	55.46	0.676
400	0.524	1.068	5.21	93.1	33.0	63.09	0.678
450	0.488	1.080	5.43	103.1	34.4	70.54	0.684
500	0.456	1.093	5.74	115.3	36.2	79.38	0.687
600	0.404	1.114	6.22	138.3	39.1	96.89	0.699
700	0.362	1.135	6.71	163.4	41.8	115.4	0.706
800	0.329	1.156	7.18	188.8	44.3	132.8	0.713
900	0.301	1.172	7.63	216.2	46.7	155.1	0.717
1000	0.277	1.185	8.07	245.9	49.0	177.1	0.719
1100	0.257	1.197	8.50	276.2	51.2	199.3	0.722
1200	0.239	1.210	9.15	316.5	53.5	233.7	0.724

附录F 饱和水的热物理性质

t	ρ	c_p	$\lambda\times10^2$	$a\times10^6$	$\eta\times10^6$	$\nu\times10^6$	$\alpha\times10^4$	$\gamma\times10^4$	Pr
℃	kg/m³	kJ/(kg·℃)	W/(m·℃)	m²/s	kg/(m·s)	m²/s	K^{-1}	N/m	
0	999.8	4.212	55.1	13.1	1788	1.7899	−0.81	756.4	13.67
10	999.7	4.191	57.4	13.7	1306	1.306	0.87	741.6	9.52
20	998.2	4.183	59.9	14.3	1004	1.006	2.09	726.9	7.02
30	995.6	4.174	61.8	14.9	801.5	0.805	3.05	712.2	5.42
40	992.2	4.174	63.5	15.3	653.3	0.659	3.86	696.5	4.31
50	988.0	4.174	64.8	15.7	549.4	0.556	4.57	676.9	3.54
60	983.2	4.179	65.9	16.0	469.9	0.478	5.22	662.2	2.99
70	977.7	4.187	66.8	16.3	406.1	0.415	5.83	643.5	2.55
80	971.8	4.195	67.4	16.6	355.1	0.365	6.40	625.9	2.21
90	965.3	4.208	68.0	16.8	314.9	0.326	6.96	607.2	1.95
100	958.4	4.220	68.3	16.9	282.5	0.295	7.50	588.6	1.75
110	950.9	4.233	68.5	17.0	259.0	0.272	8.04	569.0	1.60
120	943.1	4.250	68.6	17.1	237.4	0.252	8.58	548.4	1.47
130	934.9	4.266	68.6	17.2	217.8	0.233	9.12	528.8	1.36
140	926.2	4.287	68.5	17.2	201.1	0.217	9.68	507.2	1.26
150	917.0	4.313	68.4	17.3	186.4	0.203	10.26	486.6	1.17
160	907.5	4.346	68.3	17.3	173.6	0.191	10.87	466.0	1.10
170	897.5	4.380	67.9	17.3	162.8	0.181	11.52	443.4	1.05
180	887.1	4.417	67.4	17.2	153.0	0.173	12.21	422.8	1.00
190	876.6	4.459	67.0	17.1	144.2	0.165	12.96	400.2	0.96
200	864.8	4.505	66.3	17.0	136.4	0.158	13.77	376.7	0.93
210	852.8	4.555	65.5	16.9	130.5	0.153	14.69	354.1	0.91
220	840.3	4.614	64.5	16.6	124.6	0.148	15.67	331.6	0.89
230	827.3	4.681	63.7	16.4	119.7	0.145	16.80	310.0	0.88
240	813.6	4.756	62.8	16.2	114.8	0.141	18.08	285.5	0.87
250	799.0	4.844	61.8	15.9	109.9	0.137	19.55	261.9	0.86

续表

t	ρ	c_p	$\lambda\times10^2$	$a\times10^6$	$\eta\times10^6$	$\nu\times10^6$	$\alpha\times10^4$	$\gamma\times10^4$	Pr
℃	kg/m³	kJ/(kg·℃)	W/(m·℃)	m²/s	kg/(m·s)	m²/s	K⁻¹	N/m	
260	783.8	4.949	60.5	15.6	105.9	0.135	21.27	237.4	0.87
270	767.7	5.070	59.0	15.1	102.0	0.133	23.31	214.8	0.88
280	750.5	5.230	57.4	14.6	98.1	0.131	25.79	191.3	0.90
290	732.2	5.485	55.8	13.9	94.2	0.129	28.84	168.7	0.93
300	712.4	5.736	54.0	13.2	91.2	0.128	32.73	144.2	0.97
310	691.0	6.071	52.3	12.5	88.3	0.128	37.85	120.7	1.03
320	667.4	6.574	50.6	11.5	85.3	0.128	44.91	98.10	1.11
330	641.0	7.244	48.4	10.4	81.4	0.127	55.31	76.71	1.22
340	610.8	8.165	45.7	9.17	77.5	0.127	72.10	56.70	1.39
350	574.7	9.504	43.0	7.88	72.6	0.126	103.7	38.16	1.60
360	527.9	13.984	39.5	5.36	66.7	0.126	182.9	20.21	2.35
370	451.5	40.321	33.7	1.86	56.9	0.126	676.7	4.709	6.79

附录G　几种保温、耐火材料的导热系数与温度的关系

材料名称	材料最高允许温度 t	密度 ρ	导热系数 λ
	℃	kg/m^3	W/(m·℃)
超细玻璃棉毡、管	400	18～20	$0.033+0.00023\{t\}_{℃}$
矿渣棉	550～600	350	$0.0674+0.000215\{t\}_{℃}$
水泥蛭石制品	800	400～450	$0.103+0.000198\{t\}_{℃}$
水泥珍珠岩制品	600	300～400	$0.0651+0.000105\{t\}_{℃}$
粉煤灰泡沫砖	300	500	$0.099+0.0002\{t\}_{℃}$
岩棉玻璃布缝板	600	100	$0.0314+0.000198\{t\}_{℃}$
A级硅藻土制品	900	500	$0.0395+0.00019\{t\}_{℃}$
B级硅藻土制品	900	550	$0.0477+0.0002\{t\}_{℃}$
膨胀珍珠岩	1000	55	$0.0424+0.000137\{t\}_{℃}$
微孔硅酸钙制品	650	≤250	$0.041+0.0002\{t\}_{℃}$
耐火黏土砖	1350～1450	1800～2040	$(0.7\sim0.84)+0.00058\{t\}_{℃}$
轻质耐火黏土砖	1250～1300	800～1300	$(0.29\sim0.41)+0.00026\{t\}_{℃}$
超轻质耐火黏土砖	1150～1300	540～610	$0.093+0.00016\{t\}_{℃}$
硅砖	1700	1900～1950	$0.93+0.0007\{t\}_{℃}$
镁砖	1600～1700	2300～2600	$2.1+0.00019\{t\}_{℃}$

注　$\{t\}_{℃}$表示材料的平均温度的数值。

附录H　湿空气的焓湿图

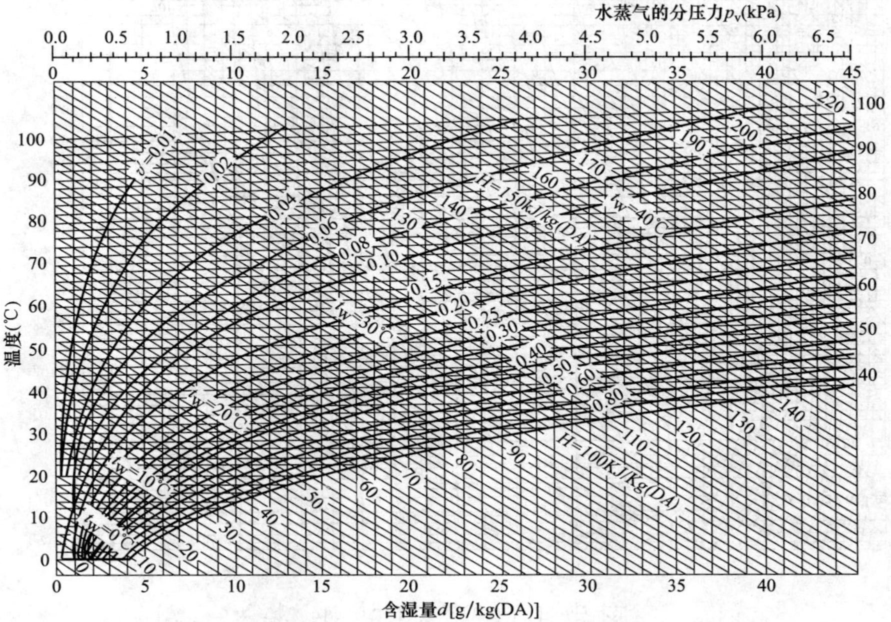

图 H-1　湿空气的 h–d 图(压力 p=0.1MPa)

附录 I　氨的压焓图

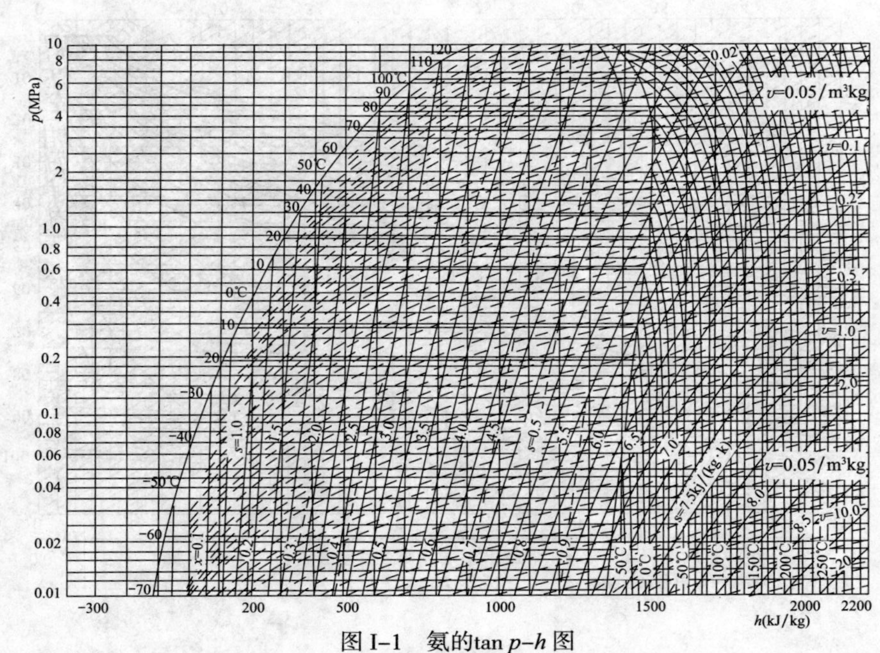

图 I–1　氨的tan p–h 图

注：v 单位为m^3/kg;在0℃时 h=200kJ/kg,s=1.0kJ/(kg·K)。

附录 J R134a 的压焓图

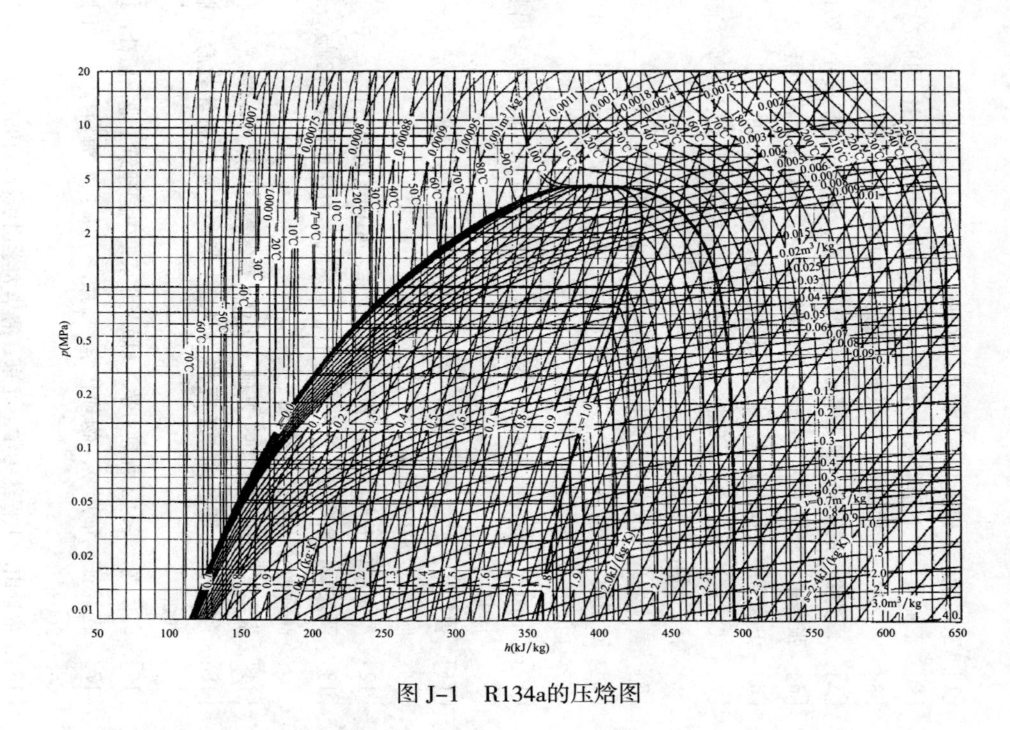

图 J-1 R134a的压焓图

参 考 文 献

[1] 王加璇．工程热力学．北京：水利电力出版社，1992.
[2] 王加璇．热工基础及热力设备．北京：水利电力出版社，1987.
[3] 宋之平，王加璇．节能原理．北京：水利电力出版社，1985.
[4] 王修彦，张晓东．热工基础．2版．北京：中国电力出版社，2013.
[5] 张晓东，李季．热工基础习题详解．北京：中国电力出版社，2016.
[6] 王修彦．工程热力学．北京：机械工业出版社，2008.
[7] 沈维道，蒋志敏，童钧耕．工程热力学．3版．北京：高等教育出版社，2001.
[8] 黄焕春．发电厂热力设备．北京：中国电力出版社，1985.
[9] 欧阳梗，李继坤，等．工程热力学．2版．北京：国防工业出版社，1989.
[10] 朱明善，刘颖，林兆庄，等．工程热力学．北京：清华大学出版社，1995.
[11] 曾丹苓，敖越，张新铭，等．工程热力学．3版．北京：高等教育出版社，2002.
[12] 严家騄，王永青．工程热力学．北京：中国电力出版社，2004.
[13] 严家騄，余晓福，王永青．水和水蒸气热力性质图表．2版．北京：高等教育出版社，2004.
[14] 张学学，李桂馥．热工基础．北京：高等教育出版社，2000.
[15] 华自强，张忠进．工程热力学．3版．北京：高等教育出版社，2000.
[16] 邱信立，等．工程热力学．2版．北京：中国建筑工业出版社，1985.
[17] 程兰征，章燕豪．物理化学．2版．上海：上海科学技术出版社，2003.
[18] 童景山．工程热力学．北京：清华大学出版社，1995.
[19] 庞麓鸣，汪孟乐，冯海仙．工程热力学．2版．北京：高等教育出版社，1986.
[20] W.C. 雷诺兹，H.C. 珀金斯．工程热力学．上册．罗干辉，等．

译. 北京：高等教育出版社，1985.

[21] 杨顺虎. 燃气-蒸汽联合循环发电设备及运行. 北京：中国电力出版社，2003.

[22] 黄光辉编. 应用热工基础. 北京：中国电力出版社，1994.

[23] J. P. 霍尔曼. 热力学. 曹黎明，等. 译. 北京：科学出版社，1986.

[24] 杨世铭，陶文铨. 传热学. 3 版. 北京：高等教育出版社，1998.

[25] 于立军，韩向新. 热能动力工程. 上海：上海交通大学出版社，2017.